MATLAB®&Simulink®开发实例系列丛书

MATLAB App Designer 33 个机械工程案例分析

陆　爽　蒋永华　编著

陈殿生　主审

北京航空航天大学出版社

内 容 简 介

本书针对新一代 GUI 开发平台 MATLAB App Designer(MATLAB R2019b)的应用分两个部分加以详细介绍。第一部分结合两个综合案例详细介绍用 MATLAB App Designer 设计 App(GUI)的方法与步骤、重点与难点;第二部分以机械工程领域中各种专业案例为基础详细介绍每个 App 设计的编程解决方法。

本书可作为高职高专及高等院校的机械工程及相近专业的专业课辅助教材,也可作为相关领域工程技术人员进行设计的辅助工具书。

图书在版编目(CIP)数据

MATLAB App Designer 33 个机械工程案例分析 / 陆爽,蒋永华编著. -- 北京 : 北京航空航天大学出版社,2022.5

ISBN 978 - 7 - 5124 - 3809 - 5

Ⅰ. ①M… Ⅱ. ①陆… ②蒋… Ⅲ. ①机械设计-计算机辅助设计-Matlab 软件 Ⅳ. ①TH122

中国版本图书馆 CIP 数据核字(2022)第 093120 号

版权所有,侵权必究。

MATLAB App Designer 33 个机械工程案例分析
陆 爽 蒋永华 编著
陈殿生 主审
策划编辑 陈守平 责任编辑 王 实
*
北京航空航天大学出版社出版发行

北京市海淀区学院路 37 号(邮编 100191) http://www.buaapress.com.cn
发行部电话:(010)82317024 传真:(010)82328026
读者信箱:goodtextbook@126.com 邮购电话:(010)82316936
北京富资园科技发展有限公司印装 各地书店经销
*
开本:787×1 092 1/16 印张:17.75 字数:466 千字
2022 年 8 月第 1 版 2024 年 5 月第 3 次印刷 印数:2 001-3 000 册
ISBN 978 - 7 - 5124 - 3809 - 5 定价:59.00 元

若本书有倒页、脱页、缺页等印装质量问题,请与本社发行部联系调换。联系电话:(010)82317024

序　言

　　记得我第一次使用 MATLAB 做工业机器人控制算法仿真还是 1988 年做博士课题研究时的事情。30 多年过去了,MATLAB 已经逐步发展成为一个超强大的科学与工程计算软件,广泛用于科学、工程、技术等方面。现在在与学生一起做机器人、人工智能、飞机发动机故障诊断、车辆动力学与控制等研究和工程项目的过程中,我的感觉是一天也不能没有 MATLAB。事实上,MATLAB 2016a 以后的版本已经是集运算、可视化、界面设计、程序设计和仿真于一体的超大规模集成软件,并已成为科学家、工程师、研究生和工程技术人员日常工作不可缺少的帮手了。

　　非常高兴为陆爽、蒋永华两位教授所著的这本有关 MATLAB App Designer 案例设计的工具书写序言。主要原因还是看重两位作者深厚的机电系统研究与机械工程设计背景以及他们在 MATLAB 计算、程序设计和界面设计等方面的丰富经验。在写这个序言之前,我和我的博士研究生们以及做机电系统建模与控制研究的同事们都阅读了本书中的主要内容。大家的共同体会是书中的 33 个 App Designer 设计案例非常实用。本来有两位刚刚入学的博士生没有任何使用 MATLAB App Designer 的经历,但通过 50 分钟左右的时间学习了第 1 章的两个案例后,马上就掌握了 MATLAB App Designer 的设计要点,接下来就能够使用第 3 章的齿轮设计案例中的程序进行与其研究课题相关的设计与分析了。真是一本好书!

　　我也综合评价了这本《MATLAB App Designer 33 个机械工程案例分析》工具书内容的深度和广度。确信这不仅仅是一本学习和使用 MATLAB App Designer 案例设计的工具书,也是一本大专、本科、研究生和工程技术人员做研究和工程项目都能用得上的非常有价值的参考书。

　　读者们通过阅读此书,在学习 MATLAB App Designer 案例设计或使用其中的案例程序做项目遇到问题时,可咨询陆爽教授,他会毫无保留地把他多年教学中积累的 MATLAB App Designer 设计经验传授给你。当然,如果你的设计问题复杂和多层次,那么陆爽教授和蒋永华教授会与你一起探讨和解决在使用 MATLAB App Designer 设计工程项目时的疑问。

　　最后,祝读者们把《MATLAB App Designer 33 个机械工程案例分析》这本书中的知识转换成你自己的精神食粮,为你的人生和事业添砖加瓦!

满志红博士

澳大利亚 Swinburne 科技大学

机器人与机电一体化专业教授

2022 年 1 月 6 日

前　言

　　The MathWork 公司的 MATLAB 一直是国际科学与工程技术领域中应用和影响最为广泛的三大计算机数学语言之一(其他两种语言分别为 Mathematica 和 Maple)。从某种意义上讲,在纯数学以外的领域中,MATLAB 语言有着其他两种数学语言无法媲美的极其广泛的适用范围优势。本书的第一作者第一次接触 MATLAB 语言是在德国布伦瑞克工业大学(20 世纪 90 年代)做高级访问学者期间,当时国内的很多教师和学生对 MATLAB 语言还比较陌生。如今,在国内的各类高职高专和理工科院校,MATLAB 语言已是很多专业教师和本专科学生在进行数字化计算、数字化设计、数字化仿真、专业课程设计和毕业设计,以及许多在读博士、硕士做科学研究和撰写学术论文时的首选专业工具软件。

　　MATLAB 语言除了可用于算法开发、数据可视化、数据分析以及数值计算外,还可用于各种学科和专业领域中。不仅可用于自然科学,甚至还可用于人文科学。同时,它还具有功能强大的工具箱(由全世界的各学界精英为工具箱提供最准确、最实用和最高效的应用程序)。一些基础性和通用性的处理程序都已包含在工具箱中,甚至一些最新的专业技术(例如 AI 技术),在 MATLAB 语言的主界面上都可以找到其 App 应用程序。这样就不需要软件的使用者去从事专门的算法研究和编制复杂的通用程序,因为这些原本就是数学家和软件工程师的工作,从而大大节省了非数学和非计算机专业领域工程技术人员耗费在此方面的时间。对于他们来说,只需要思考和研究怎么利用工具箱或 App 应用程序来实现自己的原始设想和算法,从而快速有效地完成数字化计算、数字化设计、数字化仿真和科技创新工作。

　　在书店和图书馆里,虽然关于 MATLAB 语言和 MATLAB GUI 的书籍汗牛充栋,但是有关介绍 MATLAB App Designer 的书籍却比较少,特别是介绍将 MATLAB App Designer 应用在机械工程领域进行专业案例 App 设计的书籍更是罕见。其中首要的原因也许是 MATLAB 语言的更新速度(每年升级两次)太快,其次也许是计算机专业人士不太熟悉具体的工程专业工作,而具体的工程专业技术人员又不熟悉 MATLAB GUI 编程方法所致。2020 年疫情期间,陆爽教授与蒋永华教授一起探讨了专业课程数字化与教学深度融合问题,并针对目前国内工科领域本专科教学缺少课程数字化 App 设计案例参考教材的现状,把近十几年来在机械工程专业多种(门)课程教学、专业课程设计和毕业设计,以及指导博、硕士研究生过程中积累的 MATLAB GUI 数字化应用案例编辑整理,并采用最新版本 MATLAB GUI 即 App Designer 编撰出来,共同完成了这本机械工程专业课程数字化 App 案例分析的工具参考书。

　　本书是一本学习 MATLAB App Designer 设计的工具参考书。它既可作为机械工程及相近专业的高职高专/本科/研究生在专业课程学习、专业课程设计(特别是机械原理、机械设计、机械系统设计、机械创新设计与实践等)和专业毕业设计中应用 MATLAB 语言进行数字化计算、设计和仿真 App 时的编程学习参考工具书,也可作为工业 App 应用领域的工程技术人员在采用 MATLAB 语言作为平台来开发工业 App 时的编程辅助参考工具书。

数字化时代对各行各业、各个领域的专业人士的计算机应用水平要求越来越高,而对于非计算机专业人士来说,随心所欲地应用 MATLAB 语言还不是一件容易的事情。特别是对 MATLAB App Designer 初学者而言,入门还是较难的。根据作者多年自学 MATLAB GUI 和高校教学经验,GUI(即 App)编程实践是最重要的学习环节,"学而时习之"是捷径,而案例学习无疑是快速提高 MATLAB App Designer 编程能力和水平的最佳方法。

本书案例分析的内容按照机械应用的领域来粗略划分,具体编排如下:

第 1 章 通过 2 个案例,主要介绍 MATLAB App Designer 的一些基本概念和知识,其中包括 App Designer 简介和 App Designer 设计过程中一些重要的知识点。

第 2 章 通过 6 个案例,主要介绍一些常见机械机构 App 详细设计过程。

第 3 章 通过 6 个案例,主要介绍与齿轮传动机构设计有关的 App 详细设计过程。

第 4 章 通过 3 个案例,主要介绍与凸轮传动机构设计有关的 App 详细设计过程。

第 5 章 通过 7 个案例,主要介绍与带式输送机传动系统有关的 App 详细设计过程。

第 6 章 通过 5 个案例,主要介绍与机械振动系统有关的 App 详细设计过程。

第 7 章 通过 4 个案例,主要介绍与其他有关机械的 App 详细设计过程。

本书既不是纯粹介绍 MATLAB App Designer 的编程书籍,因为那样会使这本书非常冗长;也不是纯粹介绍 MATLAB 工业 App 应用的编程书籍,因为那样会使这本书范围很广,有些勉为其难。本书只是借助于 33 个机械工程专业领域的案例,针对初学者在使用 MATLAB App Designer 设计 App 过程中出现的问题提出了全面的、详细的 step by step 编程解决方法。内容既涉及 App Designer 应用案例中 App 编程的详细操作步骤,也涉及应用案例中设计理论详解以及 MATLAB 语言科学和工程计算的一些函数调用与方法。

作者从事高等教育工作几十年,把数字化与专业课程教学深度融合是近十几年来教学工作的重中之重,本书也是一系列数字化教学成果的总结。在数字化时代如何让学生在未来激烈的职场竞争中获得高质量就业,始终是作者教学思考和教学改革的方向。我们所培养的毕业生的数字化设计能力已经在高质量就业实践中获得普遍认可。

作者在本书的编撰过程中,参考与借鉴了大量的国内外著作、教材与文献资料。如果没有这些资料,本书内容就不可能如此丰富。在此,谨向这些资料的原作者、学者与专家表示由衷的敬意和衷心的感谢。

本书由北京航空航天大学机器人研究所所长陈殿生教授担任主审,陈教授自始至终对本书给予了精心的指导和帮助。吉林大学王聪慧教授、浙江理工大学胡明教授、杭州电子科技大学秦会斌教授、浙江师范大学王冬云教授、长春工业大学岳晓峰教授、黑龙江大学毕永利教授、长春大学侯跃谦教授、衢州学院周兆忠教授、浙江师范大学行知学院胡礼广副教授、长春工业大学人文信息学院张国福教授和于晓慧讲师、德国开姆尼茨工业大学机电一体化专业(Technische Universität Chemnitz,Mechatronik)硕士研究生姚思远(我们曾经指导过的本科毕业生)对本书提出了许多建设性的宝贵意见和建议,对此向他们表示衷心的感谢。

感谢澳大利亚 Swinburne 科技大学机器人与机电一体化专业满志红教授审阅了全书并为本书撰写了序言,同时对本书提出了许多建设性的宝贵意见。

感谢学生杨科成(浙江农林大学 2020 级研究生)绘制本书部分图形。

感谢在数字化与课程深度融合教学改革中同舟共济的教师和学生们,他们为作者的专业数字化教学探索与创新实践提供了丰富的经验。

衷心感谢人生道路上所有关心、爱护和帮助过我们的老师、同事和学生。

在此还要特别感谢北京航空航天大学出版社和陈守平策划编辑为我们提供的支持、鼓励和真诚的帮助。

读者可以登录北京航空航天大学出版社的官方网站,选择"下载专区"→"随书资料"下载本书配套的程序代码;也可以关注"北航科技图书"微信公众号,回复"3809"可获得本书的免费下载链接;还可以登录 MATLAB 中文论坛,在本书所在版块(https://www.ilovematlab.cn/forum-281-1.html)下载相应代码。下载过程中遇到任何问题,请发送电子邮件至 goodtextbook@126.com 或致电 010 - 82317738 咨询处理。书中给出的程序仅供参考,读者可根据实际问题进行完善或改写,以提升自己的编程实践能力。

由于作者水平有限,书中的缺点和疏漏之处在所难免,恳请各方面专家和读者不吝赐教。作者电子邮箱 lushuang@zjnu.cn。

作　者
2021 年 12 月

目　　录

第 1 章　MATLAB App Designer 数字化设计基础 ···················· 1

1.1　图形用户界面设计及 App Designer 简介 ························· 1

1.2　App Designer 基本功能 ······································· 2

1.3　掌握 App Designer 的基本编程 ································· 3

  1.3.1　启动 App Designer ·· 3

  1.3.2　App Designer 设计要点 ····································· 4

  1.3.3　多窗口 App 设计详解 ······································ 13

1.4　案例 1——数字信号滤波器系统 App 设计 ······················ 15

  1.4.1　设计 1 个 App 主窗口和 2 个 App 子窗口 ····················· 15

  1.4.2　数字信号滤波器系统 3 个 App 窗口设计详解 ··················· 17

1.5　案例 2——实验数据统计分析 App 系统 ························· 24

  1.5.1　设计 1 个 App 主窗口和 2 个 App 子窗口 ····················· 24

  1.5.2　实验数据统计分析系统 3 个 App 窗口设计详解 ················· 26

第 2 章　常见机械机构 App 设计 ································· 38

2.1　案例 3——滚动圆轮边缘点运动分析 App 设计 ··················· 38

  2.1.1　滚动圆轮边缘 M 点运动理论分析 ··························· 38

  2.1.2　滚动圆轮边缘点运动 App 设计 ····························· 40

2.2　案例 4——滚子链传动优化 App 设计 ·························· 46

  2.2.1　滚子链传动设计的基本参数计算 ··························· 46

  2.2.2　滚子链传动优化设计理论 ································· 47

  2.2.3　滚子链传动优化 App 设计 ································· 49

2.3　案例 5——铰链四杆机构运动学 App 设计 ······················ 54

  2.3.1　铰链四杆机构运动理论分析 ······························ 54

  2.3.2　铰链四杆机构 App 设计 ··································· 55

2.4　案例 6——曲柄摇杆机构连杆上点运动分析 App 设计 ············· 61

  2.4.1　曲柄摇杆机构连杆上点运动理论分析 ······················· 61

  2.4.2　曲柄摇杆机构连杆上点运动 App 设计 ······················· 63

2.5　案例 7——曲柄滑块机构运动分析 App 设计 ···················· 67

  2.5.1　曲柄滑块机构运动理论分析 ······························ 67

  2.5.2　曲柄滑块机构 App 设计 ··································· 69

2.6　案例 8——双滑块机构动力学分析 App 设计 ···················· 76

  2.6.1　双滑块机构运动动力学理论分析 ··························· 76

  2.6.2　双滑块机构动力学系统 App 设计 ··························· 77

第 3 章　齿轮传动机构 App 设计 ·· 85

　3.1　案例 9——标准直齿圆柱齿轮形状 App 设计 ······················· 85

　　3.1.1　标准直齿圆柱齿轮形状参数计算 ······························· 85

　　3.1.2　标准直齿圆柱齿轮形状 App 设计 ······························ 86

　3.2　案例 10——外啮合直齿圆柱齿轮啮合图 App 设计 ················· 90

　　3.2.1　外啮合圆柱齿轮啮合图绘图分析 ······························· 90

　　3.2.2　外啮合直齿圆柱齿轮 App 设计 ································· 90

　3.3　案例 11——直齿圆柱变位齿轮参数测定 App 设计 ················· 96

　　3.3.1　直齿圆柱变位齿轮参数测定和计算 ····························· 96

　　3.3.2　直齿圆柱变位齿轮参数测定 App 设计 ·························· 98

　3.4　案例 12——斜齿圆柱齿轮公法线长度测试 App 设计 ·············· 101

　　3.4.1　斜齿圆柱齿轮公法线长度及其偏差计算 ························· 101

　　3.4.2　斜齿圆柱齿轮公法线长度测试 App 设计 ······················ 101

　3.5　案例 13——斜齿圆柱齿轮传动 App 设计 ························· 104

　　3.5.1　斜齿圆柱齿轮传动设计理论 ··································· 104

　　3.5.2　斜齿圆柱齿轮传动 App 设计 ································· 105

　3.6　案例 14——直齿圆柱齿轮弯曲应力 App 设计 ···················· 113

　　3.6.1　直齿圆柱齿轮弯曲应力设计理论 ······························ 113

　　3.6.2　直齿圆柱齿轮弯曲应力 App 设计 ····························· 118

第 4 章　凸轮传动机构 App 设计 ·· 125

　4.1　凸轮机构运动规律简介 ·· 125

　　4.1.1　凸轮从动件的运动规律 ······································· 125

　　4.1.2　4 种推杆运动规律的 MATLAB 子函数 ························· 127

　4.2　案例 15——偏置直动滚子推杆盘形凸轮机构 App 设计 ············ 128

　　4.2.1　偏置直动滚子推杆盘形凸轮轮廓曲线设计理论 ·················· 128

　　4.2.2　偏置直动滚子推杆盘形凸轮机构 App 设计 ····················· 129

　4.3　案例 16——直动平底推杆盘形凸轮机构 App 设计 ················ 145

　　4.3.1　直动平底推杆盘形凸轮轮廓曲线设计理论 ······················ 145

　　4.3.2　直动平底推杆盘形凸轮机构 App 设计 ························· 146

　4.4　案例 17——摆动滚子推杆盘形凸轮机构 App 设计 ················ 160

　　4.4.1　摆动滚子推杆盘形凸轮轮廓曲线设计理论 ······················ 160

　　4.4.2　摆动滚子推杆盘形凸轮机构 App 设计 ························· 160

第 5 章　带式输送机传动系统 App 设计 ··································· 177

　5.1　案例 18——传动装置运动与动力参数 App 设计 ·················· 177

　　5.1.1　传动装置运动与动力参数的基本理论分析 ······················ 177

　　5.1.2　传动装置运动与动力参数 App 设计 ··························· 179

　5.2　案例 19——输送机 V 带传动 App 设计 ························· 182

5.2.1　V带传动的参数计算 ··· 182
5.2.2　V带传动 App 设计 ··· 183
5.3　案例20——减速器斜齿圆柱齿轮传动 App 设计 ······················ 187
5.3.1　斜齿圆柱齿轮传动的理论分析 ··· 187
5.3.2　斜齿圆柱齿轮传动 App 设计 ·· 189
5.4　案例21——减速器弯扭组合轴 App 设计 ································· 193
5.4.1　弯扭组合轴设计理论 ··· 193
5.4.2　弯扭组合轴 App 设计 ·· 196
5.5　案例22——减速器圆锥滚子轴承(30209)寿命 App 设计 ········· 200
5.5.1　圆锥滚子轴承(30209)寿命理论计算 ·· 200
5.5.2　圆锥滚子轴承(30209)寿命 App 设计 ······································ 201
5.6　案例23——减速器角接触球轴承(7009C)寿命 App 设计 ········· 205
5.6.1　角接触球轴承(7009C)寿命理论计算 ·· 205
5.6.2　角接触球轴承(7009C)寿命 App 设计 ······································ 206
5.7　案例24——减速器深沟球轴承(6209)寿命 App 设计 ·············· 210
5.7.1　深沟球轴承(6209)寿命理论计算 ·· 210
5.7.2　深沟球轴承(6209)寿命 App 设计 ·· 210

第6章　机械振动系统 App 设计 ·· 214

6.1　案例25——机床切削颤振 App 设计 ······································· 214
6.1.1　机床切削颤振理论及计算 ··· 214
6.1.2　机床切削颤振 App 设计 ·· 215
6.2　案例26——2个自由度系统振动响应 App 设计 ······················ 217
6.2.1　2个自由度振动系统理论分析 ·· 217
6.2.2　2个自由度系统振动响应 App 设计 ··· 218
6.3　案例27——2个自由度质量弹簧阻尼减振器频率响应 App 设计 ··· 221
6.3.1　2个自由度振动系统理论分析 ·· 221
6.3.2　2个自由度质量弹簧阻尼减振器频率响应 App 设计 ···················· 221
6.4　案例28——2个自由度质量弹簧阻尼减振器优化 App 设计 ········ 223
6.4.1　2个自由度质量弹簧阻尼减振器优化设计理论 ··························· 223
6.4.2　2个自由度质量弹簧阻尼减振器优化 App 设计 ························· 225
6.5　案例29——2个自由度无阻尼质量弹簧振动系统 App 设计 ········ 229
6.5.1　2个自由度无阻尼质量弹簧振动系统理论分析 ·························· 229
6.5.2　2个自由度无阻尼质量弹簧振动系统 App 设计 ························· 231

第7章　其他有关机械 App 设计 ·· 237

7.1　案例30——圆柱螺旋受压弹簧优化 App 设计 ························· 237
7.1.1　圆柱螺旋受压弹簧优化设计理论 ·· 237
7.1.2　圆柱螺旋受压弹簧优化 App 设计 ··· 240
7.2　案例31——椭圆规机构运动学 App 设计 ································ 244

7.2.1　椭圆规机构运动学理论分析 ·· 244

7.2.2　椭圆规机构运动学 App 设计 ·· 245

7.3　案例 32——牛头刨床机构 App 设计 ·· 250

7.3.1　牛头刨床机构运动学理论分析 ·· 250

7.3.2　牛头刨床机构 App 设计 ·· 252

7.4　案例 33——轻型杠杆式推钢机 App 设计 ·· 260

7.4.1　推钢机机构运动学理论分析 ·· 260

7.4.2　轻型杠杆式推钢机 App 设计 ·· 263

参考文献 ·· 271

第1章 MATLAB App Designer 数字化设计基础

1.1 图形用户界面设计及 App Designer 简介

MATLAB R2016a 以前版本的图形用户界面 GUI(Graphical User Interfaces)设计的方法有两种：

第一种是以 MATLAB 程序开发为主，直接编写 M 文件。这种方法需要编程者熟练掌握图形对象的相关知识，需要较多的编程技巧。优点是可以开发出任意复杂的图形用户界面，代码执行效率高。

第二种是以 MATLAB 提供的图形用户界面开发环境 GUIDE(Graphical User Interfaces Development Environment)来设计。设计过程一般包括两项工作，即 GUI 的界面设计和 GUI 的控件编程，生成 *.fig 和 *.m 两个文件。优点是通过鼠标简单拖拽就能完成控件设计。

MATLAB R2016a 及其后续版本中推出了 App Designer 作为图形用户界面 GUIDE 设计的替代方案，这是在 MATLAB 图形用户界面系统转向使用面向对象系统 R2014b 之后又一重大软件升级，它旨在顺应 Web 和工业 App(Application)应用的发展潮流，帮助用户利用新的图形用户界面系统快速方便地设计更加美观的 App(即前版本的 GUI)。随着 App Designer 数字化设计的推出和不断更新完善，GUIDE 设计工具已经停止维护和更新，并将在未来几年内退出历史舞台。App Designer 与 GUIDE 的主要区别如表 1.1.1 所列。

表 1.1.1 App Designer 与 GUIDE 的主要区别

比较项	App Designer	GUIDE
图窗和图形	支持大多数 MATLAB 图形函数。调用 uifigure、uiaxes 函数创建窗口、坐标区	支持所有 MATLAB 图形函数。调用 uifigure、uiaxes 函数创建窗口、坐标区
对象	共有 30 个对象种类	共有 14 个对象种类
访问对象属性	使用圆点表示法访问对象属性，如：Name_1＝app.UIObject.Name	使用 set 和 get 访问对象属性，如：Name_1＝get(Object,'Name')
代码可编辑性	只有回调函数、自定义函数与自定义属性可以编辑	所有代码均可编辑
回调函数	输入参数为 app、event。参数 app 用于访问 App 中所有对象及其属性；参数 event 指明用户与对象的交互信息	输入参数为 handles、hObject 与 eventdata

比较项	App Designer	GUIDE
数据共享	属性是共享数据的最佳方式,属性可供所有函数与回调访问。 获取值:A＝app. ComponentName. Para 赋值:app. ComponentName. Para＝A	使用 userdata 属性 使用 Handle 结构体 使用函数 guidata、setappdata、getappdat

App Designer 有 3 个新特点:

① 使用面向对象的编程语言,用新的文件(＊.mlapp)代替原有 GUIDE 中的两个文件(＊.m 和＊.fig),大大提高了编程者的编程效率;

② 将信息化与工业化质感融为一体,增加了与工业应用相关的新对象,如富有现代气息的表盘、旋钮、开关等,设置起来简洁高效,界面友好,使得编程者建立工业 App 更加方便快捷;

③ 建立在 Web 技术基础上,可以将 App 部署在网络上与他人共享,为 MATLAB 工业 App 应用提供了强大的建模引擎。

1.2　App Designer 基本功能

1. App 布局界面

App Designer 提供了一个非常友好的 App 界面的布局编程方法,内置多种控件,可直接拖拽控件进行摆放,并提供诸多工具对控件进行对齐、排列、间距控制等,还能直接对控件的属性进行编辑,例如外观属性和基本功能属性。App 界面美观大方,将数字化与工业化深度融合,完全适应数字化和工业 App 时代发展的要求。

2. App 编程

App 界面的控件拖拽摆放完毕,App Designer 后台自动生成对应的标准代码,包括用户对于控件的各种设置也都自动形成代码,此时已经是一个可运行的 App,无须用户自己填写代码。对于控件可直接自动创建回调函数,用户只需要在提供的回调函数位置上编写该控件的回调程序即可。

3. App 打包分发

完成 App 设计后,App Designer 提供完善的打包工具,可以将 App 打包为 MATLAB App、Web App,或是独立运行的"桌面 App"(即通常的.exe 可执行程序)。这 3 种分发方案可以满足绝大多数应用场景要求。

4. App 代码框架

进入比较高级的阶段后,App Designer 提供的界面框架可能不能满足一些编程者的特殊要求,比如需要动态创建、修改、删掉一些控件,或者将控件状态随数据变化而变化,这时就可以采用 App 的编程构建方法。先使用 App Designer 来搭建 App 基本框架,然后再导出 MATLAB 的.m 文件,并在此.m 文件上增、删和修改代码,实现 App 的编程构建。

1.3　掌握 App Designer 的基本编程

1.3.1　启动 App Designer

在 MATLAB R2019b 命令行窗口输入：

```
>> appdesigner
```

即可启动 App Designer，界面如图 1.3.1～图 1.3.3 所示。

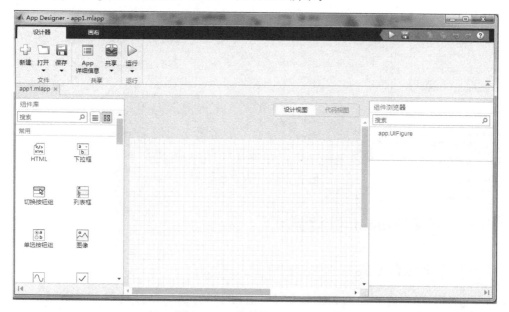

图 1.3.1　启动窗口：设计视图

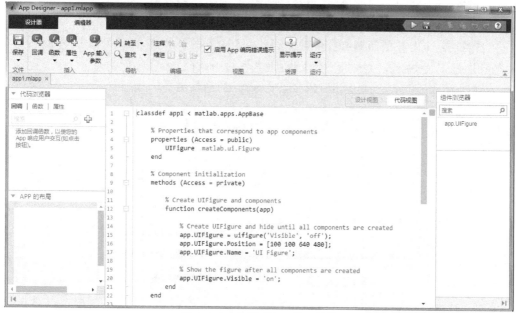

图 1.3.2　启动窗口：代码视图

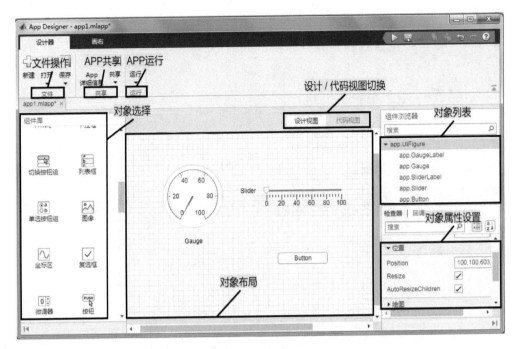

图 1.3.3   主要对象区域

1.3.2   App Designer 设计要点

1. 获取对象的属性值

App 运行时,通常需要在某个对象的回调函数中获知另一对象的值,该值就是对象的属性值。

① 若需在某个对象的回调函数中获取到另一个对象的属性值,可以采取如下命令:

```
Value = app.Component.Property        % 获取对象名 Component 的属性值
```

② 若需在某个对象的回调函数中赋值给另一个对象的属性值,可以采取如下命令:

```
app.Component.Property = Value        % 将对象名 Component 的属性值赋值 Value
```

其中,关键词为 app,Component 为对象名,Property 为属性名。

【例 1.1】   如图 1.3.4 所示为属性值赋值与获取 App 案例(程序 APP_lu0)。要求在【输入数据】(Edit Field)文本框中输入数据 45,按下【转换按钮】(Button)时,【数据显示】(Slider)自动调整为 45。

图 1.3.4   属性值赋值与获取 App 案例界面

本 App 程序设计细节解读:

按照图 1.3.4 界面设计 App,布局如图 1.3.5 所示,调出【转换按钮】(Button)回调函数,在回调函数可编辑函数区中输入如下程序(见图 1.3.6):

```
% 获取对象名 Editfield(即【输入数据】编辑框)的属性值 Value( = 45)
value_editfield = app.Editfield.Value;
% 将对象名 Slider(即【数据显示】滑块)属性值设置为 Value( = 45)
app.Slider.Value = value_editfield;
```

图 1.3.5　例 1.1 App 布局

```
% Button pushed function: Button
function buttom_down(app, event)

    value_editfield=app.EditField.Value; % 获取【EditField】输入数值45
    app.Slider.Value=value_editfield;    % 将数值45赋值给【Slider】滑块

end
```

图 1.3.6　函数可编辑区(白色空白区)输入程序

完成后,单击【RUN】按钮运行 App,运行结果如图 1.3.4 所示。

2. 私有属性/公共属性的创建和私有属性的传递

属性有两种:私有属性(private property)、公共属性(public property)。

(1) 创建私有属性/公共属性(可以理解为 MATLAB 的"全局变量")

当需要传递某个中间值给多个回调函数使用时,一般需要采用私有属性/公共属性来保存该中间值。私有属性仅能在创建它的 App 中传递,而公共属性可以跨 App 传递。

创建私有属性/公共属性有以下两种方式:

① 在【代码视图】→【编辑器】下创建私有属性/公共属性,如图 1.3.7 所示。

图 1.3.7　在【编辑器】下创建私有属性/公共属性

② 在【代码浏览器】下创建私有属性/公共属性,如图 1.3.8 所示。

创建 3 个私有属性和 2 个公共属性,如图 1.3.9 所示。

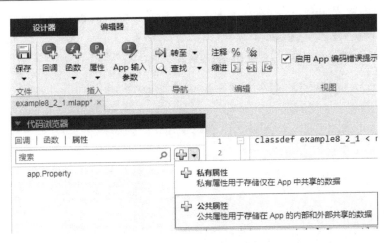

图 1.3.8　在【代码浏览器】下创建私有属性/公共属性

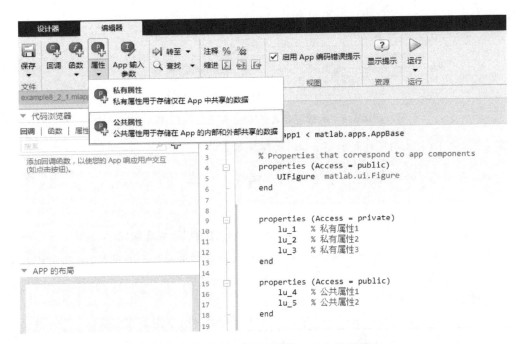

图 1.3.9　创建 3 个私有属性和 2 个公共属性

(2) 私有属性的传递

私有属性仅能在单一的 App 内部传递。私有属性值的获取与赋值语句如下(注意私有属性的关键词：app. ***)：

```
Value1 = app.lu_1;          % 获取私有属性 lu_1(见图 1.3.9)的值
app.lu_1 = Value2;          % 用 Value2 给私有属性 lu_1 赋值
```

【例 1.2】 设计如图 1.3.10～图 1.3.13 所示的 App(程序 APP_lu01)。该 App 功能如下：

(a) 单击【正弦曲线】按钮(Button1)，在坐标区绘制频率 f1=10 的正弦曲线；

(b) 单击【正切曲线】按钮(Button2)，在坐标区绘制频率 f2=15 的正切曲线；

(c) 单击【显示结果】按钮(Button3)，在文本框中显示两个曲线的频率值。

本 App 程序设计细节解读：

首先设置 App 的两个私有属性(app. fre、app. fre2),如图 1.3.14 所示;在【正弦曲线】按钮的
回调函数内获取私有属性值(app. fre)如图 1.3.15 所示,然后画图 1.3.11;在【正切曲线】按钮的
回调函数内获取私有属性值(app. fre2)如图 1.3.16 所示,然后画图 1.3.12;在【显示结果】按钮的
回调函数内获取私有属性值(app. fre、app. fre2)如图 1.3.17 所示,然后画图 1.3.13。

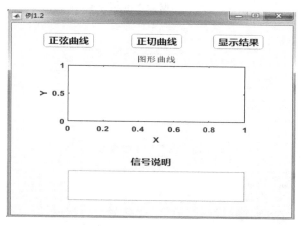

图 1.3.10   App 布局

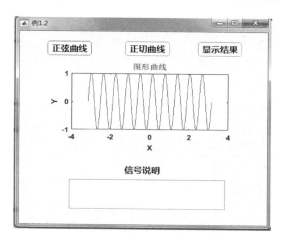

图 1.3.11   App 布局:正弦曲线

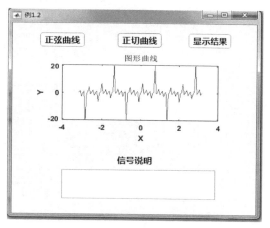

图 1.3.12   App 布局:正切曲线

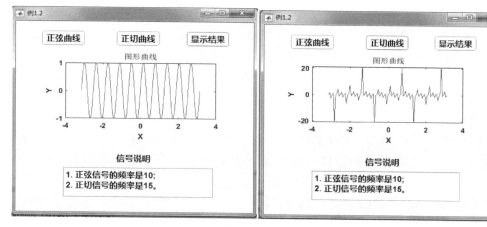

图 1.3.13   App 布局:显示两个曲线的频率值

```
properties (Access = private)
    fre=10;              % 私有属性, 正弦信号频率值
    fre2=15;             % 私有属性, 正切信号频率值
end
```

图 1.3.14 设置 App 私有属性

```
function button_down(app, event)
    %  正弦信号曲线程序, 频率为私有属性值 (fre=10)
    ax = app.UIAxes;              % 在app.UIAxes坐标区画图
    f1=app.fre;                   % 获取私有属性频率值
    x = linspace(-pi,pi,350);     % 横轴坐标值
    y = sin(f1*x);                % 正弦信号值
    plot(ax,x,y)                  % 正弦曲线
end
```

图 1.3.15 设置正弦曲线回调函数

```
function button2_down(app, event)
    %  正切信号曲线程序, 频率为私有属性值 (fre2=15)
    ax = app.UIAxes;              % 在app.UIAxes坐标区画图
    f2=app.fre2;                  % 获取私有属性频率值
    x = linspace(-pi,pi,100);     % 横轴坐标值
    y = tan(f2*x);                % 正切信号值
    plot(ax,x,y)                  % 正切曲线
end
```

图 1.3.16 设置正切曲线回调函数

```
function button3_down(app, event)
    % 文本显示程序
    f1=app.fre;                   % 获取私有属性频率值
    f2=app.fre2;                  % 获取私有属性频率值
    str=num2str(f1);              % 数值转换成符号以供显示
    str_full=strcat('1. 正弦信号的频率是 ',str,'; ');
    str2=num2str(f2);             % 数值转换成符号以供显示
    str2_full=strcat('2. 正切信号的频率是',str2,'。 ');
    app.TextArea.Value={str_full,str2_full}; % 显示在文本框中
end
```

图 1.3.17 文本框中显示两个曲线的频率值

3. 公共属性的传递

例 1.2 中的私有属性(app.fre、app.fre2)只能在定义它们的 App 中传递调用。若要在两个或多个不同的 App 间传递调用,则需要定义公共属性。

【例 1.3】 设计两个 APP_lu1、APP_lu2(见图 1.3.18)完成公共属性(数据)的传递调用。(程序 APP_lu1,程序 APP_lu2)

本 App 程序设计细节解读:

① 在 APP_lu1 窗口【输入频率】文本框中输入数字 5,单击【传递频率到 APP_lu2】按钮,APP_lu1 生成以 5 为频率的正弦曲线数据 y,将数据 y 传递给 APP_lu2,并打开 APP_lu2 窗口;

② 单击 APP_lu2 中的【画图】按钮,可绘制来自 APP_lu1 的数据(Data)正弦曲线;

③ APP_lu1 访问 APP_lu2 内的公共属性 Data 时,需要在 APP_lu1 中预先定义 APP_lu2

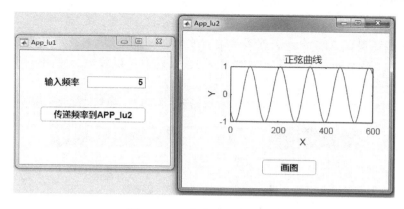

图 1.3.18　公共属性传递案例

类(见图 1.3.19):

```
y = sin(val * x);          % 待传递数据
a = APP_lu2;               % 类属性定义
a.Data = y;                % 数据 y 传递到 APP_lu2
```

类定义完成后,在 APP_lu1 中使用语句"a.Data＝y"对 APP_lu2 定义的公共属性 Data 赋值。直接采用语句"APP_lu2.Data＝y"赋值,程序会报错。

```
function APP_lu2ButtonPushed(app, event)
    % 传递公共属性值（a=App_lu2;a.Data=y;）
    val=app.EditField.Value;     % 获取编辑框中输入频率值
    x=(-3:0.01:3);               % x轴数据
    y=sin(val*x);                % y轴数据
    a=App_lu2;                   % 定义App_lu2类
    a.Data=y;                    % 数据y传递到程序App_lu2
end
```

图 1.3.19　【传递频率到 APP_lu2】回调函数编辑的程序

④ 数据从 APP_lu1 传递至 APP_lu2 时,仅需在 APP_lu2 中定义一个公共属性 Data 即可,见图 1.3.20。

```
properties (Access = public)
    Data;      % 公共属性
end
```

图 1.3.20　APP_lu2 公共属性定义的内容

⑤ 图 1.3.21 所示为【画图】回调函数程序。

```
function button2(app, event)
    % 用公共属性值（Data）画图
    plot(app.UIAxes,app.Data)   % 在坐标区（app.UIAxes）中画图
end
```

图 1.3.21　APP_lu2【画图】回调函数编辑的程序

4. 私有函数/公共函数的创建和私有函数的调用

函数有两种:私有函数(Private Function)、公共函数(Public Function)。

(1) 创建私有函数/公共函数

当一个函数需要在 App 中多次或多个地方使用时,一般将该函数定义为私有函数/公共函数。私有函数仅能在创建它的 App 中调用,而公共函数可以跨 App 调用。创建私有函数/公共函数有以下两种方式:

① 在【代码视图】→【编辑器】下创建私有函数/公共函数,如图 1.3.22 所示。

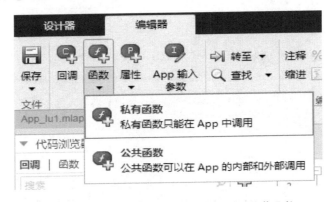

图 1.3.22　在【编辑器】下创建私有函数/公共函数

② 在【代码浏览器】下创建私有函数/公共函数,如图 1.3.23 所示。

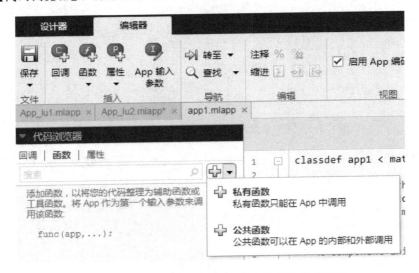

图 1.3.23　在【代码浏览器】下创建私有函数/公共函数

图 1.3.24 中的函数名(func、func2、func3、func4)可以自己定义。

(2) 私有函数的调用

【例 1.4】　设计 APP_lu4(见图 1.3.25),采用私有函数的方式,用滑块控制正弦曲线的频率。(程序 APP_lu4)

本 App 程序设计细节解读:

按照图 1.3.26 创建私有函数,以供调用。

滑块回调函数设置如图 1.3.27 所示。

```
methods (Access = private)

    function results = func(app)
    % 在此添加私有函数1
    end

    function results = func3(app)
    % 在此添加私有函数2
    end
end

methods (Access = public)

    function results = func2(app)
    % 在此添加公共函数1
    end

    function results = func4(app)
    % 在此添加公共函数2
    end
end
```

图 1.3.24　私有函数/公共函数建立模板

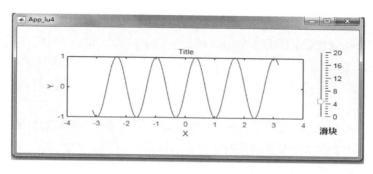

图 1.3.25　私有函数调用

```
methods (Access = private)
    % 创建私有函数，画正弦函数曲线
    function results = MyPlotSinFcn(app,frequency)
        x = linspace(-pi,pi,50);
        y = sin(frequency*x);
        plot(app.UIAxes,x,y)
    end
end
```

图 1.3.26　私有函数创建

图 1.3.27　滑块回调函数设置

5. 公共函数的调用

在例 1.4 中的私有函数 MyPlotSinFcn 只能在定义它的 App 内调用。若要跨 App 调用函数,则需要将函数声明为 Public 型,即公共函数类型。

【例 1.5】 设计两个 APP_lu5、APP_lu6(见图 1.3.28 和图 1.3.29)完成公共函数的调用。(程序 APP_lu5,程序 APP_lu6)

图 1.3.28 APP_lu5

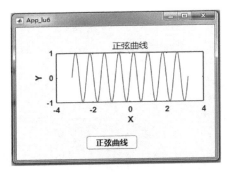

图 1.3.29 APP_lu6

本 App 程序设计细节解读:

① 在 APP_lu5 的【加数 a】和【加数 b】文本框中分别输入 6 和 2,然后按回车键,调用 APP_lu6 中公共函数(MySumFcn)完成(6+2)计算,结果 8 显示在 APP_lu5【求和 sum】文本框中;

② APP_lu5 的计算结果(见图 1.3.30)传递给 APP_lu6 中公共属性 frequency(见图 1.3.31);

③ 在 APP_lu6 中以公共属性 frequency 为频率画正弦曲线(见图 1.3.32);

④ 在 APP_lu6 中定义公共函数(见图 1.3.31),在 APP_lu5 中调用(见图 1.3.30);

⑤ 在 APP_lu6 中定义公共属性(见图 1.3.31),接收 APP_lu5 传来的数据(频率)。

```
% Value changed function: bEditField
function edit_b(app, event)
    % 文本框b中的回调函数edit_b (ValueChangedFun)
    a = app.aEditField.Value;    % 获取第一个数据的a值
    b = app.bEditField.Value;    % 获取第二个数据的b值
    APP_lu6_handle=APP_lu6;      % 定义APP_lu6类
    % 调用APP_lu6内的公共函数 (MySumFcn求和函数) 作求和计算
    results=MySumFcn(APP_lu6_handle,a,b);
    % 结果显示在APP_lu5的sum求和文本框中
    app.sumEditField.Value=results;
    % 数据传递给APP_lu6的公共属性frequency
    APP_lu6_handle.frequency=results;

end
```

图 1.3.30 APP_lu5 中 b 编辑框输入完成后回车执行回调程序 edit_b

```
properties (Access = public)
    frequency          % 公共属性,接收APP_lu5传递过来的sum数值
end

methods (Access = public)
    function results = MySumFcn(app,a,b)
    % 定义公共函数 (求和),命名为MySumFcn
        results=a+b;
    end
end
```

图 1.3.31 APP_lu6 中设置的公共属性和公共函数

```
% Button pushed function: Button
function button_down(app, event)
    % 绘制正弦曲线
    x = linspace(-pi,pi,250);
    y = sin(app.frequency*x);
    plot(app.UIAxes,x,y)
end
```

▾ app.UIFigure
　　app.UIAxes
　　app.Button

检查器 | 回调

ButtonPushedFcn　button_down

图 1.3.32　APP_lu6 中【正弦曲线】按钮回调函数

6. 公共属性和函数调用时需注意的问题

公共属性 frequency 与公共函数 MySumFcn 跨 App 传递调用,需要注意以下两点:

① APP_lu6 内定义的公共属性 frequency,在 APP_lu5 调用时,第一步要在 APP_lu5 中定义 APP_lu6 类属性,即

```
APP_lu6_handle = APP_lu6      % 定义类属性
```

继而可以访问 APP_lu6 内的 frequency,即赋值给 frequency 如下:

```
APP_lu6_handle.frequency = results
```

不能在 APP_lu5 中直接赋值:APP_lu6.frequency=results,否则会出错。

② APP_lu6 内定义的公共函数 MySumFcn(app,a,b),在 APP_lu5 中调用时也需要定义 APP_lu6 类。在 APP_lu5 调用 MySumFcn(app,a,b)时,需要将第一个形参 app 替换为定义的类 APP_lu6_handle,即

```
results = MySumFcn(APP_lu6_handle,a,b)
```

1.3.3　多窗口 App 设计详解

由两个或多个相互关联共享数据构成的 App 称为多窗口 App。一般的情况下是由一个主窗口 App 和多个子窗口 App 组成,主窗口 App 中有一个或多个按钮可以打开子窗口 App,当用户在主窗口 App 输入信息并通过子窗口 App 完成一系列预定的设计任务后,子窗口 App 关闭返回主窗口 App,同时把子窗口 App 中得到的数据传送到主窗口 App。

下面以"案例 1——数字信号滤波系统 App 设计"为例介绍多窗口 App 设计关联要点,其设计过程大致分为以下 4 个步骤:

1. 分别建立多窗口 App(本例建立 3 个 App)

创建主窗口 App(app_lu841_1.mlapp)和 2 个子窗口 App(app_lu841_2.mlapp)、(app_lu841_3.mlapp),将 3 个 App 分别保存在同一工作目录下。

2. 分别创建 3 个窗口 App 的属性

首先在主窗口创建一个用于存储 2 个子窗口对象的私有属性:

```
Properties(Access = private)
DialogApp_1;                    % 代表子窗口 app_lu841_2 对象属性
DialogApp_2;                    % 代表子窗口 app_lu841_3 对象属性
end
```

在子窗口 app_lu841_2 中,创建一个用于存储主窗口对象的私有属性:

```
Properties(Access = private)
CallingApp;                     % 代表主、子窗口之间的关联属性
end
```

在子窗口 app_lu841_3 中,创建一个用于存储主窗口对象的私有属性:

```
Properties(Access = private)
CallingApp_2;                    % 代表主、子窗口之间的关联属性
end
```

3. 建立主窗口 App 与子窗口 App 之间的关联

① 在子窗口 app_lu841_2 中,单击【编辑器】选项卡上的【App 输入参数】,在对话框中输入 startupFcn(app,app_lu841_1),单击【确定】完成设置,与主窗口建立联系。

在子窗口程序代码中找到 function StartupFcn(app,app_lu841_1)完成如下设置:

```
function StartupFcn(app,app_lu841_1)
% 把主窗口程序与子窗口 app_lu841_2 中定义的私有属性关联
app.CallingApp = app_lu841_1;
end
```

在主窗口 App 界面中,回调子窗口 app_lu841_2 是【设置信号】按钮,其回调函数为 Sig-Button()。操作该函数时:

一是要禁止一些主窗口 App 中某些按钮操作,以防止重复打开多个窗口;

二是创建子窗口 App 并将子窗口 App 的信息存入主窗口私有属性 app.DialogApp_1。

```
function SigButton(app,event)
app.OpenButton.Enable = 'off';           % 关闭"打开文件"使能
app.SignalButton.Enable = 'off';         % 关闭"设置信号"使能
app.FFTButton.Enable = 'off';            % 关闭"FFT"使能
app.FilterButton.Enable = 'off';         % 关闭"数字滤波器"使能
% 将子窗口信息存入 app.DialogApp_1 属性
app.DialogApp_1 = app_lu841_2(app);
end
```

② 在子窗口 app_lu841_3 中,单击【编辑器】选项卡上的【App 输入参数】,在对话框中输入 startupFcn(app,app_lu841_1,signal),单击【确定】完成设置,与主窗口建立联系。

在子窗口程序代码中找到 function StartupFcn(app,app_lu841_1,signal)完成如下设置:

```
function StartupFcn(app,app_lu841_1,signal)
% 把主窗口程序与子窗口 app_lu841_3 中定义的私有属性关联
app.CallingApp_2 = app_lu841_1;
app.Data = signal;    % 主程序信号数据传递到子窗口 app_lu841_3 中
end
```

在主窗口 App 界面中,回调子窗口 app_lu841_3 是【数字滤波器】按钮,其回调函数为 Fil-Button()。操作该函数时:

一是要禁止一些主窗口中某些按钮操作,以防止重复打开多个窗口;

二是创建子窗口 App 并将子窗口 App 的信息存入主窗口私有属性 app.DialogApp_2。

```
function FilButton(app,event)
app.OpenButton.Enable = 'off';           % 关闭"打开文件"使能
app.SignalButton.Enable = 'off';         % 关闭"设置信号"使能
app.FFTButton.Enable = 'off';            % 关闭"FFT"使能
app.FilterButton.Enable = 'off';         % 关闭"数字滤波器"使能
% 将子窗口信号存入 app.DialogApp_2 属性
app.DialogApp_2 = app_lu841_3(app,app.signal);
end
```

4. 将信息返回主窗口

① 在子窗口 app_lu841_2 返回主窗口时,单击【信号选择确定】按钮 app.Button,回调函数 function OK(app,event)做如下操作:

```
function OK(app,event)
fre_1 = app.fre_1Field.Value;          % 子窗口频率 1 数值取出
fre_2 = app.fre_2Field.Value;          % 子窗口频率 2 数值取出
fre_3 = app.fre_3Field.Value;          % 子窗口频率 3 数值取出
app.CallingApp.OpenButton.Enable = 'on';     % 开启主窗口"打开文件"使能
app.CallingApp.SignalButton.Enable = 'on';   % 开启主窗口"设置信号"使能
app.CallingApp.FFTButton.Enable = 'on';      % 开启主窗口"FFT"使能
app.CallingApp.FilterButton.Enable = 'on';   % 开启主窗口"数字滤波器"使能
% 调主窗口公共函数 Public_for_lu841_2 进行数据传递和绘图
Public_for_lu841_2(app.CallingApp,fre_1,fre_2,fre_3)
delete(app)                            % 关闭子窗口
end
```

② 在子窗口 app_lu841_3 返回主窗口时,单击【返回上一级】按钮 app.Button_3,回调函数 function FanHui(app,event)做如下操作:

```
function FanHui(app,event)
app.CallingApp_2.OpenButton.Enable = 'on';     % 开启主窗口"打开文件"使能
app.CallingApp_2.SignalButton.Enable = 'on';   % 开启主窗口"设置信号"使能
app.CallingApp_2.FFTButton.Enable = 'on';      % 开启主窗口"FFT"使能
app.CallingApp_2.FilterButton.Enable = 'on';   % 开启主窗口"数字滤波器"使能
delete(app)                            % 关闭子窗口
end
```

1.4　案例 1——数字信号滤波器系统 App 设计

在机械工程动态信号监测中,数字信号滤波器应用得非常广泛。数字信号滤波器通过设置窗函数和特定的低通、带通、高通滤波器,可以分析系统对特定频率的响应。本节设计一个简单的数字信号滤波系统,程序中涉及的数字信号滤波理论以及应用的 MATLAB 所带的内部函数,可以参考相关书籍。本案例重点学习 App Designer 的 App 设计过程和细节。

(程序 app_lu841_1,程序 app_lu841_2,程序 app_lu841_3)

1.4.1　设计 1 个 App 主窗口和 2 个 App 子窗口

下面进行数字信号滤波器系统 1 个 App 主窗口和 2 个 App 子窗口的设计。

1. App 主窗口

数字信号滤波器系统 App 主窗口如图 1.4.1 所示。

2. App 子窗口-1

生成数字信号 App 子窗口-1 如图 1.4.2 所示。

3. App 子窗口-2

数字信号滤波器 App 子窗口-2 如图 1.4.3 所示。

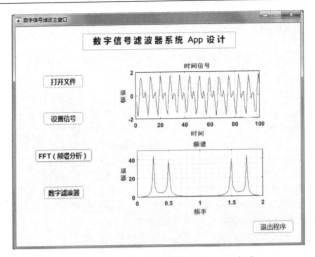

图 1.4.1　数字信号滤波器系统 App 主窗口

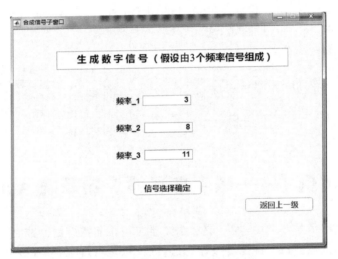

图 1.4.2　生成数字信号 App 子窗口-1

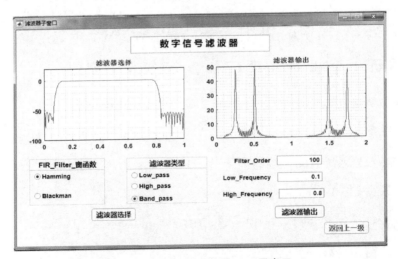

图 1.4.3　数字信号滤波器 App 子窗口-2

1.4.2　数字信号滤波器系统 3 个 App 窗口设计详解

1. App 主窗口设计

(1) App 主窗口布局和参数设计

数字信号滤波器系统 App 主窗口布局如图 1.4.4 所示,主窗口对象属性参数如表 1.4.1 所列。

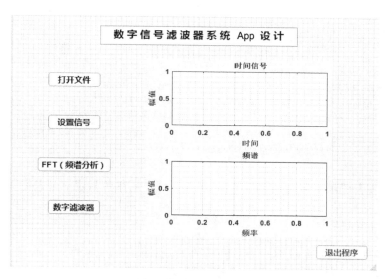

图 1.4.4　数字信号滤波器系统 App 主窗口布局

表 1.4.1　数字信号滤波器系统主窗口对象属性参数

窗口对象	对象名称	字　码	回调(函数)
按钮(打开文件)	app. OpenButton	16	OpenButton
按钮(设置信号)	app. SignalButton	16	SigButton
按钮(FFT(频谱分析))	app. FFTButton	16	FFTButton
按钮(数字滤波器)	app. FilterButton	16	TuiChuChengXu
按钮(退出程序)	app. Button	16	LiLunJiSuan
坐标区(时间信号)	app. UIAxes	14	
坐标区(频谱)	app. UIAxes2	14	
文本区域(……App 设计)	app. TextArea	20	
窗口(数字信号滤波主窗口)	app. UIFigure		

(2) App 程序设计细节解读

1) 私有属性创建

在【代码视图】→【编辑器】状态下,单击【属性】→【私有属性】,建立私有属性空间。

```
properties (Access = private)
signal;                                    % 输入信号私有属性
path;                                      % 路径私有属性
DialogApp_1;                               % 私有属性,存储子窗口 app_lu841_2
DialogApp_2;                               % 私有属性,存储子窗口 app_lu841_3
DataX;                                     % 私有属性数据
end
```

2) 私有函数创建

在【代码视图】→【编辑器】状态下,单击【函数】→【私有函数】,建立私有函数空间。

```
methods (Access = private)
% 计算原信号 FFT 频谱程序
function results = fft_function(app,para_signal)
cla(app.UIAxes2)
length_signal = length(para_signal);          % 确定信号长度
x = (0:1:length_signal - 1)/length_signal * 2;   % 计算归一化横坐标
fft_signal = abs(fft(para_signal));            % 信号频谱绝对值
plot(app.UIAxes2,x,fft_signal);                % 频谱显示在主窗 app.UIAxes2 中
end
end
```

3) 公共函数创建

在【代码视图】→【编辑器】状态下,单击【函数】→【公共函数】,建立公共函数空间。

```
methods (Access = public)
% 公共函数,供合成信号子函数调用
% 将选择的 3 个频率调入产生 3 个频率相加合成信号
% 供 app.lu841_2 调用传递数据和画信号图,见程序 app.lu841_2
function results = Public_for_lu841_2(app,fre_1,fre_2,fre_3)
cla(app.UIAxes)                                % 清除原有图形
cla(app.UIAxes2)                               % 清除原有图形
app.DataX = linspace( - 2 * pi,2 * pi,1024);    % 本 app 调用数据 DataX
% 创建新的 3 个频率合成信号 app.signal
app.signal = sin(2 * pi * fre_1 * app.DataX) + sin(2 * pi * fre_2 * app.DataX) + sin(2 * pi * fre_3 *
app.DataX);
% 新的信号的数据显示在主窗 app.UIAxes 中
plot(app.UIAxes,app.DataX,app.signal)
end
end
```

4)【打开文件】回调函数

```
function OpeButton(app, event)
% 文件数据输入标准程序
cla(app.UIAxes)
% 打开文件(数据或图片)对话框标准程序
[file,app.path] = uigetfile('*.txt','*.jpg');
% 如果选择数据文件,这时 file~ = 0;执行以下操作
if file~ = 0;
filepath = fullfile(app.path,file);            % 连接 app.path 与 file,形成完整路径
fileID = fopen(filepath);                      % 确定文件 ID
% 扫描文件内容(原始信号数据),C 为结构体
C = textscan(fileID,'% f');
fclose(fileID);                                % 关闭打开文件
app.signal = C{1};                             % 将原始信号数据赋给 app.signal
plot(app.UIAxes,app.signal);                   % 原始信号显示在图形 UIAxes 中
```

```
elseif file == 0;                              % 如果单击"取消"或"关闭"按钮,file == 0
h = msgbox('请选择数据文件!','友情提示');        % 显示提示信息框内容
end
end
```

5)【FFT】回调函数

```
function FFT(app, event)
% 调 MATLAB 私有函数 FFT 程序,计算输入信号频谱
fft_function(app,app.signal);
end
```

6)【设置信号】回调函数

```
function SigButton(app, event)
% 调 app_lu841_2 子函数
app.OpenButton.Enable = 'off';                 % 关闭"打开文件"使能
app.SignalButton.Enable = 'off';               % 关闭"设置信号"使能
app.FFTButton.Enable = 'off';                  % 关闭"FFT"使能
app.FilterButton.Enable = 'off';               % 关闭"数字滤波器"使能
% 与子窗口交互命令,调 app_lu841_2 函数产生合成信号
app.DialogApp_1 = app_lu841_2(app);
end
```

7)【数字滤波器】回调函数

```
function FilButton(app, event)
% 调 app_lu841_3 子函数,同时把主窗信号 app.signal 传递给子函数
app.OpenButton.Enable = 'off';                 % 关闭"打开文件"使能
app.SignalButton.Enable = 'off';               % 关闭"设置信号"使能
app.FFTButton.Enable = 'off';                  % 关闭"FFT"使能
app.FilterButton.Enable = 'off';               % 关闭"滤波器分析"使能
% 调子程序 app_lu841_3,传递信号 app.signal
app.DialogApp_2 = app_lu841_3(app,app.signal);
end
```

8)【退出程序】回调函数

```
function TuiChuChengXu(app, event)
% 关闭窗口之前要求确认
sel = questdlg('确认关闭应用程序?','关闭确认,','Yes','No','No');
switch sel
case'Yes'
delete(app);
case'No'
return
end
end
```

2. App 子窗口-1 设计

(1) App 子窗口-1 布局和参数设计

生成数字信号 App 子窗口-1 布局如图 1.4.5 所示,子窗口-1 对象属性参数如表 1.4.2 所列。

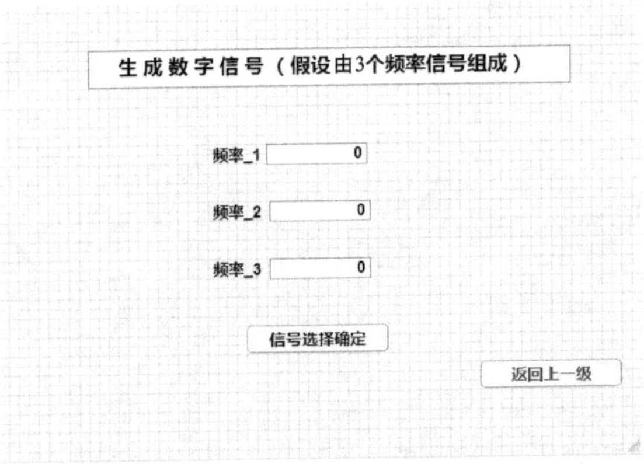

图 1.4.5　生成数字信号 App 子窗口-1 布局

表 1.4.2　生成数字信号子窗口-1 对象属性参数

窗口对象	对象名称	字　码	回调(函数)
编辑字段(频率_1)	app. fre_1Field	14	
编辑字段(频率_2)	app. fre_2Field	14	
编辑字段(频率_3)	app. fre_3Field	14	
按钮(信号选择确定)	app. Button	16	OK
按钮(返回上一级)	app. Button_2	16	FanHui
文本区域(生成数字信号)	app. TextArea	20	
窗口(合成信号子窗口)	app. UIFigure		

注：此表中编辑字段皆为"编辑字段(数值)"。

(2) App 程序设计细节解读

1) 私有属性创建

在【代码视图】→【编辑器】状态下,单击【属性】→【私有属性】,建立私有属性空间。

```
properties (Access = private)
CallingApp ;                      % 主程序与子程序接口私有属性(类)
fre_1;                            % 私有属性,频率 1
fre_2;                            % 私有属性,频率 2
Fre_3;                            % 私有属性,频率 3
end
```

2) 设置窗口启动回调函数

单击【代码视图】→【编辑器】→【App 输入参数】,启动回调函数,将其中参数设置为 star-tupFcn(app, app_lu841_1),单击【OK】按钮,然后编辑子函数。

```
function startupFcn(app, app_lu841_1)
% 与主窗口对应,调子函数
app. CallingApp = app_lu841_1;            % 定义类
end
```

3)【信号选择确定】回调函数

```
function OK(app, event)
% 合成 3 个频率成分信号
```

```
fre_1 = app.fre_1Field.Value;          % 获取输入频率 1
fre_2 = app.fre_2Field.Value;          % 获取输入频率 2
fre_3 = app.fre_3Field.Value;          % 获取输入频率 3
% 开启主窗口"打开文件"使能
app.CallingApp.OpenButton.Enable = 'on';
% 开启主窗口"设置信号"使能
app.CallingApp.SignalButton.Enable = 'on';
% 开启主窗口"频谱分析"使能
app.CallingApp.FFTButton.Enable = 'on';
% 开启主窗口"数字滤波器"使能
app.CallingApp.FilterButton.Enable = 'on';
% 调主程序中公共函数 Public_for_lu841_2 进行数据传递和画图
Public_for_lu841_2(app.CallingApp,fre_1,fre_2,fre_3)
delete(app)                            % 关闭本 App 子窗口-1
end
```

4)【返回上一级】回调函数

```
function FanHui(app, event)
% 开启主窗口"打开文件"使能
app.CallingApp.OpenButton.Enable = 'on';
% 开启主窗口"设置信号"使能
app.CallingApp.SignalButton.Enable = 'on';
% 开启主窗口"频谱分析"使能
app.CallingApp.FFTButton.Enable = 'on';
% 开启主窗口"数字滤波器"使能
app.CallingApp.FilterButton.Enable = 'on';
delete(app)                            % 关闭本 App 子窗口-1
end
```

3. App 子窗口-2 设计

(1) App 子窗口-2 布局和参数设计

数字信号滤波器 App 子窗口-2 布局如图 1.4.6 所示,子窗口-2 对象属性参数如表 1.4.3 所列。

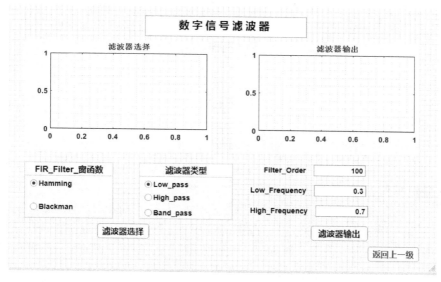

图 1.4.6　数字信号滤波器 App 子窗口-2

表 1.4.3　数字信号滤波器子窗口－2 对象属性参数

窗口对象	对象名称	字　码	回调（函数）
面板（FIR_Filter_窗函数）	app. FIR_Filter_ButtonGroup	16	
单选按钮（Hamming）	app. HammingButton	14	
单选按钮（Blackman）	app. BlackmanButton	14	
面板（滤波器类型）	app. ButtonGroup	16	
单选按钮（Low_pass）	app. Low_passButton	14	
单选按钮（High_pass）	app. High_passButton	14	
单选按钮（Band_pass）	app. Band_passButton	14	
编辑字段（Filter_Order）	app. Filter_OrderEditField	14	
编辑字段（Low_Frequency）	app. Low_FrequencyEditField	14	
编辑字段（High_Frequency）	app. High_FrequencyEditField	14	
按钮（滤波器选择）	app. Button	16	OK
按钮（滤波器输出）	app. Button_2	16	OK_1
按钮（返回上一级）	app. Button_3	16	FanHui
文本区域（数字信号滤波器）	app. TextArea	20	
窗口（滤波器子窗口）	app. UIFigure		

注：此表中编辑字段皆为"编辑字段（数值）"。

（2）App 程序设计细节解读

1）私有属性创建

在【代码视图】→【编辑器】状态下，单击【属性】→【私有属性】，建立私有属性空间。

```
properties (Access = private)
flag;                          % 私有属性（含义见程序中）
flag1;                         % 私有属性（含义见程序中）
filtered_signal;               % 用于滤波信号私有属性
CallingApp_2;                  % 主程序与子程序接口私有属性
signal;                        % 私有属性（含义见程序中）
filterdata;                    % 私有属性，存储窗函数数据
Data;                          % 私有属性（含义见程序中）
end
```

2）私有函数创建

在【代码视图】→【编辑器】状态下，单击【函数】→【私有函数】，建立私有函数空间。

```
function results = filterplot_filtersignal(app,lowfre,highfre,order)
% 输入参数为 app：低通频率 lowfre、高通频率 highfre、滤波器阶数 order
% app. flag = 0 表示取 Hamming 窗，app. flag = 1 表示取 Blackman 窗
% app. flag = 0 表示低通，app. flag = 1 表示高通，app. flag = 2 表示带通
if app. flag == 0
if app. flag1 == 0
% hamming 窗,低通
app. filterdata = fir1(order,lowfre,hamming(order + 1));
elseif app. flag1 == 1
% hamming 窗,高通
app. filterdata = fir1(order,highfre,'high',hamming(order + 1));
elseif app. flag1 == 2
```

```
% hamming 窗,带通
app.filterdata = fir1(order,[lowfre,highfre],hamming(order + 1));
end
elseif app.flag == 1
if app.flag1 == 0
% blackmang 窗,低通
app.filterdata = fir1(order,lowfre,blackman(order + 1));
elseif app.flag1 == 1
% blackmang 窗,高通
app.filterdata = fir1(order,highfre,'high',blackman(order + 1));
elseif app.flag1 == 2
% blackmang 窗,带通
app.filterdata = fir1(order,[lowfre,highfre],blackman(order + 1));
end
end
cla(app.UIAxes1)                                    % 清除原图像
cla(app.UIAxes2)                                    % 清除原图像
% 由滤波器系数 filterdata,计算滤波器频响函数
[h,n] = freqz(app.filterdata,1,512);
% 绘制频响曲线在 App 子窗口_2,app.UIAxes1 图中
plot(app.UIAxes1,n/(pi),db(abs(h)));
end
% 窗函数输出信号频谱分析 FFT 函数
function results = fft_function(app,para_signal)
length_signal = length(para_signal);               % 确定信号长度
x = (0:1:length_signal - 1)/length_signal * 2;     % 计算归一化横坐标
fft_signal = abs(fft(para_signal));                % 信号绝对值
plot(app.UIAxes2,x,fft_signal);                    % 频谱显示在 app.UIAxes2 中
end
end
```

3）设置窗口启动回调函数

单击【代码视图】→【编辑器】→【App 输入参数】,启动回调函数,将其中参数设置为 startupFcn(app, app_lu841_1),单击【OK】按钮,然后编辑子函数。

```
function startupFcn(app, app_lu841_1, signal)
app.CallingApp_2 = app_lu841_1;                    % 主程序与子程序类属性
% 从主程序传递信号 signal 到子程序,变成信号 app.Data
app.Data = signal;
end
```

4）【滤波器选择】回调函数

```
function OK(app, event)
if app.HammingButton.Value
app.flag = 0;                                      % 选择 hamming 窗
else
app.flag = 1;                                      % 选择 blackman 窗
end
if app.Low_passButton.Value
app.flag1 = 0;                                      % 选择低通滤波
elseif app.High_passButton.Value
app.flag1 = 1;                                      % 选择高通滤波
else
app.flag1 = 2;                                      % 选择带通滤波
end
```

```
% 调用 filterplot_filtersignal 函数,计算窗函数频响函数
Low = app. Low_FrequencyEditField. Value;           % 低频截止频率
High = app. High_FrequencyEditField. Value;          % 高频截止频率
Order = app. Filter_OrderEditField. Value;           % 滤波器阶数
filterplot_filtersignal(app,Low,High,Order);          % 调私有函数计算
end
```

5)【滤波器输出】回调函数

```
function OK_1(app, event)
% 将滤波器频响函数参数与原始信号 app. Data = signal 做卷积,输出滤波后信号
app. filtered_signal
app. filtered_signal = conv(app. filterdata,app. Data);   % 卷积滤波输出信号
fft_function(app,app. filtered_signal);                    % 计算卷积滤波后信号频谱
end
```

6)【返回上一级】回调函数

```
function FanHui(app, event)
app. CallingApp_2. OpenButton. Enable = 'on';        % 开启"打开文件"
app. CallingApp_2. SignalButton. Enable = 'on';      % 开启"设置信号"
app. CallingApp_2. FFTButton. Enable = 'on';         % 开启"FFT"
app. CallingApp_2. FilterButton. Enable = 'on';      % 开启"数字滤波器"
delete(app)                                           % 关闭本 App 子窗口
end
```

1.5 案例 2——实验数据统计分析 App 系统

在机械工程专业中,概率论与数理统计是基本的专业基础课。它主要包括 3 大方面内容,即概率分布、描述性统计量和统计图、参数估计和假设检验。本节设计一个简单的实验数据统计分析 App 系统,程序中涉及的概率论与数理统计理论以及应用的 MATLAB 所带的内部函数,可以参考相关书籍。本案例重点学习 App Designer 的 App 设计过程和细节。

(程序 applu_Data_statistic_main,程序 applu_Data_statistic_sub_1,程序 applu_Data_statistic_sub_2)

1.5.1 设计 1 个 App 主窗口和 2 个 App 子窗口

下面进行实验数据统计分析系统 1 个 App 主窗口和 2 个 App 子窗口的设计。

1. App 主窗口

实验数据统计分析 App 系统主窗口如图 1.5.1 所示。

2. App 子窗口-1

实验数据统计量和统计直方图 App 子窗口-1 如图 1.5.2 所示。

3. App 子窗口-2

实验数据参数估计和假设检验 App 子窗口-2 如图 1.5.3 所示。

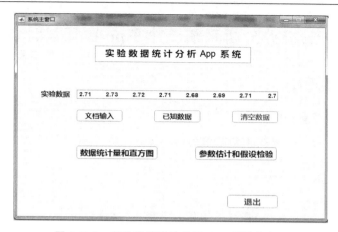

图 1.5.1　实验数据统计分析 App 系统主窗口

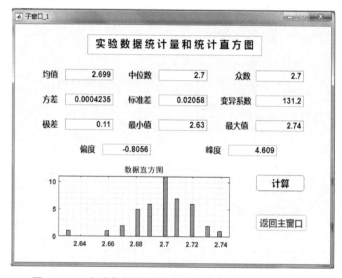

图 1.5.2　实验数据统计量和统计直方图 App 子窗口-1

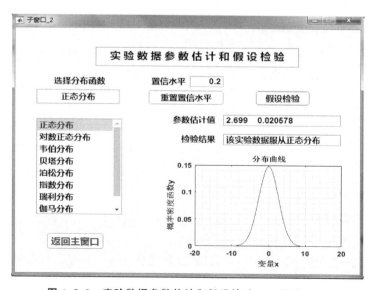

图 1.5.3　实验数据参数估计和假设检验 App 子窗口-2

1.5.2　实验数据统计分析系统 3 个 App 窗口设计详解

1. App 主窗口设计

（1）App 主窗口布局和参数设计

实验数据统计分析 App 系统主窗口布局如图 1.5.4 所示，主窗口对象属性参数如表 1.5.1 所示。

图 1.5.4　实验数据统计分析 App 系统主窗口布局

表 1.5.1　实验数据统计分析主窗口对象属性参数

窗口对象	对象名称	字　码	回调（函数）
编辑字段（实验数据）	app. EditField	14	
按钮（数据统计量和直方图）	app. Button_1	16	TongjiliangJisuan
按钮（参数估计和假设检验）	app. Button_2	16	FenbuYvce
按钮（文档输入）	app. Button_4	16	Open_Data
按钮（已知数据）	app. Button_6	16	YizhiShuju
按钮（清空数据）	app. Button_5	16	QingchuShuju
按钮（退出）	app. Button_3	16	Close
文本区域（……App 系统）	app. TextArea	20	
窗口（系统主窗口）	app. UIFigure		

注：此表中编辑字段为"编辑字段（数值）"。

（2）App 程序设计细节解读

1）私有属性创建

在【代码视图】→【编辑器】状态下，单击【属性】→【私有属性】，建立私有属性空间。

```
properties (Access = private)
Data_1;                                          % 私有属性,原始数据
path;                                            % 保存原始数据所在文件夹路径
sub_1;                                           % 私有属性保存 sub_1 窗口
end
```

2)【文档输入】回调函数

```
function Open_Data(app, event)
% 打开文件(数据或图片)对话框标准程序
[file,app.path] = uigetfile('*.txt','*.jpg');
% 判断输入文件名字框是否为"空"
if isequal(file,0) || isequal(app.path,0)        % 选择是否打开文档
else
filepath = fullfile(app.path,file);              % 连接 app.path 与 file 形成完整路径
fileID = fopen(filepath);                        % 确定文件 ID
C = textscan(fileID,'%f');                       % 扫描文件(数据)C 为结构体
fclose(fileID);                                  % 关闭打开文件窗
x = C{1};                                        % 将文档原始数据 x 列向量取出
x_1 = x';                                        % x 列向量转化成行向量
app.Data_1 = x_1;                                % 私有属性 Data_1
x_1 = app.Data_1;                                % 私有属性数据赋给 x_1
x = num2str(x_1);                                % 数值变量转化成符号变量
app.EditField.Value = x;                         % 符号数据 x 显示在数据文本框中
end
end
```

3)【编辑字段】回调函数

```
function Data_Changed(app, event)
value = app.EditField.Value;                     % 将文本框中原始数据取出来
app.Data_1 = str2num(value);                     % 符号变量转换成数值变量 Data_1
end
```

4)【数据统计量和直方图】回调函数

```
function TongjiliangJisuan(app, event)
TF = isempty(app.EditField.Value);               % TF = 1,实验数据文本框"空"
if TF == 0;                                      % 如果文本框不"空",继续计算
% 调子程序 sub_1 运算统计量
app.Button_1.Enable = 'off';                     % 关闭"数据统计量和直方图"使能
app.Button_2.Enable = 'off';                     % 关闭"参数估计和假设检验"使能
app.Button_4.Enable = 'off';                     % 关闭"文档输入"使能功能
app.Button_5.Enable = 'off';                     % 关闭"已知数据"使能功能
app.Button_6.Enable = 'off';                     % 关闭"清空数据"使能功能
% 创建 applu_Data_statistic_sub_1 类,把 Data_1 传递到子窗口
app.sub_1 = applu_Data_statistic_sub_1(app,app.Data_1);
else
msgbox('实验数据不能为空！','友情提示');
end
end
```

5)【清空数据】回调函数

```
functionQingchuShuju(app, event)
a = num2str([]);                                 % 将数值空[]转化为字符串空[]
app.EditField.Value = a;                         % 将字符串空[]显示在数据文本框
app.Data_1 = 0;                                  % 数据清空,Data_1 = 0
end
```

6)【退出】回调函数

```
function Close(app, event)
% 关闭窗口之前要求确认
sel = questdlg('确认关闭应用程序?','关闭确认,','Yes','No','No');
switch sel;
case'Yes'
% delete(app);
close all force
case'No'
return
end
end
```

7)【已知数据】回调函数

```
function YizhiShuju(app, event)
% 已知数据
x_1 = [2.71 2.73 2.72 2.71 2.68 2.69 2.71 2.70 2.70 2.69 2.70...
       2.70 2.69 2.70 2.69 2.71 2.70 2.68 2.67 2.63 2.68 2.66...
       2.69 2.71 2.72 2.74 2.73 2.71 2.70 2.72 2.71 2.72 2.70...
       2.72 2.72 2.67 2.68 2.70 2.70 2.69 2.68 2.70];
app.Data_1 = x_1;                      % 赋给私有属性 Data_1,本程序局部标量
x_2 = num2str(x_1);                    % 数值转换成字符串
app.EditField.Value = x_2;             % 将字符串空[]显示在实验数据文本框
end
```

8)【参数估计和假设检验】回调函数

```
function FenbuYvce(app, event)
TF = isempty(app.EditField.Value);     % TF = 1,实验数据文本框"空"
if TF == 0;                            % 如果文本框不"空",继续计算
% 调子程序 sub_1 运算统计量
app.Button_1.Enable = 'off';           % 关闭主窗口"数据统计量和直方图"使能
app.Button_2.Enable = 'off';           % 关闭主窗口"参数估计和假设检验"使能
app.Button_4.Enable = 'off';           % 关闭主窗口"文档输入"使能功能
app.Button_5.Enable = 'off';           % 关闭主窗口"已知数据"使能
app.Button_6.Enable = 'off';           % 关闭主窗口"清空数据"使能
% 创建 applu_Data_statistic_sub_1 类,把 Data_1 传递到子窗口
app.sub_1 = applu_Data_statistic_sub_2(app,app.Data_1);
else                                   % 如果文本框为"空"
msgbox('实验数据不能为空!','友情提示');
end
end
```

2. App 子窗口-1 设计

(1) App 子窗口-1 布局和参数设计

实验数据统计量和统计直方图 App 子窗口-1 布局如图 1.5.5 所示,子窗口-1 对象属性
参数如表 1.5.2 所列。

表 1.5.2　实验数据统计量和统计直方图子窗口-1 对象属性参数

窗口对象	对象名称	字 码	回调(函数)
编辑字段(均值)	app.EditField_2	14	
编辑字段(中位数)	app.EditField_3	14	

续表 1.5.2

窗口对象	对象名称	字　码	回调(函数)
编辑字段(众数)	app. EditField_4	14	
编辑字段(方差)	app. EditField_5	14	
编辑字段(标准差)	app. EditField_6	14	
编辑字段(变异系数)	app. EditField_7	14	
编辑字段(极差)	app. EditField_8	14	
编辑字段(最小值)	app. EditField_9	14	
编辑字段(最大值)	app. EditField_10	14	
编辑字段(偏度)	app. EditField_11	14	
编辑字段(峰度)	app. EditField_12	14	
按钮(计算)	app. Button_1	16	Jisuan
按钮(返回主窗口)	app. Button_2	16	FanhuiZhuchuangkou
坐标区(数据直方图)	app. UIAxes	14	
坐标区(频谱)	app. UIAxes2	14	
文本区域(……直方图)	app. TextArea	20	
窗口(子窗口_1)	app. UIFigure		

注：此表中编辑字段皆为"编辑字段(数值)"。

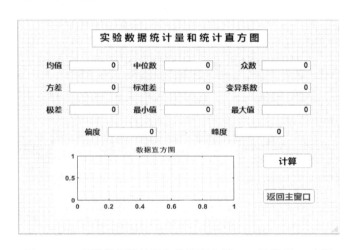

图 1.5.5　实验数据统计量和统计直方图 App 子窗口-1 布局

(2) App 程序设计细节解读

1) 公共属性和私有属性创建

在【代码视图】→【编辑器】状态下,单击【属性】→【公共属性】和【私有属性】,建立公共属性和私有属性空间。

```
% 公共属性创建
properties (Access = public)
Data_1                          % 定义从主窗口传递过来的数据
end
% 私有属性创建
```

```
properties (Access = private)        % sub_1 创建私有属性保存主窗口类
mainApp;                             % 私有属性用于数据 Data_1
y;
end
```

2）设置窗口启动回调函数

在【编辑器】→【App 输入参数】状态下，启动回调函数，将其中参数设置为 startupFcn（app，Mainapp，Data_1），单击【OK】按钮，然后编辑子函数。

```
function startupFcn(app, Mainapp，Data_1)
app.mainApp = Mainapp;               % 在子程序中保存主程序类
app.y = Data_1;                      % 取出传递过来的原始数据
end
```

3）【计算】回调函数

```
functionJisuan(app, event)
%计算并显示各种统计量
Y = app.y;                           % 取出原始数据
A = mean(Y);                         % 求均值
app.EditField_2.Value = A;           % 显示在编辑字段均值框中
B = median(Y);                       % 求中位数
app.EditField_3.Value = B;           % 显示在中位数框中
C = mode(Y);                         % 求众数
app.EditField_4.Value = C;           % 显示在众数框中
D = var(Y);                          % 求方差
app.EditField_5.Value = D;           % 显示在方差框中
E = std(Y);                          % 求标准差
app.EditField_6.Value = E;           % 显示在标准差框中
F = mean(Y)/std(Y);                  % 求变异系数
app.EditField_7.Value = F;           % 显示在变异系数框中
G = range(Y);                        % 求极差
app.EditField_8.Value = G;           % 显示在极差框中
H = min(Y);                          % 求最小值
app.EditField_9.Value = H;           % 显示在最小值框中
K = max(Y);                          % 求最大值
app.EditField_10.Value = K;          % 显示在最大值框中
L = skewness(Y);                     % 求偏度
app.EditField_11.Value = L;          % 显示在偏度框中
M = kurtosis(Y);                     % 求峰度
app.EditField_12.Value = M;          % 显示在峰度框中
histogram(app.UIAxes,Y,40);          % 实验数据直方图
end
```

4）【返回主窗口】回调函数

```
function FanhuiZhuchuangkou(app, event)
%打开主窗口"数据统计量和直方图"使能
app.mainApp.Button_1.Enable = 'on';
%打开主窗口"参数估计和假设检验"使能
app.mainApp.Button_2.Enable = 'on';
app.mainApp.Button_4.Enable = 'on';   % 打开主窗口"文档输入"使能
app.mainApp.Button_5.Enable = 'on';   % 打开主窗口"已知数据"使能
app.mainApp.Button_6.Enable = 'on';   % 打开主窗口"清空数据"使能
delete(app)                           % 关闭子窗口 sub_1
end
```

3. App 子窗口-2 设计

(1) App 子窗口-2 布局和参数设计

实验数据参数估计和假设检验 App 子窗口-2 布局如图 1.5.6 所示,子窗口-2 对象属性参数如表 1.5.3 所列。

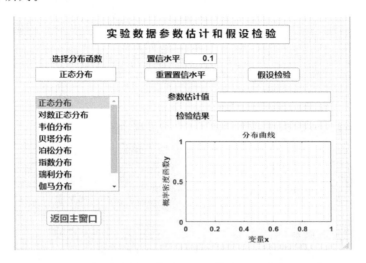

图 1.5.6　实验数据参数估计和假设检验 App 子窗口-2 布局

表 1.5.3　实验数据参数估计和假设检验子窗口-2 对象属性参数

窗口对象	对象名称	字　码	回调(函数)
编辑字段(置信水平)	app. EditField_1	16	
编辑字段(参数估计值)	app. EditField_3	16	
编辑字段(检验结果)	app. EditField_4	16	
按钮(重置置信水平)	app. Button_1	16	ChongZhi
按钮(假设检验)	app. Button_2	16	YeceFenxi
按钮(返回主窗口)	app. Button_3	16	Fanhui
文本区域(选择分布函数)	app. TextArea_2	16	
坐标区(分布曲线)	app. UIAxes	14	
列表框	app. ListBox	16	ListValueChangge
文本区域(……假设检验)	app. TextArea	20	
窗口(子窗口_2)	app. UIFigure		

注:此表中编辑字段皆为"编辑字段(数值)"。

(2) App 程序设计细节解读

1) 公共属性和私有属性创建

在【代码视图】→【编辑器】状态下,单击【属性】→【公共属性】和【私有属性】,建立公共属性和私有属性空间。

```
% 公共属性创建
properties (Access = public)
Data_1                                  % 用于接收主窗口的实验数据
End
% 私有属性创建
properties (Access = private)
mainApp;                                % sub_1 创建私有属性保存主窗口类
y;                                      % 私有属性用于数据 Data_1
value;                                  % 私有属性变量(含义见程序中)
Z;                                      % 私有属性变量(含义见程序中)
Y;                                      % 私有属性变量(含义见程序中)
Value;                                  % 私有属性变量(含义见程序中)
end
```

2)设置窗口启动回调函数

在【编辑器】→【App 输入参数】状态下,启动回调函数,将其中参数设置为 startupFcn（app,Mainapp, Data_1）,单击【OK】按钮,然后编辑子函数。

```
function startupFcn(app, Mainapp, Data_1)
app.mainApp = Mainapp;                  % 在子程序中保存主程序类
app.y = Data_1;                         % 由主窗口传递过来的实验数据
end
```

3)【假设检验】回调函数

```
function YeceFenxi(app, event)
X = app.y;                              % 导入主窗口实验数据
app.Y = app.EditField_1.Value;          % 置信水平值(编辑字段:数值标量)
alpha = app.Y;                          % 置信水平值赋给 alpha
% 列表框 ListBox 中 9 个选项之一字符串(文本)取出来
app.Value = app.ListBox.Value;
% 判断列表框 ListBox 是否选择"正态分布"(必须双引号)
if app.Value == "正态分布";
% 如果选"正态分布",则进行以下操作
% 计算正态分布的极大似然法参数估计的均值和标准差
[mu,sigma] = normfit(X,alpha);
a = [mu,sigma];                         % 返回的均值和标准差组成向量 a
b = num2str(a);                         % 转换成字符串显示在参数估计框
% 编辑字段(文本),参数估计值字符串显示
app.EditField_3.Value = b;
p1 = normcdf(X',mu,sigma);              % 返回正态分布函数
[H1,s1] = kstest(X',[X',p1],alpha);     % 进行 K-S 实验数据分布检验
% 如果 H1 = 0,则在置信水平 alpha 下,不能拒绝原假设"正态分布"
if H1 == 0;
L1 = '该实验数据服从正态分布';           % 检验结果
app.EditField_4.Value = L1;             % 检验结果写入框图中
x = -20:0.1:20;                         % 画图 x 区间
% 计算正态分布概率密度函数
y = 1/sqrt(2*pi)/a(1)*exp(-1/2/(a(1)^2)*(x-a(2)).^2);
plot(app.UIAxes,x,y)                    % 在图形显示区画图
else                                    % H1 = 1,拒绝原假设"正态分布"
ax = app.UIAxes;                        % 坐标区属性
cla(ax)                                 % 清除图形
L2 = '该实验数据不服从正态分布';         % 检验结果字符串
app.EditField_4.Value = L2;             % 检验结果写入框图中
end
```

```matlab
% 判断列表框 ListBox 是否选择"对数正态分布"(必须双引号)
elseif app.Value == "对数正态分布";
    % 如果选择"对数正态分布",则进行以下操作
B = find(X <= 0);                              % 判断实验数据是否小于或等于零
    % 如果 B = 1,则 isempty(B)为 false,~isempty(B)为 true
if  ~isempty(B)
h = msgbox('对数正态分布要求数据>0！','友情提示');
else                                           % 实验数据大于零
    % 计算对数正态分布的极大似然法参数估计的 a,a 含有两个参数
a = lognfit(X,alpha);
b = num2str(a);                                % 转换成字符串
app.EditField_3.Value = b;                     % 字符串在参数估计值框图中显示
p2 = logncdf(X',a(1),a(2));                    % 计算对数正态分布函数
[H2,s2] = kstest(X',[X',p2],alpha);            % 进行 K-S 实验数据分布检验
    % 如果 H2 = 0,则在置信水平 alpha 下,不能拒绝原假设"对数正态分布"
if H2 == 0;
L1 = '该实验数据服从对数正态分布';               % 检验结果字符串赋给 L1
app.EditField_4.Value = L1;                    % 检验结果写入"检验结果"框中
x = 1:0.1:3;                                    % 画图区间
y = lognpdf(x,a(1),a(2));                       % 计算对数分布概率密度函数
plot(app.UIAxes,x,y)                            % 在图形显示区画图
else                                            % H2 = 1,拒绝原假设"对数正态分布"
ax = app.UIAxes;                                % 坐标区属性
cla(ax)                                         % 清除图形
L2 = '该实验数据不服从对数正态分布';              % 检验结果字符串赋给 L2
app.EditField_4.Value = L2;                     % 检验结果字符串写入"检验结果"框中
end
end
% 判断列表框 ListBox 是否选择"韦伯分布"(必须双引号)
elseif app.Value == "韦伯分布";
    % 如果选择"韦伯分布",则进行以下操作
    % 计算韦伯分布的极大似然法参数估计的 a,a 含有两个参数
a = wblfit(X,alpha);
b = num2str(a);                                % 转换成字符串
app.EditField_3.Value = b;                     % 字符串在参数估计值框图中显示
p3 = wblcdf(X',a(1),a(2));                      % 计算韦伯分布函数
[H3,s3] = kstest(X',[X',p3],alpha);            % 进行 K-S 实验数据分布检验
    % 如果 H3 = 0,则在置信水平 alpha 下,不能拒绝原假设"韦伯分布"
if H3 == 0;
L1 = '该实验数据服从韦伯分布';                   % 检验结果字符串赋给 L1
app.EditField_4.Value = L1;                    % 检验结果写入"检验结果"框中
x = 0.1:0.01:5;                                 % 画图区间
    % 韦伯分布概率密度函数
y = a(1)./(a(2).^a(1)).*x.^(a(1)-1).*exp(-(x./a(2)).^a(1));
plot(app.UIAxes,x,y)                            % 在图形显示区画图
else                                            % H3 = 1,拒绝原假设"韦伯分布"
ax = app.UIAxes;                                % 坐标区属性
cla(ax)                                         % 清除图形
L2 = '该实验数据不服从韦伯分布';                  % 检验结果字符串赋给 L2
app.EditField_4.Value = L2;                     % 检验结果写入"检验结果"框中
end
% 判断列表框 ListBox 是否选择"贝塔分布"(必须双引号)
elseif app.Value == "贝塔分布";
    % 如果选择"贝塔分布",则进行以下操作
B = find(X <= 0|X >= 0);                        % 判断实验数据是否在(0,1)范围内
```

```
                                          % 如果 B = 1,则 isempty(B)为 false,~isempty(B)为 true
if~isempty(B);
h = msgbox('贝塔分布要求数据在(0,1)之间!','友情提示');
else                                                    % 实验数据在(0,1)范围内
  % 计算贝塔分布的极大似然法参数估计的 a,a 含有两个参数
a = betafit(X,alpha);
b = num2str(a);                                         % 转换成字符串
app.EditField_3.Value = b;                              % 字符串在参数估计值框图中显示
p4 = betacdf(X',a(1),a(2));                             % 计算贝塔分布函数
[H4,s4] = kstest(X',[X',p4],alpha);                     % 进行 K-S 实验数据分布检验
  % 如果 H4 = 0,则在置信水平 alpha 下,不能拒绝原假设"贝塔分布"
if H4 == 0;
L1 = '该实验数据服从贝塔分布';                            % 检验结果字符串赋给 L1
app.EditField_4.Value = L1;                             % 检验结果写入"检验结果"框中
x = 0.01:0.01:0.99;                                     % 画图区间
y = betapdf(x,a(1),a(2));                               % 计算贝塔分布概率密度函数
plot(app.UIAxes,x,y)                                    % 在图形显示区画图
else                                                    % H4 = 1,拒绝原假设"贝塔分布"
ax = app.UIAxes;                                        % 坐标区属性
cla(ax)                                                 % 清除图形
L2 = '该实验数据不服从贝塔分布';                          % 检验结果字符串赋给 L2
app.EditField_4.Value = L2;                             % 检验结果写入"检验结果"框中
end
end
  % 判断列表框 ListBox 是否选择"泊松分布"(必须双引号)
elseif app.Value == "泊松分布";
  % 如果选择"泊松分布",则进行以下操作
B = find(X<0);                                          % 判断实验数据是否小于或等于零
  % 如果 B = 1,则 isempty(B)为 false,~isempty(B)为 true
if   ~isempty(B);
h = msgbox('泊松分布要求数据是非负整数!','友情提示');
else
a = poissfit(X,alpha);                                  % 返回数组 a 含有一个参数
b = num2str(a);                                         % 转换成字符串
app.EditField_3.Value = b;                              % 字符串在参数估计值框图中显示
p5 = poisscdf(X',a);                                    % 计算泊松分布函数
[H5,s5] = kstest(X',[X',p5],alpha);                     % 进行 K-S 实验数据分布检验
  % 如果 H5 = 0,则在置信水平 alpha 下,不能拒绝原假设"泊松分布"
if H5 == 0;
L1 = '该实验数据服从泊松分布';                            % 检验结果字符串赋给 L1
app.EditField_4.Value = L1;                             % 检验结果写入"检验结果"框中
x = 1:42;                                               % 画图区间
y = poisspdf(x,a);                                      % 计算泊松分布概率密度函数
plot(app.UIAxes,x,y)                                    % 在图形显示区画图
else                                                    % H5 = 1,拒绝原假设"泊松分布"
ax = app.UIAxes;                                        % 坐标区属性
cla(ax)                                                 % 清除图形
L2 = '该实验数据不服从泊松分布';                          % 检验结果字符串赋给 L2
app.EditField_4.Value = L2;                             % 检验结果写入"检验结果"框中
end
end
  % 判断列表框 ListBox 是否选择"指数分布"(必须双引号)
elseif app.Value == "指数分布";
  % 如果选择"指数分布",则进行以下操作
B = find(X<0);                                          % 判断实验数据是否小于零
```

```matlab
% 如果 B = 1,则 isempty(B)为 false,～isempty(B)为 true
if  ～isempty(B);
h = msgbox('指数分布要求数据＞= 0!','友情提示');
else                                        % 实验数据大于零
% 计算指数分布的极大似然法参数估计的 a,a 含有一个参数
a = expfit(X,alpha);
b = num2str(a);                             % 转换成字符串
app.EditField_3.Value = b;                  % 字符串在参数估计值框图中显示
p6 = expcdf(X',a);                          % 计算指数分布函数
[H6,s6] = kstest(X',[X',p6],alpha);         % 进行 K-S 实验数据分布检验
% 如果 H6 = 0,则在置信水平 alpha 下,不能拒绝原假设"指数分布"
if H6 == 0;
L1 = '该实验数据服从指数分布';               % 检验结果字符串赋给 L1
app.EditField_4.Value = L1;                 % 检验结果写入"检验结果"框中
x = 1;0.1;5;                                % 画图区间
y = a. * exp( - a. * x);                     % 计算指数分布概率密度函数
plot(app.UIAxes,x,y)                        % 在图形显示区画图
else                                        % H6 = 1,拒绝原假设"指数分布"
ax = app.UIAxes;                            % 坐标区属性
cla(ax)                                     % 清除图形
L2 = '该实验数据不服从指数分布';             % 检验结果字符串赋给 L2
app.EditField_4.Value = L2;                 % 检验结果写入"检验结果"框中
end
end
% 判断列表框 ListBox 是否选择"瑞利分布"(必须双引号)
elseif app.Value == "瑞利分布";
% 如果选择"瑞利分布",则进行以下操作
% 计算瑞利分布的极大似然法参数估计的 a,a 含有一个参数
a = raylfit(X,alpha);
b = num2str(a);                             % 转换成字符串
app.EditField_3.Value = b;                  % 字符串在参数估计值框图中显示
p7 = raylcdf(X',a);                         % 计算瑞利分布函数
[H7,s7] = kstest(X',[X',p7],alpha);         % 进行 K-S 实验数据分布检验
% 如果 H7 = 0,则在置信水平 alpha 下,不能拒绝原假设"瑞利分布"
if H7 == 0;
L1 = '该实验数据服从瑞利分布';               % 检验结果字符串赋给 L1
app.EditField_4.Value = L1;                 % 检验结果写入"检验结果"框中
x = - 10;0.1;10;                            % 画图区间
y = x. /a^2. * exp( - 1/2/(a^2). * x.^2);    % 计算瑞利分布概率密度函数
plot(app.UIAxes,x,y)                        % 在图形显示区画图
else                                        % H7 = 1,拒绝原假设"瑞利分布"
ax = app.UIAxes;                            % 坐标区属性
cla(ax)                                     % 清除图形
L2 = '该实验数据不服从瑞利分布';             % 检验结果字符串赋给 L2
app.EditField_4.Value = L2;                 % 检验结果字符串写入"检验结果"框中
end
% 判断列表框 ListBox 是否选择"伽马分布"(必须双引号)
elseif app.Value == "伽马分布";
% 如果选择"伽马分布",则进行以下操作
B = find(X＜0);                             % 判断实验数据是否小于零
% 如果 B = 1,则 isempty(B)为 false,～isempty(B)为 true
if  ～isempty(B);
h = msgbox('伽马分布要求数据＞= 0!','友情提示');
else                                        % 实验数据大于零
% 计算伽马分布的极大似然法参数估计的 a,a 含有两个参数
```

```
a = gamfit(X,alpha);                          % 转换成字符串
b = num2str(a);                               % 字符串在参数估计值框图中显示
app.EditField_3.Value = b;                    % 计算伽马分布函数
p8 = gamcdf(X',a(1),a(2));                     % 进行 K-S 实验数据分布检验
[H8,s8] = kstest(X',[X',p8],alpha);
% 如果 H8 = 0,则在置信水平 alpha 下,不能拒绝原假设"伽马分布"
if H8 == 0;
L1 = '该实验数据服从伽马分布';                    % 检验结果字符串赋给 L1
app.EditField_4.Value = L1;                    % 检验结果写入"检验结果"框中
x = 0.1:0.001:10;                             % 画图区间
y = gampdf(x,a(1),a(2));                       % 计算伽马分布概率密度函数
plot(app.UIAxes,x,y)                          % 在图形显示区画图
else                                          % H8 = 1,拒绝原假设"伽马分布"
ax = app.UIAxes;                              % 坐标区属性
cla(ax)                                       % 清除图形
L2 = '该实验数据不服从伽马分布';                  % 检验结果字符串赋给 L2
app.EditField_4.Value = L2;                    % 检验结果写入"检验结果"框中
end
end
% 判断列表框 ListBox 是否选择"均匀分布"(必须双引号)
else app.Value == "均匀分布";
% 如果选择"均匀分布",则进行以下操作
% 计算均匀分布的极大似然法参数估计的 a1,a2
[a1,a2] = unifit(X,alpha);
a = [a1,a2];
b = num2str(a);                               % 转换成字符串
app.EditField_3.Value = b;                    % 字符串在参数估计值框图中显示
p9 = unifcdf(X',a1,a2);                        % 计算均匀分布函数
[H9,s9] = kstest(X',[X',p9],alpha);            % 进行 K-S 实验数据分布检验
% 如果 H9 = 0,则在置信水平 alpha 下,不能拒绝原假设"均匀分布"
if H9 == 0;
L1 = '该实验数据服从均匀分布';                    % 检验结果字符串赋给 L1
app.EditField_4.Value = L1;                    % 检验结果写入"检验结果"框中
x = a1:0.1:a2;                                % 画图区间
y = unifpdf(x,a1,a2);                          % 计算均匀分布概率密度函数
plot(app.UIAxes,x,y)                          % 在图形显示区画图
else                                          % H9 = 1,拒绝原假设"均匀分布"
ax = app.UIAxes;                              % 坐标区属性
cla(ax)                                       % 清除图形
L2 = '该实验数据不服从均匀分布';                  % 检验结果字符串赋给 L2
app.EditField_4.Value = L2;                    % 检验结果写入"检验结果"框中
end
end
end
```

4)【列表框】回调函数

```
function ListValueChangge(app, event)
app.value = app.ListBox.Value;                % 选择列表框中的选项
% 将所选项填入【选择分布函数】框中
app.TextArea_2.Value = app.value;
end
```

5)【重置置信水平】回调函数

```
function ChongZhi(app, event)
app.EditField_1.Value = 0;                     % 置信水平清零
```

```
app.EditField_1.Value;                        % 重新输入置信水平
end
```

6)【返回主窗口】回调函数

```
function Fanhui(app, event)
% 打开主窗口"数据统计量和直方图"使能
app.mainApp.Button_1.Enable = 'on';
% 打开主窗口"参数估计和假设检验"使能
app.mainApp.Button_2.Enable = 'on';
% 打开主窗口"文档输入"使能
app.mainApp.Button_4.Enable = 'on';
% 打开主窗口"已知数据"使能
app.mainApp.Button_5.Enable = 'on';
% 打开主窗口"清空数据"使能
app.mainApp.Button_6.Enable = 'on';
delete(app)                                   % 关闭子窗口 sub_2
end
```

第2章 常见机械机构 App 设计

2.1 案例3——滚动圆轮边缘点运动分析 App 设计

2.1.1 滚动圆轮边缘 M 点运动理论分析

如图 2.1.1 所示,半径为 R 的圆轮沿直线轨道无滑动地滚动(纯滚动),设圆轮在铅垂面内运动,轮心 A 的初速度为 v_0,加速度为 a_0,研究 M 点的运动。

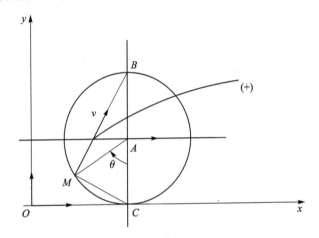

图 2.1.1 滚动圆轮边缘 M 点运动示意图

1. 建立数学模型

建立 x、y 坐标轴,并设 M 点绕圆心 A 点转动的转角为 θ,初始时 M 点和坐标原点重合,取 M 点为研究对象,其 x、y 位移运动方程可以表达为

$$\begin{cases} x = R(\theta - \sin\theta) \\ y = R(l - \cos\theta) \end{cases} \tag{2-1-1}$$

两边对时间进行微分可得速度和加速度运动方程:

$$\begin{cases} \dfrac{\mathrm{d}x}{\mathrm{d}t} = R(1 - \cos\theta)\dfrac{\mathrm{d}\theta}{\mathrm{d}t} \\ \dfrac{\mathrm{d}y}{\mathrm{d}t} = R\sin\theta\dfrac{\mathrm{d}\theta}{\mathrm{d}t} \end{cases} \tag{2-1-2}$$

$$\begin{cases} \dfrac{\mathrm{d}^2 x}{\mathrm{d}t^2}=R(1-\cos\theta)\dfrac{\mathrm{d}^2\theta}{\mathrm{d}t^2}+R\left(\dfrac{\mathrm{d}\theta}{\mathrm{d}t}\right)^2\sin\theta \\ \dfrac{\mathrm{d}^2 y}{\mathrm{d}t^2}=R\dfrac{\mathrm{d}^2\theta}{\mathrm{d}t^2}\sin\theta+R\left(\dfrac{\mathrm{d}\theta}{\mathrm{d}t}\right)^2\cos\theta \end{cases} \tag{2-1-3}$$

其中：$\dfrac{\mathrm{d}\theta}{\mathrm{d}t}=\dfrac{v_0}{R},\dfrac{\mathrm{d}^2\theta}{\mathrm{d}t^2}=\dfrac{a_0}{R}$。

设 $y_1=x,y_2=\dfrac{\mathrm{d}x}{\mathrm{d}t},y_3=y,y_4=\dfrac{\mathrm{d}y}{\mathrm{d}t},y_5=\theta,y_6=\dfrac{\mathrm{d}\theta}{\mathrm{d}t},y_7=x_0,y_8=v_0$，定义一个含有 8 个列向量的矩阵 $[y_1\ \ y_2\ \ y_3\ \ y_4\ \ y_5\ \ y_6\ \ y_7\ \ y_8]$ 用来保存 8 个运动变量在各个时间点上的取值，则运动微分方程组如下：

$$\begin{cases} \dfrac{\mathrm{d}y_1}{\mathrm{d}t}=y_2 \\ \dfrac{\mathrm{d}y_2}{\mathrm{d}t}=a_0(1-\cos y_5)+Ry_6^2\sin y_5 \\ \dfrac{\mathrm{d}y_3}{\mathrm{d}t}=y_4 \\ \dfrac{\mathrm{d}y_4}{\mathrm{d}t}=a_0\sin y_5+Ry_6^2\cos y_5 \\ \dfrac{\mathrm{d}y_5}{\mathrm{d}t}=y_6 \\ \dfrac{\mathrm{d}y_6}{\mathrm{d}t}=\dfrac{a_0}{R} \\ \dfrac{\mathrm{d}y_7}{\mathrm{d}t}=y_8 \\ \dfrac{\mathrm{d}y_8}{\mathrm{d}t}=a_0 \end{cases} \tag{2-1-4}$$

当 $t=0$ 时，M 点为瞬心，各运动变量初值如下：

$$x=y=0,\quad \frac{\mathrm{d}x}{\mathrm{d}t}=\frac{\mathrm{d}y}{\mathrm{d}t}=0,\quad \theta=0,\quad \frac{\mathrm{d}\theta}{\mathrm{d}t}=\frac{v_0}{R},\quad x_0=0,\quad \frac{\mathrm{d}x_0}{\mathrm{d}t}=v_0$$

y 的初始值矩阵为

$$y_0=[0\ \ 0\ \ 0\ \ 0\ \ 0\ \ v_0/R\ \ 0\ \ v_0] \tag{2-1-5}$$

2. 建立 MATLAB 子函数

```
% 微分方程函数程序
functionydot = ydx1fun(t,y,flag,r,a)
ydot = [y(2);
    a * (1 - cos(y(5))) + r * y(6)^2 * sin(y(5));
    y(4);
    a * sin(y(5)) + r * y(6)^2 * cos(y(5));
    y(6);
    a/r;
    y(8);
        a];
end
```

2.1.2 滚动圆轮边缘点运动 App 设计

1. App 窗口设计

滚动圆轮边缘点运动 App 窗口设计如图 2.1.2 所示。

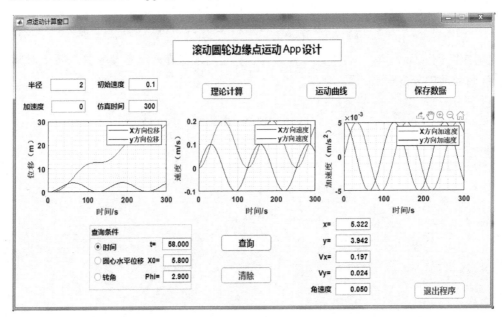

图 2.1.2 滚动圆轮边缘点运动 App 窗口设计

2. App 窗口布局和参数设计

滚动圆轮边缘点运动 App 窗口布局如图 2.1.3 所示,窗口对象属性参数如表 2.1.1 所列。

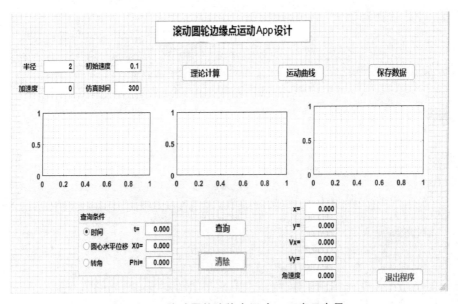

图 2.1.3 滚动圆轮边缘点运动 App 窗口布局

表 2.1.1　滚动圆轮边缘点运动窗口对象属性参数

窗口对象	对象名称	字码	回调(函数)
编辑字段(半径)	app. EditField_1	14	
编辑字段(加速度)	app. EditField_4	14	
编辑字段(初始速度)	app. EditField_5	14	
编辑字段(仿真时间)	app. EditField_6	14	
编辑字段(x)	app. xEditField	14	
编辑字段(y)	app. yEditField	14	
编辑字段(Vx)	app. VxEditField	14	
编辑字段(Vy)	app. VyEditField	14	
编辑字段(角速度)	app. EditField_7	14	
按钮(理论计算)	app. Button1	16	LiLunJiSuan
按钮(运动曲线)	app. Button_2	16	HuzhiQuXian
按钮(保存数据)	app. Button2	16	BaoCunshuJu
面板(查询条件)	app. ButtonGroup_2	16	
单选按钮(时间)	app. Button_8	16	
编辑字段(t)	app. tEditField	14	
单选按钮(圆心位移)	app. Button_10	14	
编辑字段(X0)	app. X0EditField	14	
单选按钮(转角)	app. Button_9	14	
编辑字段(Phi)	app. PhiEditField	14	
按钮(查询)	app. Button_5	16	ChaXun
按钮(清除)	app. Button_6	16	QingChu
按钮(退出程序)	app. Button_7	16	TuiChuChengXu
坐标区(位移曲线)	app. UIAxes1	14	
坐标区(速度曲线)	app. UIAxes2	14	
坐标区(加速度曲线)	app. UIAxes3	14	
文本区域(……App 设计)	app. TextArea	20	
窗口(点运动计算窗口)	app. UIFigure		

注：此表中编辑字段皆为"编辑字段(数值)"。

3. 本 App 程序设计细节解读

(1) 私有属性创建

在【代码视图】→【编辑器】状态下,单击【属性】→【私有属性】建立私有属性空间。

```
properties (Access = private)
% 以下私有属性仅供在本 App 中调用,未注释可根据程序确定
r;                                    % 圆盘半径
v0;                                   % 初始圆心速度
a;                                    % 初始圆心加速度
tfinal;                               % 模拟时间
```

```
t;                                          % 时间向量
y;                                          % 运动矩阵
x1;                                         % M 点 x 坐标
y1;                                         % M 点 y 坐标
x0;                                         % 初始圆心坐标
a1;                                         % 含义见程序中
a2;                                         % 含义见程序中
a3;                                         % 含义见程序中
a11;                                        % 含义见程序中
a12;                                        % 含义见程序中
a13;                                        % 含义见程序中
end
```

(2) 设置窗口启动回调函数

在【编辑器】→【App 输入参数】状态下，启动回调函数，将其中参数设置为 startupFcn（app,ydx1）（注：此处名称 ydx1 可任意选取），单击【OK】按钮，然后编辑子函数。

```
function startupFcn(app,ydx1)
% 程序启动后执行的设置程序
app.PhiEditField.Enable = 'off';            % 关闭"Phi ="使能
app.tEditField.Enable = 'off';              % 关闭"t ="使能
app.X0EditField.Enable = 'off';             % 关闭"X0 ="使能
app.Button_2.Enable = 'off';                % 关闭"绘制曲线"使能
app.Button2.Enable = 'off';                 % 关闭"保存数据"使能
app.Button_5.Enable = 'off';                % 关闭"查询"使能
end
```

(3)【理论计算】回调函数

```
function LiLunJiSuan(app, event)
% 运动微分方程的理论求解
app.r = app.EditField_1.Value;              % 定义私有属性半径
r = app.r;                                  % 半径 r 的数值
app.v0 = app.EditField_5.Value;             % 定义私有属性初始速度 v0
v0 = app.v0;                                % 初始速度 v0 的数值
app.a = app.EditField_4.Value;              % 定义私有属性加速度 a
a = app.a;                                  % 加速度 a 的数值
app.tfinal = app.EditField_6.Value;         % 定义私有属性时间 tfinal
tfinal = app.tfinal;                        % tfinal 数值
y0 = [0,0,0,0,0,v0/r,0,v0];                 % 初始矩阵
% 运动微分方程求解，求出运动变量矩阵 y
[t,y] = ode45(@ydx1fun,[0:0.01:tfinal],y0);
app.t = t;                                  % 设定私有属性 t
% 计算 M 点 x 方向加速度
ax = a * (1 - cos(y(:,5))) + r * y(:,6).^2. * sin(y(:,5));
% 计算 M 点有方向加速度
ay = a * sin(y(:,5)) + r * y(:,6).^2. * cos(y(:,5));
y = [y,ax,ay];                              % 组成运动变量矩阵 y
app.y = y;                                  % 定义私有属性 y
app.x1 = y(:,1);                            % 定义私有属性 x1
app.y1 = y(:,3);                            % 设定私有属性 y1
app.x0 = y(:,7);                            % 设定私有属性 x0
app.PhiEditField.Enable = 'on';             % 开启"Phi ="使能
app.tEditField.Enable = 'on';              % 开启"t ="使能
app.X0EditField.Enable = 'on';             % 开启"X0 ="使能
```

```
app.Button_2.Enable = 'on';                    % 开启"绘制曲线"使能
app.Button2.Enable = 'on';                     % 开启"保存数据"使能
app.Button_5.Enable = 'on';                    % 开启"查询"使能
% 微分方程组函数
function ydot = ydx1fun(t,y)
r = app.r;                                     % 调用私有属性 r
a = app.a;                                     % 调用私有属性 a
ydot = [y(2);
        a * (1 - cos(y(5))) + r * y(6)^2 * sin(y(5));
        y(4);
        a * sin(y(5)) + r * y(6)^2 * cos(y(5));
        y(6);
        a/r;
        y(8);
        a];
end
end
```

(4)【运动曲线】回调函数

```
function HuizhiQuxian(app, event)
t = app.t;                                     % 调用私有属性时间向量
y = app.y;                                     % 调用私有属性运动变量
% 以时间为横坐标,以 x 水平位移、y 垂直位移为纵坐标作图
plot(app.UIAxes1,t,y(:,1),'r',t,y(:,3),'b')
xlabel(app.UIAxes1,'时间/s');                  % x 坐标单位标注
ylabel(app.UIAxes1,'位移(m)');                 % y 坐标单位标注
legend(app.UIAxes1,'x方向位移 ','y方向位移 ');   % 图形图例
% 以时间为横坐标,以 x 方向速度、y 方向速度为纵坐标作图
plot(app.UIAxes2,t,y(:,2),'r',t,y(:,4),'b')
xlabel(app.UIAxes2,'时间/s');                  % x 坐标单位标注
ylabel(app.UIAxes2,'速度(m/s)');               % y 坐标单位标注
legend(app.UIAxes2,'x方向速度 ','y方向速度 ');   % 图形图例
% 以时间为横坐标,以 x 水平加速度、y 垂直加速度为纵坐标作图
plot(app.UIAxes3,t,y(:,9),'r',t,y(:,10),'b')
xlabel(app.UIAxes3,'时间/s');                  % x 坐标单位标注
ylabel(app.UIAxes3,'加速度(m/s^2)');           % y 坐标单位标注
legend(app.UIAxes3,'x方向加速度 ','y方向加速度 '); % 图形图例
end
```

(5)【退出程序】回调函数

```
function TuichuChengxu(app, event)
% 关闭程序窗口
sel = questdlg('确认关闭窗口? ','关闭确认,','Yes','No','No');
switch sel;
case'Yes'
delete(app);
case'No'
return
end
end
```

(6)【查询】回调函数

```
function ChaXun(app, event)
% 查询过程程序
```

```
y = app.y;                                          % 私有属性矩阵 y
t = app.t;                                          % 私有属性时间 t
app.a1 = app.Button_8.Value;                        % 时间选择按钮 Value 逻辑值
a1 = app.a1;                                         % 逻辑值是"1"还是"0"
app.a2 = app.Button_10.Value;                       % 圆心水平位移按钮 Value 逻辑值
a2 = app.a2;                                         % 逻辑值是"1"还是"0"
app.a3 = app.Button_9.Value;                        % 转角选择按钮 Value 的逻辑值
a3 = app.a3;                                         % 逻辑值是"1"还是"0"
app.a11 = app.tEditField.Value;                     % 取出查询时间 t
a11 = app.a11;                                       % 时间数值
app.a12 = app.X0EditField.Value;                    % 取出圆心水平位移 X0
a12 = app.a12;                                       % 圆心水平位移数值
app.a13 = app.PhiEditField.Value;                   % 取出查询转角 Phi
a13 = app.a13;                                       % 转角数值
if a11 == 0&a12 == 0&a13 == 0                        % t、X0、Phi 是否同时为 0
msgbox('时间、圆心水平位移和转角不能同时为零!','友情提示');
else
    % 单选"时间"(a1)选中 logical = 1,向下执行;
    % 未选中 logical = 0 转
    if a1
tt = app.a11;                                       % 以"时间"查询
monit = app.EditField_6.Value;                      % 取出模拟时间
if tt>monit                                         % 查询时间不能大于模拟时间
msgbox('查询时间不能大于模拟时间!','友情提示');
else
i = find(t == tt);                                  % 找出查询时刻对应的数据
    % 写入转角、圆形水平位移、x 位移、y 位移、x 速度、y 速度、角速度"编辑字段"
app.PhiEditField.Value = y(i,5);
pp.X0EditField.Value = y(i,7);
app.xEditField.Value = y(i,1);
app.yEditField.Value = y(i,3);
app.VxEditField.Value = y(i,2);
app.VyEditField.Value = y(i,4);
app.EditField_7.Value = y(i,6);
end
elseif a3
```

% 转角的极限值决定于仿真模拟时间,无法预计。转角查询要注意查询转角数值大小,如果超出仿真模拟时间的转角范围程序会报错!　　　　　　　　　　% 查询"转角"

```
phi = app.a13;
a = find(y(:,5)> = phi);
i = a(1);
ii = a(1) - 1;
m = (phi - y(ii,5))/(y(i,1) - y(ii,5));
n = 1 - m;
    % 写入时间、圆形水平位移、x 位移、y 位移、x 速度、y 速度、角速度"编辑字段"
app.tEditField.Value = m * t(i) + n * t(ii);
app.X0EditField.Value = m * y(i,7) + n * y(ii,7);
app.xEditField.Value = m * y(i,1) + n * y(ii,1);
app.yEditField.Value = m * y(i,3) + n * y(ii,3);
app.VxEditField.Value = m * y(i,2) + n * y(ii,2);
app.VyEditField.Value = m * y(i,4) + n * y(ii,4);
app.EditField_7.Value = m * y(i,6) + n * y(ii,6);
else
```

% 圆心水平位移的极限值决定于仿真模拟时间,无法预计。圆心水平位移查询要注意查询数值大小,如果超出仿真模拟时间的位移范围程序会报错!

```
X0 = app.a12;                                          % 以"水平位移"查询
a = find(y(:,7) >= X0);
i = a(1);
ii = a(1) - 1;
m = (X0 - y(ii,7))/(y(i,7) - y(ii,7));
n = 1 - m;
% 写入时间、转角、x 位移、y 位移、x 速度、y 速度、角速度"编辑字段"
app.tEditField.Value = m * t(i) + n * t(ii);
app.PhiEditField.Value = m * y(i,5) + n * y(ii,5);
app.xEditField.Value = m * y(i,1) + n * y(ii,1);
app.yEditField.Value = m * y(i,3) + n * y(ii,3);
app.VxEditField.Value = m * y(i,2) + n * y(ii,2);
app.VyEditField.Value = m * y(i,4) + n * y(ii,4);
app.EditField_7.Value = m * y(i,6) + n * y(ii,6);
end
end
end
```

（7）【保存数据】回调函数

```
function BaoCunShuJu(app, event)
% 标准的保存数据程序
t = app.t;                                             % 保存的私有属性数据 t
y = app.y;                                             % 保存的私有属性数据 y
[filename,filepath] = uiputfile('*.xls');
% 判断输入文件名字框是否为"空"
if isequal(filename,0) || isequal(filepath,0)
else
str = [filepath,filename];
fopen(str);
xlswrite(str,t,'Sheet1','B1');
xlswrite(str,y,'Sheet1','C1');
fclose('all');
end
end
```

（8）【清除】回调函数

```
function QingChu(app, event)
% 将 8 个数字文本显示框数字设置为 0
pp.tEditField.Value = 0;
app.PhiEditField.Value = 0;
app.X0EditField.Value = 0;
app.xEditField.Value = 0;
app.yEditField.Value = 0;
app.VxEditField.Value = 0;
app.VyEditField.Value = 0;
app.EditField_7.Value = 0;
end
```

2.2 案例 4——滚子链传动优化 App 设计

2.2.1 滚子链传动设计的基本参数计算

如图 2.2.1 所示为滚子链传动原理图。设计链传动时,通常已知条件是:传动的用途和工作情况、原动机类型、传递的功率 P、主动轮转速 n_1、传动比 i,以及外廓安装尺寸等。设计计算的内容有:确定滚子链的型号、链齿距 p、链节数 L_p 和链排数 m,选择链轮的齿数 z_1、材料和结构,绘制链轮工作图,并确定链传动的中心距。滚子链传动的优化设计要求是:在满足其传递功率和链速限制条件的基础上,确定一组最优的传动参数,使滚子链传动的结构质量最小。

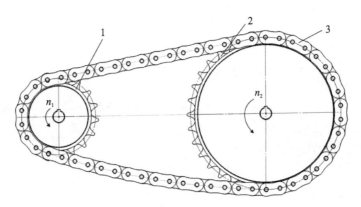

1—小链轮;2—大链轮;3—链条
图 2.2.1 滚子链传动原理图

1. 滚子链传动功率

对于链速 $v \geqslant 0.6$ m/s 且润滑良好的链传动,主要依据特定条件下的滚子链功率线图进行设计计算。基本设计公式为

$$P_0 \geqslant \frac{K_A P}{K_z K_m} \qquad (2-2-1)$$

式中:K_A 是工作情况系数;P 是链传动的名义功率;P_0 是特定条件下单排滚子链额定功率,将滚子链极限功率线图拟合为公式

$$P_0 = 0.003 z_1^{1.08} n_1^{0.9} \left(\frac{p}{25.4}\right)^{(3-0.0028p)} \qquad (2-2-2)$$

K_z 是小链轮齿数系数,当链速 $v \geqslant 0.6$ m/s 时,链传动主要失效形式之一是链板疲劳,K_z 计算公式为

$$K_z = \left(\frac{z_1}{19}\right)^{1.08} \qquad (2-2-3)$$

K_m 是多排链系数,将数表拟合为公式

$$K_m = m^{0.84} \qquad (2-2-4)$$

式中：m 为链排数。

2. 链节数 L_p 与中心距 a 和链齿距 p 的关系式

$$L_p = 2\frac{a}{p} + \frac{z_2 + z_1}{2} + \frac{p}{a}\left(\frac{z_2 - z_1}{2\pi}\right)^2 \qquad (2-2-5)$$

3. 链轮分度圆计算公式

$$d = \frac{p}{\sin(180°/z)} \qquad (2-2-6)$$

式中：p 是链齿距；z 是链轮齿数。

4. 链轮内链节齿宽 b_1 与链齿距 p 的拟合直线方程式

$$b_1 = 0.199\,9 + 0.607\,8p \qquad (2-2-7)$$

5. 单排链单位长度质量 q 与链齿距 p 的数学拟合公式

$$q = 0.003\,9p^{1.999\,7} \qquad (2-2-8)$$

2.2.2　滚子链传动优化设计理论

案例：要求设计从一台电动机到液体搅拌机之间的滚子链传动，已知电动机功率 $P = 7.5$ kW，转速 $n_1 = 960$ r/min，传动比 $i = 2.8$，传动载荷平稳，期望传动中心距 $a \leqslant 700$ mm。设计此链传动，使滚子链传动的结构质量为最小。

1. 建立数学模型

(1) 设计变量

选择链轮的齿数 z_1、链齿距 p、链节数 L_a 和链排数 m 作为设计变量

$$x = \begin{bmatrix} x_1 \\ x_2 \\ x_3 \\ x_4 \end{bmatrix} = \begin{bmatrix} z_1 \\ p \\ L_p \\ m \end{bmatrix} \qquad (2-2-9)$$

(2) 目标函数

滚子链的质量为

$$f_1 = qL_p pm \qquad (2-2-10)$$

两个链轮的质量近似为

$$f_2 = \pi\left(\frac{d_1 + d_2}{2}\right)^2 b_1\gamma m = \frac{\gamma\pi b_1 p^2 m}{4}\left[\frac{1}{\sin(180°/z_1)} + \frac{1}{\sin(180°/z_2)}\right]^2 \qquad (2-2-11)$$

式中：钢的密度 $\gamma = 7.85 \times 10^{-3}$ g/mm³。

链传动质量的目标函数为

$$\min f(x) = f_1 + f_2 = qL_p pm + \frac{\gamma\pi m b_1 p^2}{4}\left[\frac{1}{\sin(180°/z_1)} + \frac{1}{\sin(180°/z_2)}\right]^2$$

$$\qquad (2-2-12)$$

2. 约束条件

(1) 链传动承载能力限制的性能约束条件

$$g_1(x) = K_A P - P_0 K_z K_m \leqslant 0 \qquad (2-2-13)$$

式中：按照有关资料选取工作情况系数 $K_A = 1.0$；已知 $P = 7.5 \ \text{kW}$，特定条件下单排滚子链额定功率 P_0 可按下式计算：

$$P_0 = 0.003 z_1^{1.08} n_1^{0.9} \left(\frac{p}{25.4}\right)^{(3-0.002\,8p)} = 0.003 x_1^{1.08} n_1^{0.9} \left(\frac{x_2}{25.4}\right)^{(3-0.002\,8x_2)} \qquad (2-2-14)$$

估计链速 $v \geqslant 0.6 \ \text{m/s}$ 时链传动是链板疲劳失效，可以得到小链轮齿数系数为

$$K_z = \left(\frac{z_1}{19}\right)^{1.08} = \left(\frac{x_1}{19}\right)^{1.08} \qquad (2-2-15)$$

多排链系数 K_m 为

$$K_m = m^{0.84} = x_4^{0.84} \qquad (2-2-16)$$

(2) 链速范围限制的性能约束条件

链速的限制条件为

$$v = \frac{z_1 p n_1}{60 \times 1\,000} \geqslant 0.6 \ \text{m/s} \qquad (2-2-17)$$

约束条件为

$$g_2(x) = 0.6 \times 60\,000 - n_1 x_1 x_2 \leqslant 0 \qquad (2-2-18)$$

(3) 各个设计变量的边界约束条件

小齿轮的限制条件为

$$19 \leqslant z_1 \leqslant 23 \qquad (2-2-19)$$

约束条件为

$$g_3(x) = 19 - x_1 \leqslant 0 \qquad (2-2-20)$$
$$g_4(x) = x_1 - 27 \leqslant 0 \qquad (2-2-21)$$

链齿距的限制条件为

$$12.7 \leqslant p \leqslant 38.1 \qquad (2-2-22)$$

约束条件为

$$g_5(x) = 12.7 - x_2 \leqslant 0 \qquad (2-2-23)$$
$$g_6(x) = x_2 - 76.2 \leqslant 0 \qquad (2-2-24)$$

传动中心距的限制条件为

$$30p \leqslant a \leqslant 50p \qquad (2-2-25)$$

约束条件为

$$g_7(x) = 80 - x_3 \leqslant 0 \qquad (2-2-26)$$
$$g_8(x) = x_3 - 160 \leqslant 0 \qquad (2-2-27)$$

链排数的限制条件为

$$1 \leqslant m \leqslant 4 \qquad (2-2-28)$$

约束条件为

$$g_9(x) = 1 - x_4 \leqslant 0 \qquad (2-2-29)$$
$$g_{10}(x) = x_4 - 4 \leqslant 0 \qquad (2-2-30)$$

这是一个具有 10 个不等式约束条件的四维非线性优化问题。

3. 建立 MATLAB 子函数

① 滚子链传动优化设计的目标函数(lcdyh_f):

```
function f = lcdyh_f(x)
a0 = 600;
q = 0.0039 * x(2)^1.9997;                    % 根据 p 与 Q 的列表数据拟合
Lp0 = 2 * a0/x(2) + x(1) * (1 + i)/2 + (x(1) * (i-1)/(2 * pi))^2 * (x(2)/a0);
f1 = q * Lp0 * x(2) * x(4);                  % 链条质量
b1 = 0.1999 + 0.6078 * x(2);                 % 根据 p 与 b1 的列表数据拟合
sinz = 1/(sin(pi/x(1))) + 1/(sin(pi/round(i * x(1))));
f2 = gamma * pi * b1 * x(4) * x(2)^2 * sinz; % 链轮质量
f = f1 + f2;
end
```

② 滚子链传动优化设计的非线性不等式约束函数(lcdyh_g):

```
function [g,ceq] = lcdyh_g(x)
P0 = 0.003 * x(1)^1.08 * n1^0.9 * (x(2)/25.4)^(3 - 0.0028 * x(2));
Kz = (x(1)/19)^1.08;                         % 小链轮齿数系数
Km = x(4)^0.84;                              % 多排链系数
g(1) = Ka * P - P0 * Kz * Km;                % 传递功率约束函数
g(2) = 0.6 * 6e4 - n1 * x(1) * x(2);         % 链速约束函数
ceq = [];
end
end
```

2.2.3 滚子链传动优化 App 设计

1. App 窗口设计

滚子链传动优化 App 窗口设计如图 2.2.2 所示。

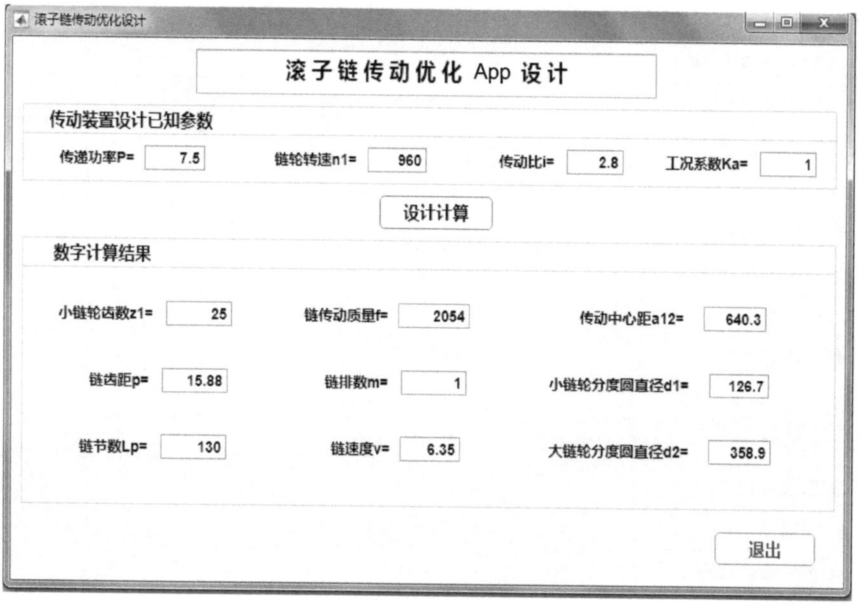

图 2.2.2 滚子链传动优化 App 窗口

2. App 窗口布局和参数设计

滚子链传动优化 App 窗口布局如图 2.2.3 所示,窗口对象属性参数如表 2.2.1 所列。

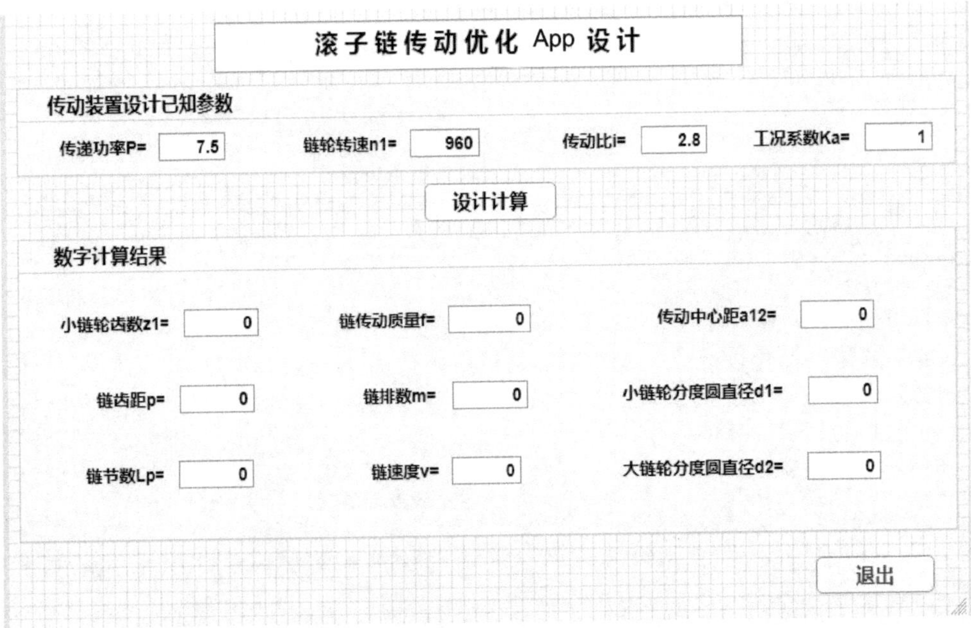

图 2.2.3 滚子链传动优化 App 窗口布局

表 2.2.1 滚子链传动优化窗口对象属性参数

窗口对象	对象名称	字 码	回调(函数)
编辑字段(传递功率 P)	app. PEditField	14	
编辑字段(链轮转速 n1)	app. n1EditField	14	
编辑字段(工况系数 Ka)	app. KaEditField	14	
编辑字段(传动比 i)	app. iEditField_2	14	
编辑字段(小链轮齿数 z1)	app. z1EditField	14	
编辑字段(链传动质量 f)	app. fEditField	14	
编辑字段(传动中心距 a12)	app. a12EditField	14	
编辑字段(链齿距 p)	app. pEditField	14	
编辑字段(链排数 m)	app. mEditField	14	
编辑字段(链节数 Lp)	app. LpEditField	14	
编辑字段(链速度 v)	app. vEditField	14	
编辑字段(小链轮分度圆直径 d1)	app. d1EditField	14	
编辑字段(大链轮分度圆直径 d2)	app. d2EditField	14	
按钮(设计计算)	app. Button	16	SheJiJieGuo
按钮(退出)	app. Button_2	16	TuiChu
面板(传动装置设计已知参数)	app. Panel	16	
面板(数字计算结果)	app. Panel_2	16	

窗口对象	对象名称	字　码	回调（函数）
文本区域（……App 设计）	app. TextArea	20	
窗口（滚子链传动优化设计）	app. UIFigure		

注：此表中编辑字段皆为"编辑字段（数值）"。

3. 本 App 程序设计细节解读

（1）私有属性创建

在【代码视图】→【编辑器】状态下，单击【属性】→【私有属性】，建立私有属性空间。

```
properties (Access = private)
% 以下私有属性仅供在本 App 中调用
n1;                                    % 小链轮转速
P;                                     % 传递功率
Ka;                                    % 工况系数
i;                                     % 传动比
n2;                                    % 大链轮转速
gamma;                                 % 钢密度
a0;                                    % 中心距
end
```

（2）【设计计算】回调函数

```
function SheJiJieGuo(app, event)
% 滚子链传动优化设计（传动结构质量最小）
% 设计变量：x(1) = z1 - 小链轮齿数、x(2) = p - 链节距
% x(3) = Lp - 链节数、x(4) = m - 链排数
n1 = app. n1EditField. Value;          % 小链轮转速
app. n1 = n1;                          % 私有属性定义
P = app. PEditField. Value;            % 传递功率
app. P = P;                            % 私有属性定义
Ka = app. KaEditField. Value;          % 工况系数
app. Ka = Ka;                          % 私有属性定义
i = app. iEditField_2. Value;          % 传动比
app. i = i;                            % 私有属性定义
% 1 - 滚子链传动优化设计主程序（调用 lcdyh_f.m 和 lcdyh_g.m）
n2 = n1/i;                             % 链轮转速
gamma = 7.85e - 3;                     % 钢的密度
a0 = 600;                              % 中心距初值
app. a0 = a0;                          % 私有属性
% 设计变量的初始值（常规设计结果）
x0 = [25;15.875;130;1];
f0 = lcdyh_f(x0);
% 设计变量的下界与上界
lb = [19;12.7;80;1];
ub = [27;76.2;160;4];
% 线性不等式约束（g(3)～g(10)）中设计变量的系数矩阵
a = zeros(8,4);
a(1,1) = - 1;
a(2,1) = 1;
a(3,2) = - 1;
a(4,2) = 1;
```

```
a(5,3) = -1;
a(6,3) = 1;
a(7,4) = -1;
a(8,4) = 1;
% 线性不等式约束(g(3)~g(10))中的常数项列阵
b = [-19;27; -12.7;38.1; -80;160; -1;4];
% 使用多维约束优化命令 fmincon(调用目标函数 lcdyh_f 和非线性约束函数 lcdyh_g)
% 没有等式约束,参数 Aeq 和 beq 定义为空矩阵符号 []
[x,fn] = fmincon(@lcdyh_f,x0,a,b,[],[],lb,ub,@lcdyh_g);
% 调用多维约束优化非线性约束函数(lcdyh_g)计算最优点 x* 的性能约束函数值
% 优化设计的凑整解
zj = mod(x(1),2);
if zj == 1
z1 = x(1);                          % 小链轮齿数计算结果为奇数
else
z1 = round(x(1)/2) * 2 + 1;         % 将小链轮齿数圆整为奇数
end
z2 = fix(i * z1);z2o = mod(z2,2);
if z2o == 0;z2 = z2 + 1;            % 将大链轮齿数圆整为奇数
end
pt = [12.70 15.87519.05 25.40 31.75 38.10 44.45 50.80 63.50 76.20];
if x(2)< = pt(1)
p = pt(1);
else
for j = 1:10
if x(2)>pt(j)
p = pt(j+1);                         % 确定标准链节距
end
end
end
% 确定链节数 Lp 和链排数 m
Lpj = mod(x(3),2);
if Lpj == 0
Lp = x(3);
else
Lp = round(x(3)/2) * 2;             % 将链节数计算结果圆整为偶数
end
m = round(x(4));                     % 链排数圆整为整数
z12 = (z1 + z2)/2;z21 = (z2 - z1)/2;
a12 = 0.25 * p * ((Lp - z12) + sqrt((Lp - z12)^2 - 8 * (z21/pi)^2));   % 传动中心距
d1 = p/sin(pi/z1);                   % 小链轮分度圆直径
da1 = p * (0.54 + cot(pi/z1));       % 小链轮齿顶圆直径
d2 = p/sin(pi/z2);                   % 大链轮分度圆直径
da2 = p * (0.54 + cot(pi/z2));       % 大链轮齿顶圆直径
v = z1 * n1 * p/6e4;                 % 链速
% 设计计算结果输出
app.z1EditField.Value = z1;          % 小链轮齿数
app.pEditField.Value = p;            % 链齿距
app.LpEditField.Value = Lp;          % 链节数
app.mEditField.Value = m;            % 链排数
app.fEditField.Value = fn;           % 链传动质量
app.vEditField.Value = v;            % 链速
app.a12EditField.Value = a12;        % 传动中心距
app.d1EditField.Value = d1;          % 小链轮分度圆直径
app.d2EditField.Value = d2;          % 大链轮分度圆直径
```

```
%2-滚子链传动优化设计的目标函数(lcdyh_f)
function f = lcdyh_f(x)
app.n1 = n1;
n1 = app.n1;
app.i = i;
i = app.i;
n2 = n1/i;
app.gamma = gamma;
gamma = app.gamma;
a0 = 600;
q = 0.0039 * x(2)^1.9997;                    %根据 p 与 Q 的列表数据拟合
Lp0 = 2 * a0/x(2) + x(1) * (1 + i)/2 + (x(1) * (i-1)/(2 * pi))^2 * (x(2)/a0);
f1 = q * Lp0 * x(2) * x(4);                   %链条质量
b1 = 0.1999 + 0.6078 * x(2);                  %根据 p 与 b1 的列表数据拟合
sinz = 1/(sin(pi/x(1))) + 1/(sin(pi/round(i * x(1))));
f2 = gamma * pi * b1 * x(4) * x(2)^2 * sinz;  %链轮质量
f = f1 + f2;
end
%3-滚子链传动优化设计的非线性不等式约束函数(lcdyh_g)
function [g,ceq] = lcdyh_g(x)
app.P = P;
P = app.P;
app.Ka = Ka;
Ka = app.Ka;
app.n1 = n1;
n1 = app.n1;
P0 = 0.003 * x(1)^1.08 * n1^0.9 * (x(2)/25.4)^(3 - 0.0028 * x(2));
Kz = (x(1)/19)^1.08;                          %小链轮齿数系数
Km = x(4)^0.84;                               %多排链系数
g(1) = Ka * P - P0 * Kz * Km;                 %传递功率约束函数
g(2) = 0.6 * 6e4 - n1 * x(1) * x(2);          %链速约束函数
ceq = [];
end
end
```

(3)【退出】回调函数

```
function TuiChu(app, event)
%关闭程序窗口标准程序
sel = questdlg('确认关闭窗口？','关闭确认,','Yes','No','No');
switch sel;
case'Yes'
delete(app);
case'No'
return
end
end
```

2.3 案例 5——铰链四杆机构运动学 App 设计

2.3.1 铰链四杆机构运动理论分析

1. 建立数学模型

(1) 运动分析求解

如图 2.3.1 所示,建立直角坐标系,并将各构件表示为杆矢量,为求解方便将各杆用指数形式的复数表示。

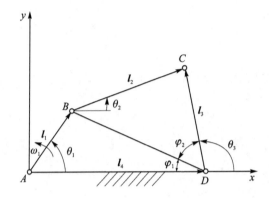

图 2.3.1 铰链四杆机构原理图

由封闭图形 $ABCDA$ 可以写出机构各杆矢量所构成的封闭矢量方程:

$$l_1 + l_2 = l_3 + l_4 \tag{2-3-1}$$

其复数形式表示为

$$l_1 e^{i\theta_1} + l_2 e^{i\theta_2} = l_3 e^{i\theta_3} + l_4 \tag{2-3-2}$$

将式(2-3-2)虚实分离:

$$\begin{cases} l_1 \cos \theta_1 + l_2 \cos \theta_2 = l_3 \cos \theta_3 + l_4 \\ l_1 \sin \theta_1 + l_2 \sin \theta_2 = l_3 \sin \theta_3 \end{cases} \tag{2-3-3}$$

在图 2.3.1 中连接 BD,借助于几何方法求解这个非线性方程组:

$$l_{BD}^2 = l_1^2 + l_4^2 - 2l_1 l_4 \cos \theta_1 \tag{2-3-4}$$

$$\varphi_1 = \arcsin\left(\frac{l_1}{l_{BD}} \sin \theta_1\right) \tag{2-3-5}$$

$$\varphi_2 = \arccos\left(\frac{l_{BD}^2 + l_3^2 - l_2^2}{2l_{BD} l_3}\right) \tag{2-3-6}$$

$$\theta_3 = \pi - \varphi_1 - \varphi_2 \tag{2-3-7}$$

$$\theta_2 = \arcsin\left(\frac{l_3 \sin \theta_3 - l_1 \sin \theta_1}{l_2}\right) \tag{2-3-8}$$

(2) 角速度分析求解

对复数形式方程式的时间 t 求一次导数,得角速度关系为

$$l_1 \omega_1 e^{i\theta_1} + l_2 \omega_2 e^{i\theta_2} = l_3 \omega_3 e^{i\theta_3} \qquad (2-3-9)$$

将上式虚实分离：

$$\begin{cases} l_1 \omega_1 \cos\theta_1 + l_2 \omega_2 \cos\theta_2 = l_3 \omega_3 \cos\theta_3 \\ l_1 \omega_1 \sin\theta_1 + l_2 \omega_2 \sin\theta_2 = l_3 \omega_3 \sin\theta_3 \end{cases} \qquad (2-3-10)$$

表示成矩阵形式：

$$\begin{bmatrix} -l_2 \sin\theta_2 & l_3 \sin\theta_3 \\ l_2 \cos\theta_2 & -l_3 \cos\theta_3 \end{bmatrix} \begin{bmatrix} \omega_2 \\ \omega_3 \end{bmatrix} = \omega_1 \begin{bmatrix} l_1 \sin\theta_1 \\ -l_1 \cos\theta_1 \end{bmatrix} \qquad (2-3-11)$$

可以求出两个角速度 ω_2 和 ω_3。

（3）角加速度分析求解

$$\begin{bmatrix} -l_2 \sin\theta_2 & l_3 \sin\theta_3 \\ l_2 \cos\theta_2 & -l_3 \cos\theta_3 \end{bmatrix} \begin{bmatrix} \alpha_2 \\ \alpha_3 \end{bmatrix} + \begin{bmatrix} -\omega_2 l_2 \cos\theta_2 & \omega_3 l_3 \cos\theta_3 \\ -\omega_2 l_2 \sin\theta_2 & \omega_3 l_3 \sin\theta_3 \end{bmatrix} \begin{bmatrix} \omega_2 \\ \omega_3 \end{bmatrix} = \omega_1 \begin{bmatrix} \omega_1 l_1 \cos\theta_1 \\ \omega_1 l_1 \sin\theta_1 \end{bmatrix}$$

$$(2-3-12)$$

可以求出两个角加速度 α_2 和 α_3。

2. 建立 MATLAB 子函数

```
function [theta,omega,alpha] = crank_rocker(theta1,omega1,alpha1,l_1,l_2,l_3,l_4)
% 1. 计算从动件的角位移
L = sqrt(l_4 * l_4 + l_1 * l_1 - 2 * l_1 * l_4 * cos(theta1));          % theta1 输入角度
phi = asin((l_1./L) * sin(theta1));
beta = acos((-l_2 * l_2 + l_3 * l_3 + L * L)/(2 * l_3 * L));
if beta<0
beta = beta + pi;
end
theta3 = pi - phi - beta;                                              % theta3 杆 3 转角
theta2 = asin((l_3 * sin(theta3) - l_1 * sin(theta1))/l_2);           % theta2 杆 2 转角
theta = [theta2;theta3];                                              % 函数输出得角位移列阵
% 2. 计算从动件的角速度
% 从动件位置参数矩阵
A = [-l_2 * sin(theta2), l_3 * sin(theta3);l_2.* cos(theta2), -l_3 * cos(theta3)];
B = [l_1 * sin(theta1); -l_1 * cos(theta1)];                          % 原动件的位置参数列阵
omega = A\(omega1 * B);                                               % 函数输出的角速度列阵
omega2 = omega(1);                                                    % 角加速度的中间变量
omega3 = omega(2);                                                    % 角加速度的中间变量
% 3. 计算从动件的角加速度
A = [-l_2 * sin(theta2),  l_3 * sin(theta3); l_2 * cos(theta2), -l_3 * cos(theta3)];
At = [-omega2 * l_2 * cos(theta2), omega3 * l_3 * cos(theta3);...
    - omega2 * l_2 * sin(theta2), omega3 * l_3 * sin(theta3)];
% 机构原动件的位置参数列阵
B = [l_1 * sin(theta1); -l_1 * cos(theta1)];
Bt = [omega1 * l_1 * cos(theta1); omega1 * l_1 * sin(theta1)];        % Bt = dB/dt
alpha = A\(-At * omega + alpha1 * B + omega1 * Bt);                   % 输出角加速度列阵
end
```

2.3.2　铰链四杆机构 App 设计

1. App 窗口设计

铰链四杆机构 App 窗口设计如图 2.3.2 所示。

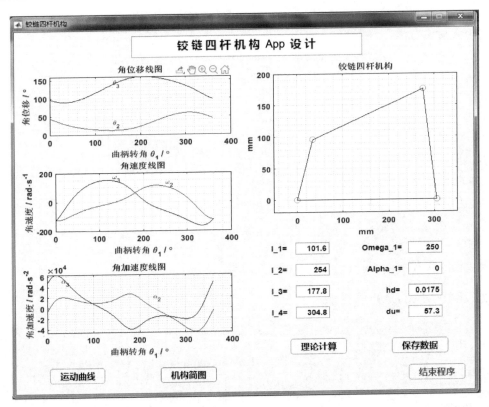

图 2.3.2　铰链四杆机构 App 窗口

2. App 窗口布局和参数设计

铰链四杆机构 App 窗口布局如图 2.3.3 所示,窗口对象属性参数如表 2.3.1 所列。

表 2.3.1　铰链四杆机构窗口对象属性参数

窗口对象	对象名称	字　码	回调(函数)
编辑字段(l_1)	app. l_1EditField	14	
编辑字段(l_2)	app. l_2EditField	14	
编辑字段(l_3)	app. l_3EditField	14	
编辑字段(l_4)	app. l_4EditField2	14	
编辑字(Omega_1)	app. Omega_1EditField	14	
编辑字段(Alpha_1)	app. Alpha_1EditField	14	
编辑字段(hd)	app. hdEditField2	14	
编辑字段(du)	app. duEditField2	14	
坐标区(角位移)	app. UIAxes	14	
坐标区(角速度)	app. UIAxes_2	14	
坐标区(角加速度)	app. UIAxes_3	14	
坐标区(四杆机构)	app. UIAxes_4	14	
按钮(运动曲线)	app. Button_3	16	YunDongQuXian

续表 2.3.1

窗口对象	对象名称	字　码	回调（函数）
按钮（机构简图）	app. Button_4	16	ShuZiFangZhen
按钮（理论计算）	app. Button	16	LiLunJiSuan
按钮（保存数据）	app. Button_2	16	LiLunJiSuan
按钮（结束程序）	app. Button_5	16	JieSuChengXu
文本区域（……App 设计）	app. TextArea	20	
窗口（铰链四杆机构）	app. UIFigure		

注：此表中编辑字段皆为"编辑字段（数值）"。

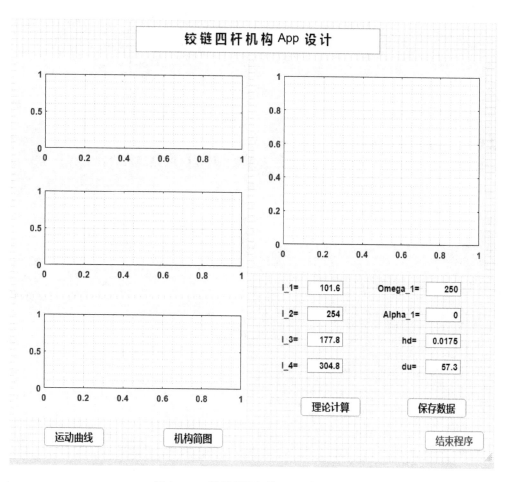

图 2.3.3　铰链四杆机构 App 窗口布局

3. 本 App 程序设计细节解读

（1）私有属性创建

在【代码视图】→【编辑器】状态下，单击【属性】→【私有属性】，建立私有属性空间。

```
properties (Access = private)
    l_1;                                        % 杆 1 长度
    l_2;                                        % 杆 2 长度
    l_3;                                        % 杆 3 长度
    l_4;                                        % 杆 4 长度
    omega1;                                     % 杆 1 匀角速度
    alpha1;                                     % 杆 1 角加速度
    hd;                                         % 角度与弧度转换系数
    du;                                         % 弧度与角度转换系数
    theta22;                                    % 含义见程序中
    theta33;                                    % 含义见程序中
    omega22;                                    % 含义见程序中
    omega33;                                    % 含义见程序中
    alpha22;                                    % 含义见程序中
    alpha33;                                    % 含义见程序中
    theta;                                      % 从动件角位移矩阵
    omega;                                      % 从动件角速度矩阵
    alpha;                                      % 从动件角加速度矩阵
end
```

(2) 设置窗口启动回调函数

在【编辑器】→【App 输入参数】状态下,启动回调函数,将其中参数设置为 startupFcn (app, rochker)(注:此处名称 rochker 可任意选取),单击【OK】按钮,然后编辑子函数。

```
function startupFcn(app, rochker)
% 程序启动后执行的设置程序
app.Button_2.Enable = 'off';                   % 屏蔽"保存数据"使能
app.Button_3.Enable = 'off';                   % 屏蔽"运动曲线"使能
app.Button_4.Enable = 'off';                   % 屏蔽"机构简图"使能
end
```

(3)【理论计算】回调函数

```
function LiLunJiSuan(app, event)
% 理论计算铰链四杆机构参数
l_1 = app.l_1EditField.Value;                  % 杆 1 长度
app.l_1 = l_1;                                 % 定义私有属性
l_2 = app.l_2EditField.Value;                  % 杆 2 长度
app.l_2 = l_2;                                 % 定义私有属性
l_3 = app.l_3EditField.Value;                  % 杆 3 长度
app.l_3 = l_3;                                 % 定义私有属性
l_4 = app.l_4EditField.Value;                  % 杆 4 长度
app.l_4 = l_4;                                 % 定义私有属性
omega1 = app.Omega_1EditField.Value;           % 杆 1 匀角速度
app.omega1 = omega1;                           % 定义私有属性
alpha1 = app.Alpha_1EditField.Value;           % 杆 1 角加速度
app.alpha1 = alpha1;                           % 定义私有属性
hd = app.hdEditField.Value;                    % 角度与弧度转换系数
app.hd = hd;                                   % 定义私有属性
du = app.duEditField.Value;                    % 弧度与角度转换系数
app.du = du;                                   % 定义私有属性
for n1 = 1:361
theta1 = (n1 - 1) * hd;                        % 以角度为变量输入
% 调子程序计算每一个角度对应的数值
[theta,omega,alpha] = crank_rocker(theta1,omega1,alpha1,l_1,l_2,l_3,l_4);
```

```matlab
% 为作图准备向量 theta22、theta33、omega22、omega33、alpha22、alpha33
% 同时定义作图用的私有属性变量
theta22(n1) = theta(1);
app.theta22 = theta22;                                    % 定义私有属性
theta33(n1) = theta(2);
app.theta33 = theta33;                                    % 定义私有属性
omega22(n1) = omega(1);
app.omega22 = omega22;                                    % 定义私有属性
omega33(n1) = omega(2);
app.omega33 = omega33;                                    % 定义私有属性
alpha22(n1) = alpha(1);
app.alpha22 = alpha22;                                    % 定义私有属性
alpha33(n1) = alpha(2);
app.alpha33 = alpha33;                                    % 定义私有属性
end
function [theta,omega,alpha] = crank_rocker(theta1,omega1,alpha1,l_1,l_2,l_3,l_4)
% 1. 计算从动件的角位移
L = sqrt(l_4 * l_4 + l_1 * l_1 - 2 * l_1 * l_4 * cos(theta1));     % theta1 输入角度
phi = asin((l_1./L) * sin(theta1));
beta = acos((- l_2 * l_2 + l_3 * l_3 + L * L)/(2 * l_3 * L));
if beta<0
beta = beta + pi;
end
theta3 = pi - phi - beta;                                  % theta3 表示杆 3 转过角度
theta2 = asin((l_3 * sin(theta3) - l_1 * sin(theta1))/l_2);      % theta2 表示杆 2 转过角度
theta = [theta2;theta3];                                   % 函数输出得角位移列阵
% 2. 计算从动件的角速度
% 机构从动件的位置参数矩阵
A = [- l_2 * sin(theta2), l_3 * sin(theta3);l_2 * cos(theta2), - l_3 * cos(theta3)];
B = [l_1 * sin(theta1); - l_1 * cos(theta1)];              % 机构原动件的位置参数列阵
omega = A\(omega1 * B);                                    % 函数输出的角速度列阵
omega2 = omega(1);                                         % 计算角加速度需要的中间变量
omega3 = omega(2);                                         % 计算角加速度需要的中间变量
% 3. 计算从动件的角加速度
A = [- l_2 * sin(theta2),  l_3 * sin(theta3); l_2 * cos(theta2), - l_3 * cos(theta3)];
At = [- omega2 * l_2 * cos(theta2), omega3 * l_3 * cos(theta3);...
      - omega2 * l_2 * sin(theta2), omega3 * l_3 * sin(theta3)];
B = [l_1 * sin(theta1); - l_1 * cos(theta1)];             % 机构原动件的位置参数列阵
Bt = [omega1 * l_1 * cos(theta1); omega1 * l_1 * sin(theta1)];     % Bt = dB/dt
alpha = A\(- At * omega + alpha1 * B + omega1 * Bt);       % 输出角加速度列阵
end
app.Button_2.Enable = 'on';                               % 开启"保存数据"使能
app.Button_3.Enable = 'on';                               % 开启"运动曲线"使能
app.Button_4.Enable = 'on';                               % 开启"机构简图"使能
end
```

(4) 【运动曲线】回调函数

```matlab
function YunDongQuXian(app, event)
% 运动曲线绘制
% 作图需要的理论计算的私有属性变量
du = app.du;
theta22 = app.theta22;
theta33 = app.theta33;
```

```
omega22 = app.omega22;
omega33 = app.omega33;
alpha22 = app.alpha22;
alpha33 = app.alpha33;
n1 = [1:361];
plot(app.UIAxes,n1,theta22 * du,'r',n1,theta33 * du,'b');
title(app.UIAxes,'角位移线图');
xlabel(app.UIAxes,'曲柄转角 \theta_1 / \circ')
ylabel(app.UIAxes,'角位移 / \circ')
text(app.UIAxes,140,140,'\theta_3')
text(app.UIAxes,140,30,'\theta_2')
plot(app.UIAxes_2,n1,omega22,'r',n1,omega33,'b')
title(app.UIAxes_2,'角速度线图');
xlabel(app.UIAxes_2,'曲柄转角 \theta_1 / \circ')
ylabel(app.UIAxes_2,'角速度 / rad\cdots^{ - 1}')
text(app.UIAxes_2,250,130,'\omega_2')
text(app.UIAxes_2,130,165,'\omega_3')
plot(app.UIAxes_3,n1,alpha22,'r',n1,alpha33,'b')
title(app.UIAxes_3,'角加速度线图');
xlabel(app.UIAxes_3,'曲柄转角 \theta_1 / \circ')
ylabel(app.UIAxes_3,'角加速度 / rad\cdots^{ - 2}')
text(app.UIAxes_3,230,2e4,'\alpha_2')
text(app.UIAxes_3,30,5e4,'\alpha_3')
end
```

(5)【机构简图】回调函数

```
function ShuZiFangzhen(app, event)
% 绘制机构简图
cla(app.UIAxes_4)                                        % 清除原图形
l_1 = app.l_1;
l_2 = app.l_2;
l_3 = app.l_3;
l_4 = app.l_4;
theta33 = app.theta33;
hd = app.hd;
x(1) = 0;
y(1) = 0;
x(2) = l_1 * cos(70 * hd);
y(2) = l_1 * sin(70 * hd);
x(3) = l_4 + l_3 * cos(theta33(71));
y(3) = l_3 * sin(theta33(71));
x(4) = l_4;
y(4) = 0;
x(5) = 0;
y(5) = 0;
ball_1 = line(app.UIAxes_4,x(1),y(1),'color','g','marker','o','markersize',8);
ball_2 = line(app.UIAxes_4,x(2),y(2),'color','g','marker','o','markersize',8);
ball_3 = line(app.UIAxes_4,x(3),y(3),'color','g','marker','o','markersize',8);
ball_4 = line(app.UIAxes_4,x(4),y(4),'color','g','marker','o','markersize',8);
line(app.UIAxes_4,x,y,'color','b');
title(app.UIAxes_4,'铰链四杆机构');
xlabel(app.UIAxes_4,'mm')
ylabel(app.UIAxes_4,'mm')
axis(app.UIAxes_4,[ - 50 350 - 20 200]);                % 机构图坐标范围
end
```

（6）【保存数据】回调函数

```
function BaoCunShuJu(app, event)
% 标准的保存数据程序
theta22 = app.theta22;
theta33 = app.theta33;
omega22 = app.omega22;
omega33 = app.omega33;
alpha22 = app.alpha22;
alpha33 = app.alpha33;
[filename,filepath] = uiputfile('*.xlsx');          % 保存为 Excel 文档
% 如果输入文件名字框为"空",则关闭对话框
if isequal(filename,0) || isequal(filepath,0)
else
str = [filepath,filename];
fopen(str);
xlswrite(str,theta22,'Sheet1','B1');
xlswrite(str,theta33,'Sheet1','C1');
fclose('all');
end
end
```

（7）【结束程序】回调函数

```
function TuiChu(app, event)
% 关闭窗口之前要求确认
sel = questdlg('确认关闭应用程序?','关闭确认','Yes','No','No');
switch sel;
case'Yes'
close all force;
case'No'
return
end
end
```

2.4　案例 6——曲柄摇杆机构连杆上点运动分析 App 设计

2.4.1　曲柄摇杆机构连杆上点运动理论分析

1. 建立数学模型

如图 2.4.1 所示曲柄摇杆机构,曲柄 OA 长为 r,在平面内绕 O 轴转动,连杆穿过绕 N 点转动的摇块,并与曲柄 OA 铰接于 A 点。设 $\phi = \omega t$,杆 AB 长 $l = 2r$,分析 B 点的运动规律。以 O 作为原点,x、y 坐标描述 B 点的运动,其 x、y 位移运动方程可以表示为

$$\begin{cases} x_B = r\cos\omega t + 2r\sin\dfrac{\omega t}{2} \\ y_B = r\sin\omega t - 2r\cos\dfrac{\omega t}{2} \end{cases} \qquad (2-4-1)$$

两边对时间进行微分可得速度和加速度运动方程:

$$
\begin{cases}
\dfrac{\mathrm{d}x_B}{\mathrm{d}t} = -r\omega\sin\omega t + r\omega\cos\dfrac{\omega t}{2} \\[3mm]
\dfrac{\mathrm{d}y_B}{\mathrm{d}t} = r\omega\cos\omega t + r\omega\sin\dfrac{\omega t}{2}
\end{cases}
\qquad (2-4-2)
$$

$$
\begin{cases}
\dfrac{\mathrm{d}^2 x_B}{\mathrm{d}t^2} = -r\omega^2\cos\omega t - \dfrac{r}{2}\omega^2\sin\dfrac{\omega t}{2} \\[3mm]
\dfrac{\mathrm{d}^2 y_B}{\mathrm{d}t^2} = -r\omega^2\sin\omega t + \dfrac{r}{2}\omega^2\cos\dfrac{\omega t}{2}
\end{cases}
\qquad (2-4-3)
$$

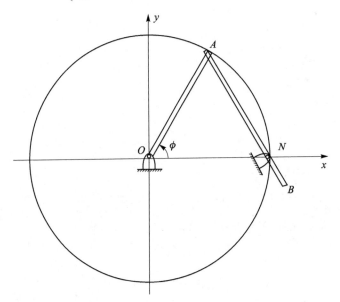

图 2.4.1　曲柄摇杆机构原理图

设 $y_1 = x_B$，$y_2 = \dfrac{\mathrm{d}x_B}{\mathrm{d}t}$，$y_3 = y_B$，$y_4 = \dfrac{\mathrm{d}y_B}{\mathrm{d}t}$，定义一个含有 4 个列向量的矩阵 $[\,y_1\quad y_2\quad y_3$

$y_4\,]$ 用来保存 4 个运动变量在各个时间点上的取值，则运动微分方程如下：

$$
\begin{cases}
\dfrac{\mathrm{d}y_1}{\mathrm{d}t} = y_2 \\[3mm]
\dfrac{\mathrm{d}y_2}{\mathrm{d}t} = -r\omega^2\cos\omega t - \dfrac{r}{2}\omega^2\sin\dfrac{\omega t}{2} \\[3mm]
\dfrac{\mathrm{d}y_3}{\mathrm{d}t} = y_4 \\[3mm]
\dfrac{\mathrm{d}y_4}{\mathrm{d}t} = -r\omega^2\sin\omega t + \dfrac{r}{2}\omega^2\cos\dfrac{\omega t}{2}
\end{cases}
\qquad (2-4-4)
$$

2. 建立 MATLAB 子函数

```
% 微分方程函数句柄
F = @(t,y)[y(2);
    (-r * omega^2 * cos(omega * t)) - (r * omega^2 * sin(0.5 * omega * t))/2;
    y(4);
    (-r * omega^2 * sin(omega * t)) + (r * omega^2 * cos(0.5 * omega * t))/2];
```

2.4.2 曲柄摇杆机构连杆上点运动 App 设计

1. App 窗口设计

曲柄摇杆机构连杆上点运动 App 窗口设计如图 2.4.2 所示。

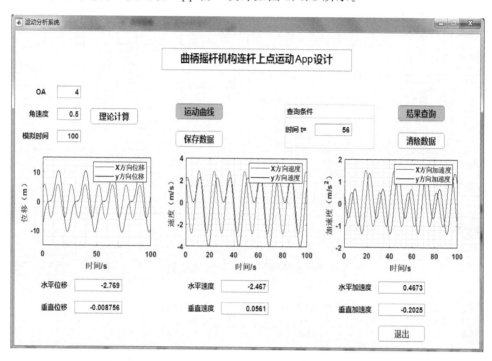

图 2.4.2 曲柄摇杆机构连杆上点运动 App 窗口

2. App 窗口布局和参数设计

曲柄摇杆机构连杆上点运动 App 窗口布局如图 2.4.3 所示,窗口对象属性参数如表 2.4.1 所列。

表 2.4.1 曲柄摇杆机构连杆上点运动窗口对象属性参数

窗口对象	对象名称	字 码	回调(函数)
编辑字段(OA)	app.OAEditField	14	
编辑字段(角速度)	app.EditField_8	14	
编辑字段(模拟时间)	app.EditField_9	14	
按钮(理论计算)	app.Button	16	LiLunJiSuan
按钮(运动曲线)	app.Button_3	16	HuiZhiQuXian
按钮(保存数据)	app.Button_4	16	BaoCunShuJu
按钮(结果查询)	app.Button_5	16	JieGuoChaXun
按钮(清除数据)	app.Button_6	16	QingChu
面板(查询条件)	app.ButtonGroup	14	

窗口对象	对象名称	字 码	回调(函数)
编辑字段(时间 t)	app. tEditField	14	
编辑字段(水平位移)	app. EditField_2	14	
编辑字段(垂直位移)	app. EditField_3	14	
编辑字段(水平速度)	app. EditField_4	14	
编辑字段(垂直速度)	app. EditField_5	14	
编辑字段(水平加速度)	app. EditField_6	14	
编辑字段(垂直加速度)	app. EditField_7	14	
按钮(退出)	app. Button_7	16	TuiChu
坐标区(位移曲线)	app. UIAxes	14	
坐标区(速度曲线)	app. UIAxes2	14	
坐标区(加速度曲线)	app. UIAxes3	14	
文本区域(……App 设计)	app. TextArea	20	
窗口(运动分析系统)	app. UIFigure		

注：此表中编辑字段皆为"编辑字段(数值)"。

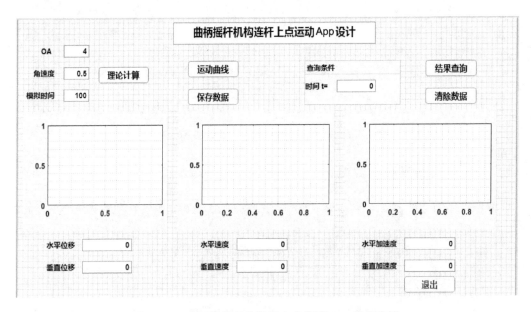

图 2.4.3　曲柄摇杆机构连杆上点运动 App 窗口布局

3. 本 App 程序设计细节解读

(1) 私有属性创建

在【代码视图】→【编辑器】状态下，单击【属性】→【私有属性】，建立私有属性空间。

```
properties (Access = private)
% 以下私有属性仅供在本 App 中调用
```

```
y;                                      % 运动矩阵
t;                                      % 时间向量
r;                                      % 曲柄长度
omega;                                  % 曲柄角速度
tfinal;                                 % 仿真时间
x1;                                     % B 点位移
y1;                                     % B 点位移
x2;                                     % B 点速度
y2;                                     % B 点速度
x3;                                     % B 点加速度
y3;                                     % B 点加速度
x4;                                     % 含义见程序中
y4;                                     % 含义见程序中
x5;                                     % 含义见程序中
y5;                                     % 含义见程序中
end
```

（2）设置窗口启动回调函数

在【编辑器】→【App 输入参数】状态下，启动回调函数，将其中参数设置为 startupFcn（app，ydx3）（注：此处名称 ydx3 可任意选取），单击【OK】按钮，然后编辑子函数。

```
function startupFcn(app, ydx3)
% 本 App 启动时的必要的设置
app.Button_3.Enable = 'off';            % 关闭"绘制曲线"使能
app.Button_4.Enable = 'off';            % 关闭"保存数据"使能
app.Button_5.Enable = 'off';            % 关闭"结果查询"使能
app.tEditField.Enable = 'off';          % 关闭"时间 t"使能
end
```

（3）【理论计算】回调函数

```
function LiLunJiSuan(app, event)
% 运动微分方程的理论求解
app.r = app.OAEditField.Value;          % 定义私有属性 r
r = app.r;                              % r 的数值
app.omega = app.EditField_8.Value;      % 定义私有属性 omega
omega = app.omega;                      % omega 的数值
app.tfinal = app.EditField_9.Value;     % 定义私有属性 tfinal
tfinal = app.tfinal;                    % tfinal 数值
y0 = [r,omega * r, - 2 * r,omega * r];  % 组成运动变量初始值
% 微分方程句柄
F = @(t,y)[y(2);
    ( - r * omega^2 * cos(omega * t)) - (r * omega^2 * sin(0.5 * omega * t))/2;
    y(4);
    ( - r * omega^2 * sin(omega * t)) + (r * omega^2 * cos(0.5 * omega * t))/2];
% 微分方程求解,求出运动变量矩阵 y,同时返回时间向量 t
[t,y] = ode45(F,[0:0.05:tfinal],y0);
% 计算 x 加速度
ax = - r * omega^2 * cos(omega * t) - 0.5 * r * omega^2 * sin(0.5 * omega * t);
% 计算 y 加速度
ay = - r * omega^2 * sin(omega * t) + 0.5 * r * omega^2 * cos(0.5 * omega * t);
y = [y,ax,ay];                          % 位移、速度、加速度输出矩阵
app.t = t;                              % 定义私有属性 t
app.y = y;                              % 定义私有属性 y
```

```
app.Button_3.Enable = 'on';              % 开启"绘制曲线"使能
app.Button_4.Enable = 'on';              % 开启"保存数据"使能
app.Button_5.Enable = 'on';              % 开启"结果查询"使能
app.tEditField.Enable = 'on';            % 开启"时间 t"使能
end
```

(4)【退出】回调函数

```
function TuiChu(app, event)
% 关闭程序窗口
sel = questdlg('确认关闭窗口？','关闭确认','Yes','No','No');
switch sel;
case'Yes'
delete(app);
case'No'
return
end
end
```

(5)【运动曲线】回调函数

```
function HuiZhiQuXian(app, event)
% 绘制运动曲线图形
t = app.t;                               % 获得私有属性 t
y = app.y;                               % 获得私有属性 y
% 以时间为横坐标,以 x 水平位移、y 垂直位移为纵坐标作图
plot(app.UIAxes,t,y(:,1),'r',t,y(:,3),'b')
xlabel(app.UIAxes,'时间/s');              % x 坐标单位标注
ylabel(app.UIAxes,'位移(m)');             % y 坐标单位标注
legend(app.UIAxes,'X 方向位移 ','y 方向位移 ');   % 图形图例
% 以时间为横坐标,以 x 方向速度、y 方向速度为纵坐标作图
plot(app.UIAxes2,t,y(:,2),'r',t,y(:,4),'b')
xlabel(app.UIAxes2,'时间/s');             % x 坐标单位标注
ylabel(app.UIAxes2,'速度(m/s)');          % y 坐标单位标注
legend(app.UIAxes2,'X 方向速度 ','y 方向速度 ');  % 图形图例
% 以时间为横坐标,以 x 水平加速度、y 垂直加速度为纵坐标作图
plot(app.UIAxes3,t,y(:,5),'r',t,y(:,6),'b')
xlabel(app.UIAxes3,'时间/s');             % x 坐标单位标注
ylabel(app.UIAxes3,'加速度(m/s^2)');      % y 坐标单位标注
legend(app.UIAxes3,'X 方向加速度 ','y 方向加速度 '); % 图形图例
end
```

(6)【结果查询】回调函数

```
functionJieGuoChaXun(app, event)
% 查询过程程序
y = app.y;                               % 获得私有属性 y
t = app.t;                               % 获得私有属性 t
tt = app.tEditField.Value;               % 获得查询时间 t
monit = app.EditField_9.Value;           % 获得模拟时间
if tt>monit
% 如果查询时间大于模拟时间,则提示!
msgbox('查询时间不能大于模拟时间! ','友情提示 ');
else
```

```
% 找出查询时刻对应的数据序号
i = find(t == tt);
% 写入水平、垂直位移;水平、垂直速度;水平、垂直加速度
app.EditField_2.Value = y(i,1);
app.EditField_3.Value = y(i,3);
app.EditField_4.Value = y(i,2);
app.EditField_5.Value = y(i,4);
app.EditField_6.Value = y(i,5);
app.EditField_7.Value = y(i,6);
end
end
```

(7)【清除数据】回调函数

```
function QingChu(app, event)
% 将 7 个数字编辑字段清零
app.tEditField.Value = 0;
app.EditField_2.Value = 0;
app.EditField_3.Value = 0;
app.EditField_4.Value = 0;
app.EditField_5.Value = 0;
app.EditField_6.Value = 0;
app.EditField_7.Value = 0;
end
```

(8)【保存数据】回调函数

```
function BaoCunShuJu(app, event)
% 标准的保存数据程序
t = app.t;                                     % 保存数据 t
y = app.y;                                     % 保存数据 y
[filename,filepath] = uiputfile('*.xls');
% 如果输入文件名字框为"空",则转 end
if isequal(filename,0) || isequal(filepath,0)
else
str = [filepath,filename];
fopen(str);
xlswrite(str,t,'Sheet1','B1');
xlswrite(str,y,'Sheet1','C1');
fclose('all');
end
end
```

2.5 案例 7——曲柄滑块机构运动分析 App 设计

2.5.1 曲柄滑块机构运动理论分析

1. 建立数学模型

图 2.5.1 所示为曲柄滑块机构原理图。已知 $OA = l_1$, $AB = l_2$, 曲柄 OA 以角速度 ω 匀速转动并带动 AB 做平面运动,滑块沿水平方向运动,研究曲柄滑块机构运动规律。

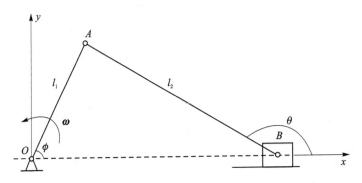

图 2.5.1　曲柄滑块机构原理图

图 2.5.2 所示为 A 点速度分解示意图。图中

$$V_B = V_A + V_{BA} \qquad (2-5-1)$$

式中：

$$V_A = l_1 \omega \qquad (2-5-2)$$

$$V_{BA} = l_2 \frac{\mathrm{d}\theta}{\mathrm{d}t} \qquad (2-5-3)$$

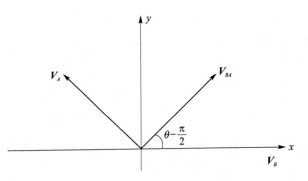

图 2.5.2　A 点速度分解示意图

将式(2-5-2)、式(2-5-3)分别向 x,y 方向投影并化简可得

$$\frac{\mathrm{d}\theta}{\mathrm{d}t} = \frac{l_1 \cos\phi}{l_2 \cos\theta}\omega \qquad (2-5-4)$$

$$V_B = l_2 \frac{\mathrm{d}\theta}{\mathrm{d}t}\sin\theta - l_1 \omega \sin\phi \qquad (2-5-5)$$

对式(2-5-4)、式(2-5-5)微分并化简得

$$\frac{\mathrm{d}^2\theta}{\mathrm{d}t^2} = \frac{l_1 \dfrac{\mathrm{d}\theta}{\mathrm{d}t}\omega\cos\phi\sin\theta - l_1 \omega^2 \sin\phi\cos\theta}{l_2 \cos^2\theta} \qquad (2-5-6)$$

$$a_B = l_1 \frac{\omega}{\cos^2\theta}\left[\frac{\mathrm{d}\theta}{\mathrm{d}t}\cos\phi - \omega\cos\theta\cos(\phi-\theta)\right] \qquad (2-5-7)$$

设 $y_1 = \phi$，$y_2 = \dfrac{\mathrm{d}\phi}{\mathrm{d}t}$，$y_3 = \theta$，$y_4 = \dfrac{\mathrm{d}\theta}{\mathrm{d}t}$，$y_5 = x_B$，$y_6 = \dfrac{\mathrm{d}x_B}{\mathrm{d}t}$，定义一个含有 6 个列向量的矩阵 $\begin{bmatrix} y_1 & y_2 & y_3 & y_4 & y_5 & y_6 \end{bmatrix}$ 用来保存 6 个运动变量在各个时间点上的取值。初始运动变量为 $\theta = \pi$，$\phi = 0$，可推导出 $y_0 = \begin{bmatrix} 0 & \omega & \pi & -\dfrac{l_1}{l_2}\omega & l_1+l_2 & 0 \end{bmatrix}$，则运动微分方程如下：

$$\begin{cases} \dfrac{\mathrm{d}y_1}{\mathrm{d}t} = y_2 \\[2mm] \dfrac{\mathrm{d}y_2}{\mathrm{d}t} = 0 \\[2mm] \dfrac{\mathrm{d}y_3}{\mathrm{d}t} = y_4 \\[2mm] \dfrac{\mathrm{d}y_4}{\mathrm{d}t} = \dfrac{l_1}{l_2 \cos^2 y_3}(y_4 \omega \cos y_1 \sin y_3 - l_1 \omega^2 \sin y_1 \cos y_3) \\[2mm] \dfrac{\mathrm{d}y_5}{\mathrm{d}t} = y_6 \\[2mm] \dfrac{\mathrm{d}y_6}{\mathrm{d}t} = \dfrac{l_1 \omega}{\cos^2 y_3}(y_4 \cos y_1 - \omega \cos y_3 \cos(y_1 - y_3)) \end{cases} \qquad (2-5-8)$$

2. 建立 MATLAB 子函数

```
% 微分方程函数句柄
F = @(t,y)[y(2);
    0;
    y(4);
    (l1 * omega/l2) * (cos(y(1)) * sin(y(3)) * y(4) - sin(y(1)) * cos(y(3)) * omega/cos(y(3))^2;
    y(6);
    (l1 * omega/cos(y(3))^2) * (cos(y(1)) * y(4) - cos(y(3) - y(1)) * cos(y(3)) * omega);]
```

2.5.2　曲柄滑块机构 App 设计

1. App 窗口设计

曲柄滑块机构 App 窗口设计如图 2.5.3 所示。

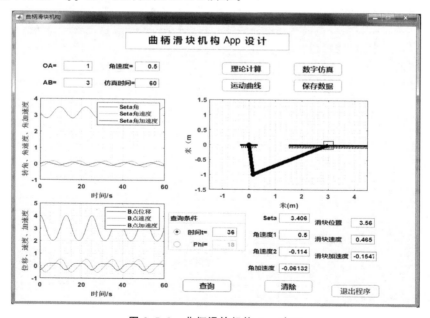

图 2.5.3　曲柄滑块机构 App 窗口

2. App 窗口布局和参数设计

曲柄滑块机构 App 窗口布局如图 2.5.4 所示,窗口对象属性参数如表 2.5.1 所列。

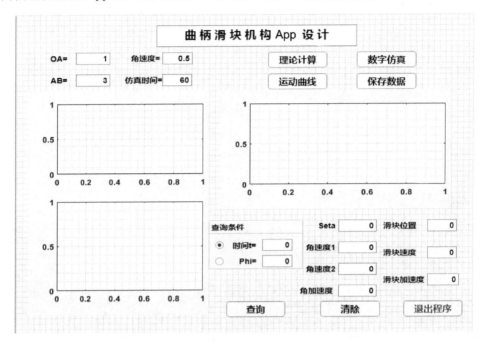

图 2.5.4　曲柄滑块机构 App 窗口布局

表 2.5.1　曲柄滑块机构窗口对象属性参数

窗口对象	对象名称	字　码	回调(函数)
编辑字段(OA)	app. OAEditField	14	
编辑字段(AB)	app. ABEditField	14	
编辑字段(角速度)	app. EditField_3	14	
编辑字段(仿真时间)	app. EditField_4	14	
按钮(理论计算)	app. Button	16	LiLunJiSuan
按钮(运动曲线)	app. Button_3	16	YunDongQuXian
按钮(数字仿真)	app. Button_4	16	DongHuaFangZhen
按钮(保存数据)	app. Button_5	16	BaoCunShuJu
按钮(查询)	app. Button_6	16	ChaXun
按钮(清除)	app. Button_7	16	QingChu
按钮(退出程序)	app. Button_8	16	TuiChuChengXu
面板(查询条件)	app. ButtonGroup	14	
编辑字段(t)	app. EditField_5	14	
编辑字段(Phi)	app. EditField_6	14	
单选按钮(时间)	app. tButton	14	
单选按钮(Phi)	app. PhiButton	14	

窗口对象	对象名称	字　码	回调（函数）
编辑字段（Seta）	app. SetaEditField	14	
编辑字段（角速度 1）	app. SetaEditField_2	14	
编辑字段（角加速度）	app. SetaEditField_3	14	
编辑字段（角速度 2）	app. PhiEditField	14	
编辑字段（滑块位置）	app. XcEditField	14	
编辑字段（滑块速度）	app. VcEditField	14	
编辑字段（滑块加速度）	app. acEditField	14	
坐标区（位移曲线）	app. UIAxes	14	
坐标区（速度曲线）	app. UIAxes2	14	
坐标区（加速度曲线）	app. UIAxes3	14	
文本区域（……App 设计）	app. TextArea	20	
窗口（曲柄滑块机构）	app. UIFigure		

注：此表中编辑字段皆为"编辑字段（数值）"。

3. 本 App 程序设计细节解读

（1）私有属性创建

在【代码视图】→【编辑器】状态下，单击【属性】→【私有属性】，建立私有属性空间。

```
properties（Access = private）
% 以下私有属性仅供在本 App 中调用
l1;                                    % OA 曲柄长度
l2;                                    % AB 连杆长度
omega;                                 % 曲柄角速度
t;                                     % 时间向量
y;                                     % 运动变量矩阵
tfinal;                                % 仿真时间
x1;                                    % 含义见程序中
x2;                                    % 含义见程序中
y1;                                    % 含义见程序中
a1;                                    % 含义见程序中
a11;                                   % 含义见程序中
a12;                                   % 含义见程序中
end
```

（2）设置窗口启动回调函数

在【编辑器】→【App 输入参数】状态下，启动回调函数，将其中参数设置为 startupFcn（app，ydx7）（注：此处名称 ydx7 可任意选取），单击【OK】按钮，然后编辑子函数。

```
function startupFcn(app,ydx7)
% 程序启动后进行必要的设置
app. EditField2. Enable = 'off';       % 关闭"时间"使能
app. EditField3. Enable = 'off';       % 关闭"Phi"使能
app. tButton. Enable = 'off';          % 关闭"t ="按钮使能
```

```
app.Button_5.Enable = 'off';          % 关闭"保存数据"使能
app.Button_6.Enable = 'off';          % 关闭"查询"使能
app.Button_3.Enable = 'off';          % 关闭"运动曲线"使能
app.Button_4.Enable = 'off';          % 关闭"数字仿真"使能
end
```

(3)【理论计算】回调函数

```
function LiLunJiSuan(app, event)
% 运动微分方程的理论求解
app.l1 = app.OAEditField.Value;                    % 私有属性杆长 l1
l1 = app.l1;                                       % l1 的数值
app.l2 = app.ABEditField.Value;                    % 私有属性杆长 l2
l2 = app.l2;                                        % l2 的数值
app.omega = app.EditField_3.Value;                 % 私有属性角速度 omega
omega = app.omega;                                  % omega 的数值
app.tfinal = app.EditField_4.Value;                % 私有属性模拟时间 tfinal
tfinal = app.tfinal;                                % tfinal 数值
y0 = [0,omega,pi,-omega*l1/l2,l1+l2,0];            % 组成运动变量初始矩阵
% 建立求解微分方程句柄 F
F = @(t,y)[y(2);0;y(4);(l1*omega/l2)*(cos(y(1))*sin(y(3))*y(4)-sin(y(1))...
            *cos(y(3))*omega/cos(y(3))^2;y(6);...
            (l1*omega/cos(y(3))^2)*(cos(y(1))*y(4)-cos(y(3)-y(1))*cos(y(3))*omega);];
% 运动微分方程求解,求出运动变量矩阵 y
[t,y] = ode45(F,[0:0.01:tfinal],y0);
app.t = t;                                          % 私有属性时间向量 t
app.y = y;                                          % 私有属性运动变量矩阵 y
% 计算 Seta 角加速度
Setaa = (l1*cos(y(:,1)).*sin(y(:,3)).*y(:,4)*omega-l1*omega^2.*...
            sin(y(:,1)).*cos(y(:,3)))./(l2*cos(y(:,3)).^2);
% 计算滑块加速度
ab = l1*omega*(cos(y(:,1)).*y(:,4)-cos(y(:,3)-y(:,1)).*cos(y(:,3))...
            *omega)./(cos(y(:,3)).^2);
y = [y,Setaa,ab];                                   % 扩充 y 矩阵包含加速度
app.y = y;                                          % 重新定义私有属性 y
x1 = l1*cos(y(:,1));
app.x1 = x1;                                        % 私有属性变量
y1 = l1*sin(y(:,1));
app.y1 = y1;                                        % 私有属性变量
x2 = y(:,5);
app.x2 = x2;                                        % 私有属性变量
% 设置需要开启的控件
app.tButton.Enable = 'on';                          % 开启"t = "按钮使能
app.Button_5.Enable = 'on';                         % 开启"保存数据"使能
app.Button_6.Enable = 'on';                         % 开启"查询"使能
app.Button_3.Enable = 'on';                         % 开启"运动曲线"使能
app.Button_4.Enable = 'on';                         % 开启"动画仿真"使能
end
```

(4)【退出程序】回调函数

```
function TuiChuChengXu(app, event)
% 关闭程序窗口标准程序
sel = questdlg('确认关闭窗口?','关闭确认,','Yes','No','No');
switch sel;
case'Yes'
```

```
delete(app);
case'No'
return
end
end
```

（5）【运动曲线】回调函数

```
functionYunDongQuXian(app, event)
% 绘制运动曲线图形
t = app.t;                                              % 获得私有属性 t 数值
y = app.y;                                              % 获得私有属性 y 数值
% 绘制转角、角速度、角加速度曲线图
plot(app.UIAxes,t,y(:,3),'r',t,y(:,4),'g',t,y(:,7),'b')
xlabel(app.UIAxes,'时间/s');                            % x 坐标单位标注
ylabel(app.UIAxes,'转角、角速度、角加速度');             % y 坐标单位标注
legend(app.UIAxes,'Seta 角','Seta 角速度','Seta 角加速度'); % 图形图例
% 绘制 B 点位移、B 点速度、B 点加速度曲线图
plot(app.UIAxes2,t,y(:,5),'r',t,y(:,6),'g',t,y(:,8),'b')
xlabel(app.UIAxes2,'时间/s');                           % x 坐标单位标注
ylabel(app.UIAxes2,'位移、速度、加速度');                % y 坐标单位标注
legend(app.UIAxes2,'B 点位移','B 点速度','B 点加速度');   % 图形图例
end
```

（6）【保存数据】回调函数

```
function BaoCunShuJu(app, event)
% 标准的保存数据程序
t = app.t;                                              % 获得私有属性时间数据 t
y = app.y;                                              % 获得私有属性运动矩阵 y
[filename,filepath] = uiputfile('*.xls');               % 保存为 Excel 格式
% 判断输入文件名字框是否为"空"
if isequal(filename,0) || isequal(filepath,0)
str = [filepath,filename];
fopen(str);
xlswrite(str,t,'Sheet1','B1');
xlswrite(str,y_1,'Sheet1','C1');
fclose('all');
end
end
```

（7）【数字仿真】回调函数

```
function DongHuaFangZhen(app, event)
% 动画模拟仿真
t = app.t;                                              % 私有属性时间向量 t
y = app.y;                                              % 私有属性运动变量矩阵 y
l1 = app.l1;                                            % 私有属性 OA 杆长度 l
l2 = app.l2;                                            % 私有属性 AB 杆长
x1 = app.x1;                                            % 私有属性 A 点坐标 x
y1 = app.y1;                                            % 私有属性 A 点坐标 x
x2 = app.x2;                                            % 私有属性 B 点 x 坐标
cla(app.UIAxes3);                                       % 清除原有图形
% 设置图形范围
axis(app.UIAxes3,[-1.5*l1 1.5*l1+l2 -1.5*l1 1.5*l1]);
% 曲柄原点地面黑线
```

```
a10 = line(app.UIAxes3,[-11/3,11/3],[0,0],'color','k','linewidth',3);
% 画地面斜线
a20 = linspace(-0.3*11,0.3*11,10);
for i = 1:9;
a30 = (a20(i) + a20(i+1))/2;
line(app.UIAxes3,[a20(i),a30],[0,-0.1*11],'color','k','linestyle','-','linewidth',1);
end
% 连杆地面黑线
a11 = line(app.UIAxes3,[12-1.5*11,12+1.5*11],[0,0],'color','k','linewidth',3);
a21 = linspace(12-1.5*11,12+1.5*11,50);
% 画地面斜线
for i = 1:49;
a31 = (a21(i) + a21(i+1))/2;
line(app.UIAxes3,[a21(i),a31],[0,-0.1*11],'color','k','linestyle','-','linewidth',1);
end
% 动画需要的句柄设置
ball1 = line(app.UIAxes3,x1(1),y1(1),'color','b','marker','.','markersize',30);
ball2 = line(app.UIAxes3,x2(1),0,'color','b','marker','s','markersize',15);
line(app.UIAxes3,0,0,'color','b','marker','.','markersize',30);
gan1 = line(app.UIAxes3,[0,x1(1)],[0,y1(1)],'color','g','linewidth',6);
gan2 = line(app.UIAxes3,[x1(1),x2(1)],[y1(1),0],'color','g','linewidth',6);
xlabel(app.UIAxes3,'米(m)');                              % x 坐标单位标注
ylabel(app.UIAxes3,'米(m)');                              % y 坐标单位标注
% 把上述句柄动态赋值形成动画
n = length(y1);
for i = 1:n;
set(ball1,'xdata',x1(i),'ydata',y1(i));
set(ball2,'xdata',x2(i),'ydata',0);
set(gan1,'xdata',[0,x1(i)],'ydata',[0,y1(i)]);
set(gan2,'xdata',[x1(i),x2(i)],'ydata',[y1(i),0]);
drawnow
end
end
```

(8)【查询】回调函数

```
function ChaXun(app, event)
% 查询计算过程程序
y = app.y;                                       % 获得私有属性 y 矩阵
t = app.t;                                       % 获得私有属性时间向量 t
a1 = app.a1;                                      % 获得"时间"选择按钮
app.a11 = app.EditField2.Value;                   % 获得 t 查询数据框时间
a11 = app.a11;                                    % 时间数值 a11
app.a12 = app.EditField3.Value;                   % 获得 Phi 查询框中转角
a12 = app.a12;                                    % 转角数值 a12
if a11 == 0&a12 == 0                              % 如果 t 和 Phi 都为 0
msgbox('t 和 Phi 不能同时为零！','友情提示');
else
% 单选"时间"(a1)选中 logical = 1,向下执行;
% 未选中 logical = 0,转 else
if a1
tt = a11;                                         % 以"t"查询时间 tt
monit = app.EditField_4.Value;                    % 取出"仿真时间"monit
if tt >= monit                                    % 查询时间大于仿真时间
msgbox('查询时间不能大于或等于模拟时间！','友情提示');
else                                              % 满足可查询条件
```

```
% 找出查询时刻对应的数据
a = find(t> = tt);
i = a(1);
ii = a(1) - 1;
m = (tt - t(ii))/(t(i) - t(ii));
n = 1 - m;
% 分别写入 Phi、Seta、角速度 1、角速度 2、角加速度、滑块位移、滑块速度、滑块加速度
app.EditField3.Value = m * y(i,1) + n * y(ii,1);
app.SetaEditField.Value = m * y(i,3) + n * y(ii,3);
app.EditField_8.Value = m * y(i,2) + n * y(ii,2);
app.EditField_9.Value = m * y(i,4) + n * y(ii,4);
app.EditField_10.Value = m * y(i,7) + n * y(ii,7);
app.EditField_5.Value = m * y(i,5) + n * y(ii,5);
app.EditField_6.Value = m * y(i,6) + n * y(ii,6);
app.EditField_7.Value = m * y(i,8) + n * y(ii,8);
end
else
% 转角查询要注意输入查询转角数值大小,如果超出运行时间的转角范围程序会报错!
phi = a12;                                    % 以"Phi"查询对应数据
a = find(y(:,1)> = phi);
i = a(1);
ii = a(1) - 1;
m = (phi - y(ii,1))/(y(i,1) - y(ii,1));
n = 1 - m;
% 分别写入时间 t、Seta、角速度 1、角速度 2、角加速度、滑块位移、滑块速度、滑块加速度
app.EditField2.Value = m * t(i,1) + n * t(ii,1);
app.SetaEditField.Value = m * y(i,3) + n * y(ii,3);
app.EditField_8.Value = m * y(i,2) + n * y(ii,2);
app.EditField_9.Value = m * y(i,4) + n * y(ii,4);
app.EditField_10.Value = m * y(i,7) + n * y(ii,7);
app.EditField_5.Value = m * y(i,5) + n * y(ii,5);
app.EditField_6.Value = m * y(i,6) + n * y(ii,6);
app.EditField_7.Value = m * y(i,8) + n * y(ii,8);
end
end
end
```

(9)【单选按钮】回调函数

```
function ButtonGroupSelectionChanged(app, event)
% 按钮选择预设
app.a1 = app.tButton.Value;              % 获得时间单选按钮 Value 的 logical 值
a1 = app.a1;                             % a1 选中 logical = 1;未选中 logical = 0
if a1                                    % a1 = 1 执行
app.EditField2.Enable = 'on';            % 开启时间数据框使能
app.EditField3.Enable = 'off';           % 关闭转角数据框使能
else                                     % a1 = 0 执行
app.EditField2.Enable = 'off';           % 关闭时间数据框使能
app.EditField3.Enable = 'on';            % 开启转角数据框使能
end
end
```

(10)【清除】回调函数

```
function QingChu(app, event)
% 查询显示数据清零
```

```
app.EditField3.Value = 0;              % Phi 角
app.EditField2.Value = 0;              % t 时间
app.SetaEditField.Value = 0;           % Seta 角
app.EditField_8.Value = 0;             % Seta 角速度
app.EditField_9.Value = 0;             % Phi 角速度
app.EditField_10.Value = 0;            % Xc 滑块位置
app.EditField_5.Value = 0;             % Vc 滑块速的
app.EditField_6.Value = 0;             % ac 滑块加速度
app.EditField_7.Value = 0;             % Seta 角加速度
end
```

2.6 案例 8——双滑块机构动力学分析 App 设计

2.6.1 双滑块机构运动动力学理论分析

1. 建立数学模型

图 2.6.1 所示为双滑块机构。质量为 m_1、长度为 r 的曲柄 OA 在力偶 M 的作用下以匀角速度 ω 绕 O 轴转动。滑杆 BC 的质量为 m_2(质心在 D 点),滑块的质量和各处的摩擦均忽略不计。研究系统运动规律和 O 轴的约束反力、力偶 M。运动和受力情况如图 2.6.2 所示,这是一个已知运动求解其受力的案例。曲柄 OA 的匀速转动和滑杆 BC 的水平平动,可视为 m_1、m_2 两个质点的质点系运动。

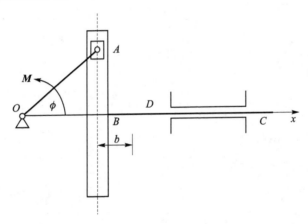

图 2.6.1 双滑块机构原理图

滑杆质心 D 的位置方程为

$$x_D = r\cos\phi + b \tag{2-6-1}$$

两次微分,D 的加速度为

$$a_D = -r\omega^2\cos\phi \tag{2-6-2}$$

对质点系运用动量定理:

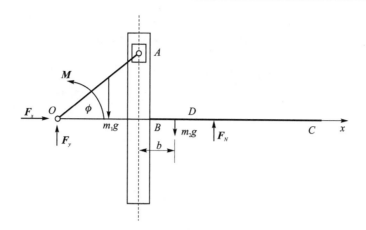

图 2.6.2　双滑块机构运动和受力情况

$$\begin{cases} F_x = -m_1 \dfrac{r\omega^2}{2}\cos\phi + m_2 a_D \\[2mm] F_y = m_1 g - m_1 \dfrac{r\omega^2}{2}\sin\phi \end{cases} \tag{2-6-3}$$

以曲柄 OA 为研究对象,运用动量矩守恒(匀速转动)可得

$$M - \frac{1}{2}m_1 gr\cos\phi + m_2 \frac{\mathrm{d}^2 x_D}{\mathrm{d}t^2} r\sin\phi = 0 \tag{2-6-4}$$

设 $y_1 = \boldsymbol{\phi}, y_2 = \dfrac{\mathrm{d}\boldsymbol{\phi}}{\mathrm{d}t}, y_3 = x_D, y_4 = \dfrac{\mathrm{d}\boldsymbol{x}_D}{\mathrm{d}t}$,定义一个含有 4 个列向量的矩阵 $[\boldsymbol{y}_1 \quad \boldsymbol{y}_2 \quad \boldsymbol{y}_3 \quad \boldsymbol{y}_4]$ 用来保存 4 个运动变量在各个时间点上运动参数的计算结果。

初始运动变量为

$$\boldsymbol{y}_0 = [0 \quad \omega \quad r+b \quad 0] \tag{2-6-5}$$

2. 建立 MATLAB 子函数

```
% 微分方程函数句柄
F = @(t,y)[y(2);
    0;
    y(4);
    - r * omega^2 * cos(y(1))];
```

2.6.2　双滑块机构动力学系统 App 设计

1. App 窗口设计

双滑块机构动力学系统 App 窗口设计如图 2.6.3 所示。

2. App 窗口布局和参数设计

双滑块机构动力学系统 App 窗口布局如图 2.6.4 所示,窗口对象属性参数如表 2.6.1 所列。

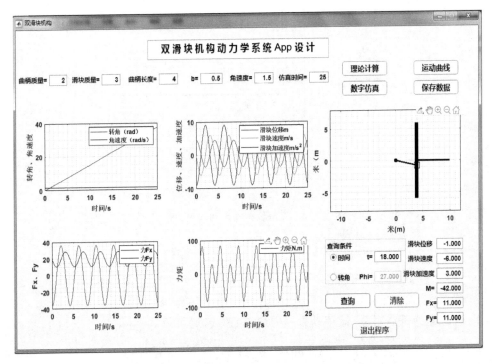

图 2.6.3 双滑块机构动力学系统 App 窗口

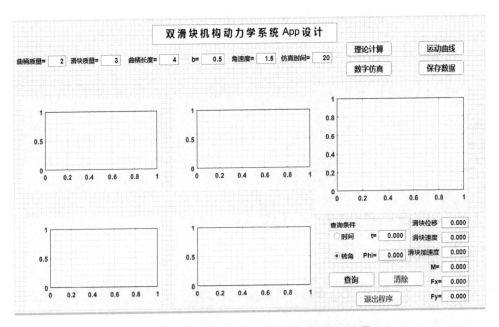

图 2.6.4 双滑块机构动力学系统 App 窗口布局

表 2.6.1　双滑块机构动力学系统窗口对象属性参数

窗口对象	对象名称	字　码	回调（函数）
编辑字段（曲柄质量）	app. EditField	14	
编辑字段（滑块质量）	app. EditField_2	14	
编辑字段（曲柄长度）	app. EditField_3	14	
编辑字段（b）	app. bEditField	14	
编辑字段（角速度）	app. EditField_4	14	
编辑字段（仿真时间）	app. EditField_5	14	
按钮（理论计算）	app. Button	16	LiLunJiSuan
按钮（运动曲线）	app. Button_2	16	HuiZhiQuXian
按钮（数字仿真）	app. Button_3	16	DongHuaQuXian
按钮（保存数据）	app. Button_4	16	BaoCun
按钮（查询）	app. Button_8	16	ChaXun
按钮（清除）	app. Button_9	16	QingChu
按钮（退出程序）	app. Button_5	16	TuiChu
面板（查询条件）	app. ButtonGroup	14	
编辑字段（t）	app. tEditField	14	
单选按钮（时间）	app. Button_6	14	
编辑字段（Phi）	app. PhiEditField	14	
单选按钮（转角）	app. Button_7	14	
编辑字段（滑块位移）	app. EditField_6	14	
编辑字段（滑块速度）	app. EditField_7	14	
编辑字段（滑块加速度）	app. EditField_8	14	
编辑字段（M）	app. MEditField	14	
编辑字段（Fx）	app. FxEditField	14	
编辑字段（Fy）	app. FyEditField_2	14	
坐标区（转角、角速度曲线）	app. UIAxes	14	
坐标区（位移、速度、加速度曲线）	app. UIAxes2	14	
坐标区（力曲线）	app. UIAxes4	14	
坐标区（力矩曲线）	app. UIAxes5	14	
坐标区（动画曲线）	app. UIAxes3	14	
文本区域（……App 设计）	app. TextArea	20	
窗口（双滑块机构）	app. UIFigure		

注：此表中编辑字段皆为"编辑字段（数值）"。

3. 本 App 程序设计细节解读

（1）私有属性创建

在【代码视图】→【编辑器】状态下，单击【属性】→【私有属性】，建立私有属性空间。

```
properties（Access = private）
% 以下私有属性仅供在本 App 中调用
m1;                                        % 曲柄质量
m2;                                        % 滑杆质量
r;                                         % 曲柄长度
b;                                         % 滑杆重心距滑杆中心线距离
omega;                                     % 曲柄角速度
tfinal;                                    % 仿真模拟时间
t;                                         % 时间向量
phi;                                       % 转角
y;                                         % 运动动力输出矩阵
x1;                                        % 含义见程序中
y1;                                        % 含义见程序中
a1;                                        % 含义见程序中
a11;                                       % 含义见程序中
a12;                                       % 含义见程序中
a2;                                        % 含义见程序中
end
```

（2）设置窗口启动回调函数

在【编辑器】→【App 输入参数】状态下,启动回调函数,将其中参数设置为 startupFcn（app, dlx4_1_1）（注：此处名称 dlx4_1_1 可任意选取）,单击【OK】按钮,然后编辑子函数。

```
function startupFcn(app, dlx4_1_1)
% 程序启动后进行必要的设置
app.PhiEditField.Enable = 'off';           % 屏蔽"Phi = "使能
app.tEditField.Enable = 'off';             % 屏蔽"t = "使能
app.Button_2.Enable = 'off';               % 屏蔽"绘制曲线" 使能
app.Button_3.Enable = 'off';               % 屏蔽"动画曲线" 使能
app.Button_4.Enable = 'off';               % 屏蔽"保存数据" 使能
app.Button_8.Enable = 'off';               % 屏蔽"查询"使能
app.Button_6.Enable = 'off';               % 屏蔽"单选按钮"使能
app.Button_7.Enable = 'off';               % 屏蔽"单选按钮"使能
end
```

（3）【理论计算】回调函数

```
function LiLunJiSuan(app, event)
% 动力运动微分方程的理论求解
g = 9.8;                                   % 重力加速度
app.m1 = app.EditField.Value;              % 私有属性曲柄质量 m1
m1 = app.m1;                               % m1 数值
app.m2 = app.EditField_2.Value;            % 私有属性滑块质量 m2
m2 = app.m2;                               % m2 数值
app.r = app.EditField_3.Value;             % 私有属性曲柄长度 r
r = app.r;                                 % r 数值
% 定义私有属性滑杆重心距滑杆中心线距离 b
app.b = app.bEditField.Value;
b = app.b;                                 % b 数值
app.omega = app.EditField_4.Value;         % 私有属性角速度 omega
omega = app.omega;                         % omega 数值
app.tfinal = app.EditField_5.Value;        % 私有属性仿真时间 tfinal
tfinal = app.tfinal;                       % tfinal 数值
% 微分方程的初始数值矩阵
```

```
y0 = [0,omega,r + b,0];
% 求解微分方程的方程句柄 F
F = @(t,y)[y(2);0;y(4); - r * omega^2 * cos(y(1))];
% 求解动力学微分方程
[t,y] = ode45(F,[0;0.01;tfinal],y0);
app. t = t;                                              % 私有属性 t
ax = - r * omega^2 * cos(y(:,1));                        % 计算加速度 ax
fx = m2 * ax - 0.5 * m1 * r * omega^2 * cos(y(:,1));     % 计算 x 方向力 fx
fy = m1 * g - 0.5 * m1 * r * omega^2 * sin(y(:,1));      % 计算 y 方向力 fy
M = - m2 * r * ax. * sin(y(:,1)) + 0.5 * m1 * g * r * cos(y(:,1));  % 计算力偶 M
% 输出 y 矩阵包括加速度、x 方向力、y 方向力、曲柄力偶
app. y = [y,ax,fx,fy,M];                                 % 定义私有属性 y
app. x1 = r * cos(y(:,1));                               % 定义动画用的私有属性 x1
app. y1 = r * sin(y(:,1));                               % 定义动画用的私有属性 y1
app. Button_2. Enable = 'on';                            % 打开"绘制曲线"使能
app. Button_3. Enable = 'on';                            % 打开"动画曲线"使能
app. Button_4. Enable = 'on';                            % 打开"保存数据"使能
app. Button_8. Enable = 'on';                            % 打开"查询"使能
app. Button_6. Enable = 'on';                            % 打开"单选按钮"使能
app. Button_7. Enable = 'on';                            % 打开"单选按钮"使能
end
```

(4)【运动曲线】回调函数

```
functionHuiZhiQuXian(app, event)
% 绘制各种曲线
cla(app. UIAxes)                                         % 清除原有图形曲线
cla(app. UIAxes2)                                        % 清除原有图形曲线
cla(app. UIAxes4)                                        % 清除原有图形曲线
cla(app. UIAxes5)                                        % 清除原有图形曲线
t = app. t;                                              % 获得私有属性 t
y = app. y;                                              % 获得用私有属性 y
% 绘制"Phi 转角"、"角速度"
plot(app. UIAxes,t,y(:,1),'r',t,y(:,2),'b');
xlabel(app. UIAxes,'时间/s');                             % x 坐标单位标注
ylabel(app. UIAxes,'转角、角速度 ');                       % y 坐标单位标注
legend(app. UIAxes,'转角(rad)','角速度(rad/s)');          % 图形图例
% 绘制"滑块位移"、"滑块速度"、"滑块加速度"
plot(app. UIAxes2,t,y(:,3),'r',t,y(:,4),'g',t,y(:,5),'b');
xlabel(app. UIAxes2,'时间/s');                            % x 坐标单位标注
ylabel(app. UIAxes2,'位移、速度、加速度 ');                 % y 坐标单位标注
legend(app. UIAxes2,'滑块位移 m','滑块速度 m/s','滑块加速度 m/s^2'); % 图形图例
% 绘制力"Fx"、"Fy"
plot(app. UIAxes4,t,y(:,6),'r',t,y(:,7),'b');
xlabel(app. UIAxes4,'时间/s');                            % x 坐标单位标注
ylabel(app. UIAxes4,'Fx,Fy');                            % y 坐标单位标注
legend(app. UIAxes4,'力 Fx','力 Fy');                     % 图形图例
% 绘制力矩"M"
plot(app. UIAxes5,t,y(:,8),'r');
xlabel(app. UIAxes5,'时间/s');                            % x 坐标单位标注
ylabel(app. UIAxes5,'力矩 ');                             % y 坐标单位标注
legend(app. UIAxes5,'力矩 N.m');                          % 图形图例
end
```

（5）【数字仿真】回调函数

```
function DongHuaQuXian(app, event)
% 绘制动画图形需要的数据
y = app.y;                                          % 获得私有属性 y
t = app.t;                                          % 获得私有属性时间 t
x1 = app.x1;                                         % 获得私有属性
y1 = app.y1;                                         % 获得私有属性
r = app.r;                                           % 获得私有属性曲柄长度
cla(app.UIAxes3)                                     % 清除原有图形
% 控制动画图形显示 x 轴范围(-3 * r,3 * r),y轴范围(-1.5 * r,1.5 * r)
axis(app.UIAxes3,[-3 * r 3 * r -2 * r 2 * r]);
% 画曲柄原点红实心圆
line(app.UIAxes3,0,0,'color','r','marker','.','markersize',20);
% 画图的句柄:滑块句柄、曲柄句柄、垂直杆句柄、水平杆句柄
% 滑块句柄,滑块作图用方形(s)
ball = line(app.UIAxes3,x1(1),y1(1),'color','r','marker','s','markersize',12);
% 作图用曲柄句柄
gan1 = line(app.UIAxes3,[0,x1(1)],[0,y1(1)],'color','g','linewidth',2);
% 作图用垂直杆句柄
gan2 = line(app.UIAxes3,[x1(1),x1(1)],[-1.2 * r,1.2 * r],'color','k','linewidth',6);
% 作图用水平杆句柄
gan3 = line(app.UIAxes3,[x1(1),x1(1) + 1.5 * r],[0,0],'color','b','linewidth',2);
xlabel(app.UIAxes3,' 米(m)');                        % x 坐标单位标注
ylabel(app.UIAxes3,' 米(m)');                        % y 坐标单位标注
% 把上述句柄动态赋值形成动画
n = length(y);
for i = 1:n
% 滑块位置随(x1(i),y1(i))变化
set(ball,'xdata',x1(i),'ydata',y1(i));
% 曲柄从(0,0)到(x1(i),y1(i))变化
set(gan1,'xdata',[0,x1(i)],'ydata',[0,y1(i)]);
% 垂直杆从(x1(i),-1.2 * r)到(x1(i),1.2 * r)变化
set(gan2,'xdata',[x1(i),x1(i)],'ydata',[-1.5 * r,1.5 * r]);
% 水平杆从(x1(i),0)到(x1(i),0) 变化
set(gan3,'xdata',[x1(i),x1(i) + 1.5 * r],'ydata',[0,0]);
drawnow
end
end
```

（6）【退出程序】回调函数

```
function TuiChu(app, event)
% 关闭窗口之前要求确认
sel = questdlg(' 确认关闭应用程序? ',' 关闭确认,','Yes','No','No');
switch sel;
case'Yes'
delete(app);
case'No'
Return
end
end
```

（7）【查询】回调函数

```
function ChaXun(app, event)
% 查询计算过程程序
```

```
y = app. y;                                      % 获得私有属性 y
t = app. t;                                      % 获得私有属性 t
a1 = app. a1;                                    % 获得私有属性"时间"选择按钮
app. a11 = app. tEditField. Value;               % 私有属性 t 查询数据框中时间
a11 = app. a11;                                  % 查询 t 时间数值
app. a12 = app. PhiEditField. Value;             % 私有属性 Phi 查询数据框转角
a12 = app. a12;                                  % Phi 转角数值
if a11 == 0&a12 == 0                             % 如果 t 和 Phi 数据框中都为 0
msgbox('t 和 Phi 不能同时为零！','友情提示');
else
% 单选"时间"(a1)选中 logical = 1,向下执行；未选中 logical = 0 转
if a1
tt = app. a11;                                   % 以"t"查询
monit = app. EditField_5. Value;                 % 取出"模拟时间"
if tt>monit
% 如果查询时间不能大于模拟仿真时间
msgbox('查询时间不能大于模拟时间！','友情提示');
else                                             % 满足查询条件,开始查询时间 t 对应的数据
% 找出查询时刻对应的数据
a = find(t> = tt);
i = a(1);
ii = a(1) - 1;
m = (tt - t(ii))/(t(i) - t(ii));
n = 1 - m;
% 分别写入转角、滑块位移、滑块速度、滑块加速度、M、Fx、Fy 对应的"数值字段"
app. PhiEditField. Value = m * y(i,1) + n * y(ii,1);
app. EditField_6. Value = m * y(i,3) + n * y(ii,3);
app. EditField_7. Value = m * y(i,4) + n * y(ii,4);
app. EditField_8. Value = m * y(i,5) + n * y(ii,5);
app. FxEditField. Value = m * y(i,6) + n * y(ii,6);
app. FyEditField. Value = m * y(i,7) + n * y(ii,7);
app. MEditField. Value = m * y(i,8) + n * y(ii,8);
end
else
% 转角查询要注意输入查询转角数值大小,如果超出运行时间的转角范围程序会报错！
phi = app. a12;                                  % 以"Phi"查询对应数据
a = find(y(:,1)> = phi);                         % y(:,1)是转角数值
i = a(1);
ii = a(1) - 1;
m = (phi - y(ii,1))/(y(i,1) - y(ii,1));
n = 1 - m;
% 分别写入时间、滑块位移、滑块速度、滑块加速度、M、Fx、Fy 对应的"数值字段"
app. tEditField. Value = m * t(i) + n * t(ii);
app. EditField_6. Value = m * y(i,3) + n * y(ii,3);
app. EditField_7. Value = m * y(i,4) + n * y(ii,4);
app. EditField_8. Value = m * y(i,5) + n * y(ii,5);
app. FxEditField. Value = m * y(i,6) + n * y(ii,6);
app. FyEditField. Value = m * y(i,7) + n * y(ii,7);
app. MEditField. Value = m * y(i,8) + n * y(ii,8);
end
end
end
```

(8)【单选按钮】回调函数

```
function ButtonGroupSelectionChanged(app, event)
% 单选按钮选择程序
app.a1 = app.Button_6.Value;              % 时间单选按钮 Value 的 logical 值
a1 = app.a1;                              % a1 选中 logical = 1;未选中 logical = 0
if a1                                     % a1 = 1 执行
app.tEditField.Enable = 'on';             % 打开时间输入功能
app.PhiEditField.Enable = 'off';          % 关闭转角输入功能
else                                      % a1 = 0 执行
app.PhiEditField.Enable = 'on';           % 打开转角输入功能
app.tEditField.Enable = 'off';            % 关闭时间输入功能
end
end
```

(9)【清除】回调函数

```
function QingChu(app, event)
% "清除",将所有显示数据框中数据赋 0
app.tEditField.Value = 0;
app.PhiEditField.Value = 0;
app.FxEditField.Value = 0;
app.FyEditField.Value = 0;
app.MEditField.Value = 0;
app.EditField_6.Value = 0;
app.EditField_7.Value = 0;
app.EditField_8.Value = 0;
end
```

(10)【保存数据】回调函数

```
function BaoCun(app, event)
% 标准的保存数据程序
t = app.t;                                % 获得保存的数据 t
y = app.y;                                % 获得保存的数据 y
[filename,filepath] = uiputfile('*.xls'); % 保存为 Excel 格式
% 判断输入文件名字框是否为"空","空"就结束
if isequal(filename,0) || isequal(filepath,0)
else
str = [filepath,filename];
fopen(str);
xlswrite(str,t,'Sheet1','B1');
xlswrite(str,y,'Sheet1','C1');
fclose('all');
end
end
```

第 3 章　齿轮传动机构 App 设计

3.1　案例 9——标准直齿圆柱齿轮形状 App 设计

3.1.1　标准直齿圆柱齿轮形状参数计算

一个齿轮渐开线的轮廓是由同一个基圆形成的两条对称的渐开线组成的,建立如图 3.1.1 所示的直角坐标系,由渐开线性质可得以下参数:

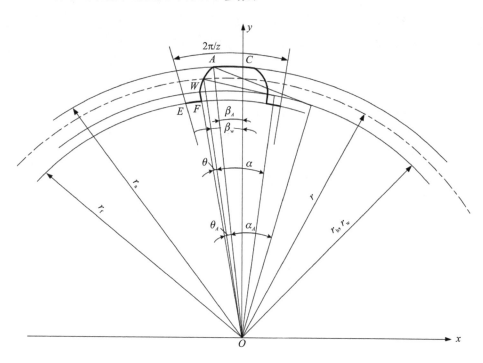

图 3.1.1　齿轮渐开线的轮廓示意图

基圆半径为

$$r_b = (1/2)mz\cos\alpha \qquad (3-1-1)$$

齿顶圆半径为

$$r_a = (z/2 + 1)m \qquad (3-1-2)$$

齿根圆半径为

$$r_f = (z/2 - 1.25)m \qquad (3-1-3)$$

渐开线终止点的径向值由齿条型刀具的切削过程来确定,其值为

$$r_W = (z/2 - 1)m \qquad (3-1-4)$$

齿顶渐开线压力角为

$$\alpha_A = \arccos(r_b/r_a) \qquad (3-1-5)$$

$$\beta_A = \pi/(2z) - (\theta_A - \theta) = \pi/(2z) - (\mathrm{inv}\,\alpha_A - \mathrm{inv}\,\alpha) \qquad (3-1-6)$$

渐开线工作齿廓上终止点的压力角为

$$\alpha_W = \arccos(r_b/r_W) \qquad (3-1-7)$$

$$\beta_W = \pi/(2z) - (\theta_W - \theta) = \pi/(2z) - (\mathrm{inv}\,\alpha_W - \mathrm{inv}\,\alpha) \qquad (3-1-8)$$

渐开线工作齿廓上任意一点的压力角为

$$\alpha_i = \arccos(r_b/r_i) \qquad (3-1-9)$$

$$\beta_i = \pi/(2z) - (\theta_i - \theta) = \pi/(2z) - (\mathrm{inv}\,\alpha_i - \mathrm{inv}\,\alpha) \qquad (3-1-10)$$

渐开线工作齿廓上任意一点的直角坐标为

$$\begin{cases} x_i = -r_i \sin\beta_i \\ y_i = r_i \cos\beta_i \end{cases} \qquad (3-1-11)$$

工作齿廓线底部到齿根的齿廓曲线 WF,由于线段较短,可以用径向线近似代替。径向线的起点为工作齿廓线的终点 W,径向线的终点 F 的坐标为

$$\begin{cases} x_f = -r_f \sin\beta_W \\ y_f = r_f \cos\beta_W \end{cases} \qquad (3-1-12)$$

齿根曲线是齿根圆中的一段圆弧,其圆弧上点 E 的坐标为

$$\begin{cases} x_e = -r_f \sin(\pi/z) \\ y_e = r_f \cos(\pi/z) \end{cases} \qquad (3-1-13)$$

齿顶曲线则是齿顶圆的一段圆弧,其圆弧上 C 点的坐标为

$$\begin{cases} x_C = 0 \\ y_C = r_a \end{cases} \qquad (3-1-14)$$

3.1.2 标准直齿圆柱齿轮形状 App 设计

1. App 窗口设计

标准直齿圆柱齿轮形状 App 窗口设计如图 3.1.2 所示。

2. App 窗口布局和参数设计

标准直齿圆柱齿轮图形 App 窗口布局如图 3.1.3 所示,窗口对象属性参数如表 3.1.1 所列。

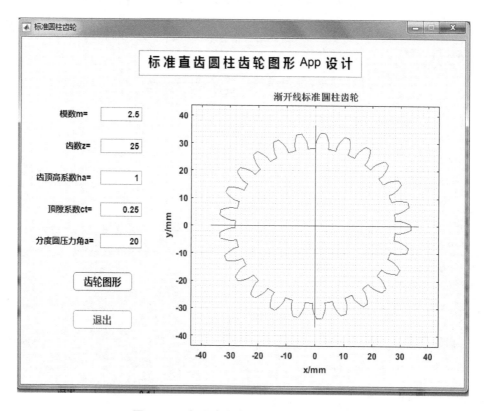

图 3.1.2　标准直齿圆柱齿轮图形 App 窗口

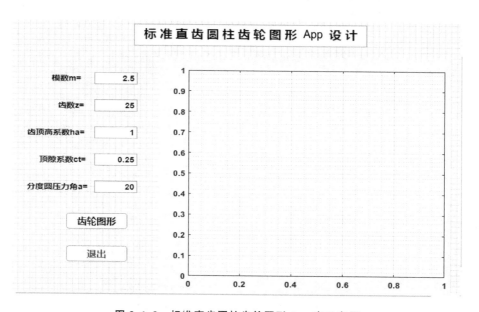

图 3.1.3　标准直齿圆柱齿轮图形 App 窗口布局

表 3.1.1　标准直齿圆柱齿轮图形窗口对象属性参数

窗口对象	对象名称	字　码	回调(函数)
编辑字段(模数 m)	app. mEditField	14	
编辑字段(齿数 z)	app. zEditField	14	
编辑字段(齿顶高系数 ha)	app. haEditField	14	
编辑字段(顶隙系数 ct)	app. ctEditField2	14	
编辑字段(分度圆压力角 a)	app. aEditField	14	
坐标区(齿轮图形)	app. UIAxes	14	
按钮(齿轮图形)	app. Button	16	ChiLunTuXing
按钮(退出)	app. Button_2	16	TuiChu
文本区域(……App 设计)	app. TextArea	20	
窗口(标准圆柱齿轮)	app. UIFigure		

注：此表中编辑字段皆为"编辑字段(数值)"。

3. 本 App 程序设计细节解读

(1)【齿轮图形】回调函数

```
function ChiLunTuXing(app, event)              % 清除原有图形
cla(app.UIAxes)                                % 模数 m
m = app.mEditField.Value;                      % 齿数 z
z = app.zEditField.Value;                      % 齿顶高 ha
ha = app.haEditField.Value;                    % 顶隙系数 ct
ct = app.ctEditField.Value;                    % 分度圆压力角
a = app.aEditField.Value;                      % 分度圆压力角
s = a * pi/180;                                % 轮齿间隔角
p = 2 * pi/z;                                   % 基圆半径
r = m * z * 0.5 * cos(a * pi/180);             % 齿顶圆半径
r1 = m * z * 0.5 + ha * m;                     % 齿根圆半径
r2 = m * z * 0.5 - (ha + ct) * m;              % 轮齿中心对称线斜率
k = cot(pi/(2 * z) + tan(s) - s);              % 如果基圆半径大于齿根圆半径
if  r>r2                                        % 齿顶压力角正切值
a2 = tan(acos(r/r1));                          % 0～a2 等分 100
u = linspace(0,a2,100);                        % r～r2 等分 100
u2 = linspace(r2,r,20);                        % 等分取 20 个角度值
w = linspace(pi/2,pi/2 + 2 * pi/z - pi/z - (tan(s) - s) * 2,20);  % 极坐标转换为直角坐标
[x22,y22] = pol2cart(w,r);                     % 极坐标转换为直角坐标
[x2,y2] = pol2cart(w,r2);                      % 等分取 20 个角度值
u1 = linspace(x2(20),x22(20),20);
xx = u1;                                        % 计算对应 xx 的纵坐标值
yy = tan(pi/2 + 2 * pi/z - pi/z - (tan(s) - s) * 2) * xx;  % 渐开线方程
x = r * sin(u) - r * u. * cos(u);              % 渐开线方程
y = r * cos(u) + r * u. * sin(u);              % 渐开线方程
x1 = - (k^2 * x - 2 * y * k - x)/(k^2 + 1);    % 渐开线方程
y1 = (2 * k * x - y + y * k^2)/(k^2 + 1);
yyy = u2;
xxx = 0;
for i = 0:(z - 1)
x5 = x * cos(i * p) + y * sin(i * p);
```

```
y5 = - x * sin(i * p) + y * cos(i * p);
w = linspace(pi/2 + i * 2 * pi/z,pi/2 + 2 * pi/z - pi/z - (tan(s) - s) * 2 + i * 2 * pi/z,20);
[x2,y2] = pol2cart(w,r2);
x3 = x1 * cos(i * p) + y1 * sin(i * p);
y3 = - x1 * sin(i * p) + y1 * cos(i * p);
k1 = linspace(pi/2 - pi/z - (tan(s) - s) * 2 + tan(acos(r/r1)) - acos(r/r1) + i * 2 * pi/z,...
            pi/2 - (tan(acos(r/r1)) - acos(r/r1)) + i * 2 * pi/z,20);
[x8,y8] = pol2cart(k1,r1);
xa = xx * cos(i * p) + yy * sin(i * p);
ya = - xx * sin(i * p) + yy * cos(i * p);
xx5 = xxx * cos(i * p) + yyy * sin(i * p);
yy5 = - xxx * sin(i * p) + yyy * cos(i * p);
line(app.UIAxes,x3,y3)
line(app.UIAxes,x2,y2)
line(app.UIAxes,x5,y5)
line(app.UIAxes,x8,y8)
line(app.UIAxes,xx5,yy5)
line(app.UIAxes,xa,ya)
end
else
u = linspace(tan(acos(r/r2)),tan(acos(r/r1)),100);
x = r * sin(u) - r * u. * cos(u);
y = r * cos(u) + r * u. * sin(u);
x1 = - (k^2 * x - 2 * y * k - x)/(k^2 + 1);
y1 = (2 * k * x - y + y * k^2)/(k^2 + 1);
for i = 0:(z - 1);
x5 = x * cos(i * p) + y * sin(i * p);
y5 = - x * sin(i * p) + y * cos(i * p);
w = linspace(pi/2 - (tan(acos(r/r2)) - acos(r/r2)) + i * 2 * pi/z,pi/2 - pi/z...
 - 2 * (tan(s) - s) + tan(acos(r/r2)) - acos(r/r2) + 2 * pi/z + i * 2 * pi/z,20);
[x2,y2] = pol2cart(w,r2);
x3 = x1 * cos(i * p) + y1 * sin(i * p);
y3 = - x1 * sin(i * p) + y1 * cos(i * p);
k1 = linspace(pi/2 - pi/z - (tan(s) - s) * 2 + tan(acos(r/r1)) - acos(r/r1) + ...
        i * 2 * pi/z,pi/2 - (tan(acos(r/r1)) - acos(r/r1)) + i * 2 * pi/z,20);
[x8,y8] = pol2cart(k1,r1);
line(app.UIAxes,x3,y3)
line(app.UIAxes,x2,y2)
line(app.UIAxes,x5,y5)
line(app.UIAxes,x8,y8)
end
end
axis(app.UIAxes,[ - (r1 + 10),r1 + 10, - (r1 + 10),r1 + 10])
y = linspace(0,0,30);
x = linspace( - (r1 + 3),r1 + 3,30);
line(app.UIAxes,x,y)
x = linspace(0,0,20);
y = linspace( - (r1 + 3),r1 + 3,20);
line(app.UIAxes,x,y)
title(app.UIAxes,'渐开线标准圆柱齿轮');
xlabel(app.UIAxes,'x/mm')
ylabel(app.UIAxes,'y/mm')
end
```

(2)【退出】回调函数

```
function TuiChun(app, event)
% 关闭程序窗口标准程序
sel = questdlg('确认关闭窗口？','关闭确认,','Yes','No','No');
switch sel;
case'Yes'
delete(app);
case'No'
return
end
end
```

3.2 案例 10——外啮合直齿圆柱齿轮啮合图 App 设计

3.2.1 外啮合圆柱齿轮啮合图绘图分析

基于 3.1 节的理论,绘制一对齿轮啮合图时,可分别以坐标原点和距离原点为啮合实际中心距的位置为中心画出两个齿轮图形,适当把其中一个齿轮外形做旋转,即可画出两个齿轮啮合图。

3.2.2 外啮合直齿圆柱齿轮 App 设计

1. App 窗口设计

外啮合直齿圆柱齿轮 App 窗口设计如图 3.2.1 所示。

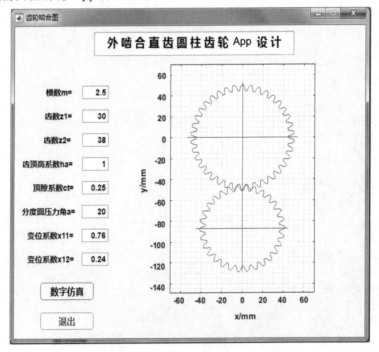

图 3.2.1 外啮合直齿圆柱齿轮 App 窗口

2. App 窗口布局和参数设计

外啮合直齿圆柱齿轮 App 窗口布局如图 3.2.2 所示，窗口对象属性参数如表 3.2.1 所列。

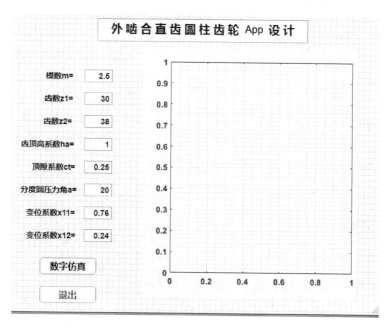

图 3.2.2　外啮合直齿圆柱齿轮 App 窗口布局

表 3.2.1　窗口对象属性参数

窗口对象	对象名称	字码	回调（函数）
编辑字段（模数 m）	app. mEditField	14	
编辑字段（齿数 z1）	app. z1EditField	14	
编辑字段（齿数 z2）	app. z2EditField	14	
编辑字段（齿顶高系数 ha）	app. haEditField	14	
编辑字段（顶隙系数 ct）	app. ctEditField2	14	
编辑字段（分度圆压力角 a）	app. aEditField	14	
编辑字段（变位系数 x11）	app. x11EditField	14	
编辑字段（变位系数 x12）	app. x12EditField	14	
坐标区（齿轮图形）	app. UIAxes	14	
按钮（数字仿真）	app. Button	16	ShuZiFangZhen
按钮（退出）	app. Button_2	16	TuiChu
文本区域（……App 设计）	app. TextArea	20	
窗口（齿轮啮合图）	app. UIFigure		

注：此表中编辑字段皆为"编辑字段（数值）"。

3. 本 App 程序设计细节解读

(1)【数字仿真】回调函数

```
function ShuZiFangZhen(app, event)
cla(app.UIAxes)                                    % 清除原有图形
m = app.mEditField.Value;                          % 模数 m
z1 = app.z1EditField.Value;                         % 齿数 z1
z2 = app.z2EditField.Value;                         % 齿数 z2
ha = app.haEditField.Value;                         % 齿顶高 ha
ct = app.ctEditField.Value;                         % 顶隙系数 ct
a = app.aEditField.Value;                           % 分度圆压力角
x11 = app.x11EditField.Value;                       % z1 变位系数
x12 = app.x12EditField.Value;                       % z2 变位系数
s = a * pi/180;                                     % 压力角弧度值
tt = pi/2.5;
inv1 = tan(s) - s;
inv2 = 2 * (x11 + x12) * tan(s)/(z1 + z2) + inv1;
p1 = 0.5;
% 计算齿轮啮合角 t
for i = 1:50
f = tan(p1) - p1 - inv2;
f1 = 1/(cos(p1))^2 - 1;
p1 = p1 - f/f1;
t = p1 - f/f1;
w = abs(p1 - t);
if w<0.0001
end
end
a1 = 0.5 * m * (z1 + z2) * cos(a * pi/180)/cos(t);  % 计算啮合齿轮实际中心距
y11 = (a1 - 0.5 * (z1 + z2) * m)/m;                 % 计算分度圆分离系数
y12 = x11 + x12 - y11;                              % 计算齿顶高变动系数
z = z2;                                             % 第 1 个所画齿轮齿数 z2
xt = x12;                                           % z2 变位系数
r1 = 0.5 * m * z + (ha + xt - y12) * m;             % 齿顶圆半径
r2 = 0.5 * m * z - (ha + ct - xt) * m;              % 齿根圆半径
r = 0.5 * m * z * cos(a * pi/180);                  % 基圆半径
k = cot(pi/(2 * z) + 2 * xt * tan(s)/z + tan(s) - s); % 轮齿间隔角
p = 2 * pi/z;
if r2>r
u = linspace(tan(acos(r/r2)),tan(acos(r/r1)),100);
xw = r * sin(u) - r * u. * cos(u);
yw = r * cos(u) + r * u. * sin(u);
xw1 = - (k^2 * xw - 2 * yw * k - xw)/(k^2 + 1);
yw1 = (2 * k * xw - yw + yw * k^2)/(k^2 + 1);
x = xw * cos(tt) + yw * sin(tt);
y = - xw * sin(tt) + yw * cos(tt);
x1 = xw1 * cos(tt) + yw1 * sin(tt);
y1 = - xw1 * sin(tt) + yw1 * cos(tt);
for i = 0:(z - 1)
x5 = x * cos(i * p) + y * sin(i * p);
y5 = - x * sin(i * p) + y * cos(i * p);
w = linspace(pi/2 - tt - (tan(acos(r/r2)) - acos(r/r2)) + i * 2 * pi/z,...
    pi/2 - tt - pi/z - 4 * xt * tan(s)/z - 2 * (tan(s) - s) + tan(acos(r/r2)) - acos(r/r2) + 2 *...
    pi/z + i * 2 * pi/z,50);
```

```
[x2,y2] = pol2cart(w,r2);                              % 弧度为 w 对应齿根圆弧直角坐标值
x3 = x1 * cos(i * p) + y1 * sin(i * p);
y3 = - x1 * sin(i * p) + y1 * cos(i * p);
k1 = linspace(pi/2 - tt - pi/z - 4 * xt * tan(s)/z - (tan(s) - s) * 2 + tan(acos(r/r1)) - ...
    acos(r/r1) + i * 2 * pi/z,pi/2 - tt - (tan(acos(r/r1)) - acos(r/r1)) + i * 2 * pi/z,100);
[x8,y8] = pol2cart(k1,r1);                             % 弧度为 k1 对应基圆弧直角坐标值
% 画出齿轮外形图
line(app.UIAxes,x3,y3)
line(app.UIAxes,x2,y2)
line(app.UIAxes,x5,y5)
line(app.UIAxes,x8,y8)
end
else
% 当 r2＜r 时
a2 = tan(acos(r/r1));
u = linspace(0,a2,100);
u2 = linspace(r2,r,50);
w = linspace(pi/2,pi/2 + 2 * pi/z - pi/z - (tan(s) - s) * 2 - 4 * xt * tan(s)/z,50);
[x22,y22] = pol2cart(w,r);                             % 在基圆弧求取 50 个点直角坐标值
[x2,y2] = pol2cart(w,r2);                              % 在齿根弧求取 50 个点直角坐标值
u1 = linspace(x2(50),x22(50),50);
xxw = u1;
yyw = tan(pi/2 + 2 * pi/z - pi/z - (tan(s) - s) * 2 - 4 * xt * tan(s)/z) * xxw;
xw = r * sin(u) - r * u. * cos(u);
yw = r * cos(u) + r * u. * sin(u);
xw1 = - (k^2 * xw - 2 * yw * k - xw)/(k^2 + 1);
yw1 = (2 * k * xw - yw + yw * k^2)/(k^2 + 1);
yyyw = u2;
xxxw = 0;
x = xw * cos(tt) + yw * sin(tt);
y = - xw * sin(tt) + yw * cos(tt);
x1 = xw1 * cos(tt) + yw1 * sin(tt);
y1 = - xw1 * sin(tt) + yw1 * cos(tt);
xxx = xxxw * cos(tt) + yyyw * sin(tt);
yyy = - xxxw * sin(tt) + yyyw * cos(tt);
xx = xxw * cos(tt) + yyw * sin(tt);
yy = - xxw * sin(tt) + yyw * cos(tt);
for i = 0:(z - 1)
x5 = x * cos(i * p) + y * sin(i * p);
y5 = - x * sin(i * p) + y * cos(i * p);
w = linspace(pi/2 - tt + i * 2 * pi/z,pi/2 - tt + 2 * pi/z - pi/z - (tan(s) - s) * ...
    2 - 4 * xt * tan(s)/z + i * 2 * pi/z,50);
[x2,y2] = pol2cart(w,r2);                              % 弧度为 w 对应齿根圆弧直角坐标值
x3 = x1 * cos(i * p) + y1 * sin(i * p);
y3 = - x1 * sin(i * p) + y1 * cos(i * p);
k1 = linspace(pi/2 - tt - pi/z - 4 * xt * tan(s)/z - (tan(s) - s) * 2 + tan(acos(r/r1))...
    - acos(r/r1) + i * 2 * pi/z,pi/2 - tt - (tan(acos(r/r1)) - acos(r/r1)) + i * 2 * pi/z,100);
[x8,y8] = pol2cart(k1,r1);                             % 求出等分的齿顶圆圆弧直角坐标
xa = xx * cos(i * p) + yy * sin(i * p);
ya = - xx * sin(i * p) + yy * cos(i * p);
xx5 = xxx * cos(i * p) + yyy * sin(i * p);
yy5 = - xxx * sin(i * p) + yyy * cos(i * p);
% 画出齿轮外形图
line(app.UIAxes,x3,y3)
line(app.UIAxes,x2,y2)
```

```matlab
            line(app.UIAxes,x5,y5)
            line(app.UIAxes,x8,y8)
            line(app.UIAxes,xx5,yy5)
            line(app.UIAxes,xa,ya)
        end
    end
    y = linspace(0,0,100);
    x = linspace(-(r1+3),r1+3,100);
    line(app.UIAxes,x,y)
    x = linspace(0,0,100);
    y = linspace(-(r1+3),r1+3,100);
    line(app.UIAxes,x,y)
    q = r1;
    z = z1;                                                   % 画 z1 齿轮图
    xt = x11;
    r1 = 0.5*m*z+(ha+xt-y12)*m;                               % 齿顶圆
    r2 = 0.5*m*z-(ha+ct-xt)*m;                                % 齿根圆
    r = 0.5*m*z*cos(a*pi/180);                                % 基圆
    k = cot(pi/(2*z)+2*xt*tan(s)/z+tan(s)-s);
    p = 2*pi/z;
    if r2>r
    u = linspace(tan(acos(r/r2)),tan(acos(r/r1)),100);
    u = linspace(tan(acos(r/r2)),tan(acos(r/r1)),100);
    x = r*sin(u)-r*u.*cos(u);
    y = r*cos(u)+r*u.*sin(u);
    x1 = -(k^2*x-2*y*k-x)/(k^2+1);
    y1 = (2*k*x-y+y*k^2)/(k^2+1);
    for i = 0:(z-1)
    x5 = x*cos(i*p)+y*sin(i*p);
    y5 = -x*sin(i*p)+y*cos(i*p);
    w = linspace(pi/2-(tan(acos(r/r2))-acos(r/r2))+i*2*pi/z,...
pi/2-pi/z-4*xt*tan(s)/z-2*(tan(s)-s)+tan(acos(r/r2))-acos(r/r2)+2*pi/z+i*2*pi/z,50);
    [x2,y2] = pol2cart(w,r2);                                 % 弧度为 w 对应齿根圆弧直角坐标值
    x3 = x1*cos(i*p)+y1*sin(i*p);
    y3 = -x1*sin(i*p)+y1*cos(i*p);
    k1 = linspace(pi/2-tt-pi/z-4*xt*tan(s)/z-(tan(s)-s)*2+tan(acos(r/r1))...
-acos(r/r1)+i*2*pi/z,pi/2-tt-(tan(acos(r/r1))-acos(r/r1))+i*2*pi/z,100);
    [x8,y8] = pol2cart(k1,r1);                                % 弧度为 k1 对应齿顶圆弧直角坐标值
    % 画出齿轮外形图
    line(app.UIAxes,x3,y3-a1)
    line(app.UIAxes,x2,y2-a1)
    line(app.UIAxes,x5,y5-a1)
    line(app.UIAxes,x8,y8-a1)
    end
    else
    % r<r2
    a2 = tan(acos(r/r1));
    u = linspace(0,a2,100);
    u2 = linspace(r2,r,50);
    w = linspace(pi/2,pi/2+2*pi/z-pi/z-(tan(s)-s)*2-4*xt*tan(s)/z,50);
    [x22,y22] = pol2cart(w,r);                                % 弧度为 w 对应基圆弧直角坐标值
    [x2,y2] = pol2cart(w,r2);                                 % 弧度为 w 对应齿根圆弧直角坐标值
    u1 = linspace(x2(50),x22(50),50);
    xx = u1;
```

```
yy = tan(pi/2 + 2 * pi/z - pi/z - (tan(s) - s) * 2 - 4 * xt * tan(s)/z) * xx;
x = r * sin(u) - r * u. * cos(u);
y = r * cos(u) + r * u. * sin(u);
x1 = - (k^2 * x - 2 * y * k - x)/(k^2 + 1);
y1 = (2 * k * x - y + y * k^2)/(k^2 + 1);
yyy = u2;
xxx = 0;
for i = 0:(z - 1)
x5 = x * cos(i * p) + y * sin(i * p);
y5 = - x * sin(i * p) + y * cos(i * p);
w = linspace(pi/2 + i * 2 * pi,pi/2 + 2 * pi/z - pi/z - (tan(s) - s) * 2 - ...
    4 * xt * tan(s)/z + i * 2 * pi/z,50);
[x2,y2] = pol2cart(w,r2);                    % 弧度为 w 对应齿根圆弧直角坐标值
x3 = x1 * cos(i * p) + y1 * sin(i * p);
y3 = - x1 * sin(i * p) + y1 * cos(i * p);
k1 = linspace(pi/2 - tt - pi/z - 4 * xt * tan(s)/z - (tan(s) - s) * 2 + tan(acos(r/r1))...
    - acos(r/r1) + i * 2 * pi/z,pi/2 - tt - (tan(acos(r/r1)) - acos(r/r1)) + i * 2 * pi/z,100);
[x8,y8] = pol2cart(k1,r1);                    % 弧度为 k1 对应齿顶圆弧直角坐标值
xa = xx * cos(i * p) + yy * sin(i * p);
ya = - xx * sin(i * p) + yy * cos(i * p);
xx5 = xxx * cos(i * p) + yyy * sin(i * p);
yy5 = - xxx * sin(i * p) + yyy * cos(i * p);
% 画出齿轮外形图
line(app.UIAxes,x3,y3 - a1)
line(app.UIAxes,x2,y2 - a1)
line(app.UIAxes,x5,y5 - a1)
line(app.UIAxes,x8,y8 - a1)
line(app.UIAxes,xx5,yy5 - a1)
line(app.UIAxes,xa,ya - a1)
end
end
axis(app.UIAxes,[ - (q + 20),q + 20, - (a1 + r1 + 20),q + 20])
y = linspace( - a1, - a1,100);
x = linspace( - (r1 + 3),r1 + 3,100);
line(app.UIAxes,x,y)
x = linspace(0,0,100);
y = linspace( - (a1 + r1),r1 - a1,100);
line(app.UIAxes,x,y)
xlabel(app.UIAxes,'x/mm')
ylabel(app.UIAxes,'y/mm')
end
```

(2)【退出】回调函数

```
function TuiChun(app, event)
% 关闭程序窗口标准程序
sel = questdlg('确认关闭窗口？','关闭确认','Yes','No','No');
switch sel;
case'Yes'
delete(app);
case'No'
return
end
end
```

3.3 案例 11——直齿圆柱变位齿轮参数测定 App 设计

3.3.1 直齿圆柱变位齿轮参数测定和计算

通过使用游标卡尺等常用量具,可以测定变位齿轮的基本参数,然后计算齿轮副传动尺寸,在标注齿轮工作图的检验项目时,需要列出公法线平均长度极限偏差的要求。

1. 确定齿轮的模数和齿制参数

如图 3.3.1 所示通过测量齿轮齿顶圆直径 d_a 和齿根圆直径 d_f,确定齿轮模数 m 和齿制参数 h_a^*、c^*。

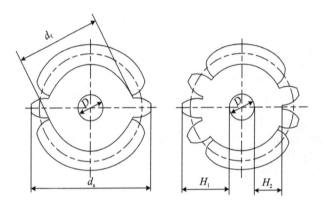

图 3.3.1 齿轮简图

奇数齿轮间接获得如下参数:
齿顶圆和齿根圆:

$$d_a = D + 2H_1$$
$$d_f = D + 2H_2$$

$$(3-3-1)$$

齿高:

$$h = \frac{d_a - d_f}{2} = H_1 - H_2 \qquad (3-3-2)$$

齿轮模数:

$$m = \frac{h}{2h_a^* + c^*} \qquad (3-3-3)$$

将两种齿制参数:
正常齿:$h_a^* = 1.0, c^* = 0.25$;
短齿:$h_a^* = 0.8, c^* = 0.30$。
将上述齿制参数代入齿轮模数 m 公式进行计算,得到接近标准值的齿轮实际标准模数(取标准值)。

2. 确定齿轮压力角 α 和变位系数 x

通过测量公法线长度确定压力角 α 和变位系数 x，齿轮公法线长度测量如图 3.3.2 所示。

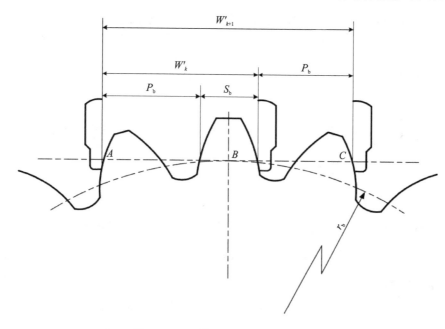

图 3.3.2　齿轮公法线长度测量简图

跨齿数计算（四舍五入取整）：

$$k = \frac{z}{9} + 0.5 \qquad (3-3-4)$$

分别测量跨 k 个齿的公法线长度 W_k^* 和跨 $k+1$ 个齿的公法线长度 W_{k+1}^*，则可以计算齿轮压力角：

$$\alpha = \arccos \frac{P_b}{\pi m} = \arccos \frac{W_{k+1}^* - W_k^*}{\pi m} \qquad (3-3-5)$$

将计算得到的压力角 α 圆整为接近标准值 20° 或 15° 的压力角 α。
计算变位系数：

$$x = \frac{W_k^* - W_k}{2m \sin \alpha} \qquad (3-3-6)$$

标准齿轮公法线长度：

$$W_k = m \cos \alpha \left[(k - 0.5)\pi + z \times \operatorname{inv} \alpha \right] \qquad (3-3-7)$$

渐开线函数 $\operatorname{inv} \alpha$：

$$\operatorname{inv} \alpha = \tan \alpha - \alpha \qquad (3-3-8)$$

3. 确定齿轮副的啮合角 α^* 和实际中心距 a^*

确定齿轮副的变位系数 x_1 和 x_2 后，根据无侧隙啮合方程式计算啮合角 α^*：

$$\operatorname{inv} \alpha^* = \frac{2(x_1 + x_2)\tan \alpha}{z_1 + z_2} + \operatorname{inv} \alpha \qquad (3-3-9)$$

实际中心距(理论中心距 α):

$$\alpha^* = \alpha \frac{\cos\alpha}{\cos\alpha^*} = \frac{m(z_1 + z_2)}{2} \times \frac{\cos\alpha}{\cos\alpha^*} \qquad (3-3-10)$$

3.3.2 直齿圆柱变位齿轮参数测定 App 设计

1. App 窗口设计

直齿圆柱变位齿轮参数测定 App 窗口设计如图 3.3.3 所示。

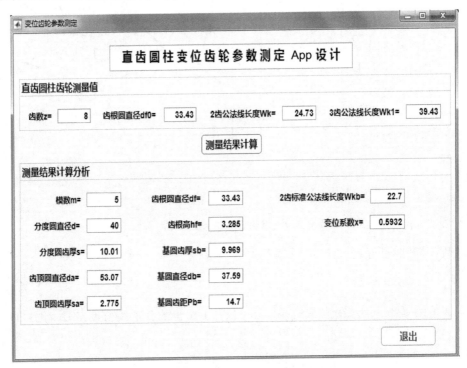

图 3.3.3 直齿圆柱变位齿轮参数测定 App 窗口

2. App 窗口布局和的参数设计

直齿圆柱变位齿轮参数测定 App 窗口布局如图 3.3.4 所示,窗口对象属性参数如表 3.3.1 所列。

表 3.3.1 直齿圆柱变位齿轮参数测定窗口对象属性参数

窗口对象	对象名称	字 码	回调(函数)
编辑字段(齿数 z)	app. zEditField_2	14	
编辑字段(齿根圆直径 df0)	app. df0EditField_2	14	
编辑字段(2 齿公法线长度 Wk)	app. WkEditField_2	14	
编辑字段(3 齿公法线长度 Wk1)	app. Wk1EditField_2	14	
编辑字段(模数 m)	app. mEditField	14	
编辑字段(分度圆直径 d)	app. dEditField	14	

窗口对象	对象名称	字　　码	回调(函数)
编辑字段(分度圆齿厚 s)	app. sEditField	14	
编辑字段(齿顶圆直径 da)	app. daEditField	14	
编辑字段(齿根圆直径 df)	app. dfEditField	14	
编辑字段(齿顶圆齿厚 sa)	app. saEditField	14	
编辑字段(齿根高 hf)	app. hfEditField	14	
编辑字段(基圆齿厚 sb)	app. sbEditField	14	
编辑字段(基圆直径 db)	app. dbEditField	14	
编辑字段(基圆齿距 Pb)	app. PbEditField	14	
编辑字段(变位系数 x)	app. xEditField	14	
编辑字段(2 齿标准公法线长度 Wkb)	app. WkbEditField	14	
按钮(测量结果计算)	app. Button	16	CeLiangJieGuoJiSuan
按钮(退出)	app. Button_2	16	TuiChu
面板(直齿圆柱齿轮测量值)	app. Panel	16	
面板(测量结果计算分析)	app. Panel_2	16	
文本区域(……App 设计)	app. TextArea	20	
窗口(变位齿轮参数测定)	app. UIFigure		

注：此表中编辑字段皆为"编辑字段(数值)"。

图 3.3.4　直齿圆柱变位齿轮参数测定 App 窗口布局

3. 本 App 程序设计细节解读

(1)【测量结果计算】回调函数

```
function CeLiangJieGuoJiSuan(app, event)
z = app.zEditField_2.Value;                              % 齿数测量值
df0 = app.df0EditField_2.Value;                          % 齿根圆直径的测量值
Wk = app.WkEditField_2.Value;                            % 跨 2 齿公法线长度测量值
Wk1 = app.Wk1EditField_2.Value;                          % 跨 3 齿公法线长度测量值
hx = 1.00;                                               % 齿顶高系数
cx = 0.25;                                               % 顶隙系数
% 跨齿数
k = round(z/9 + 0.5);                                    % 齿数圆整
if k<2
k = 2;
end
Pb = Wk1 - Wk;                                           % 基圆齿距
alf = 20;hd = pi/180;                                    % 标准压力角 20°
m = round(Pb/(pi * cos(alf * hd)));                      % 理论计算模数
% 标准齿轮公法线长度计算
Wkb = m * cos(alf * hd) * ((k - 0.5) * pi + z * 0.0149044);
x1 = (Wk - Wkb)/(2 * m * sin(alf * hd));                 % 变位系数
hf = (m * z - df0)/2;                                    % 齿根高
hc = hf/m + x1;
Qp = 2 * (x1 + x1) * tan(alf * hd)/(z + z) + 0.0149044;  % 节圆处展角弧度值
% 使用 fsolve 求解渐开线函数方程
[x,f] = fsolve('tan(x) - x - 0.0688793',0.0149044);
alfp = x/hd;                                             % 啮合角
a = 0.5 * m * (z + z);                                   % 标准中心距
ap = a * cos(alf * hd)/cos(alfp * hd);                   % 实际中心距
y = (ap - a)/m;
sgm = x1 + x1 - y;                                       % 齿顶变动系数
d = m * z;                                               % 分度圆直径
db = d * cos(alf * hd);                                  % 基圆直径
da = d + 2 * (hx + x1 - sgm) * m;                        % 齿顶圆直径
df = d - 2 * (hx + cx - x1) * m;                         % 齿根圆直径
% 计算变位齿轮齿厚
alfa = acos(db/da);                                      % 齿顶压力角
s = pi * m/2 + 2 * x1 * m * tan(alf * hd);               % 分度圆齿厚
sa = s * da/d - da * (tan(alfa) - alfa - 0.0149044);     % 齿顶圆齿厚
sb = cos(alf * hd) * (s + d * 0.0149044);                % 基圆齿厚
% 根据基圆齿厚、模数和压力角计算变位系数
x2 = (sb/(m * cos(alf * hd)) - 0.5 * pi - 0.0149044 * z)/(2 * tan(alf * hd));
% 计算结果输出
app.mEditField.Value = m;                                % 模数
app.dEditField.Value = d;                                % 分度圆直径
app.sEditField.Value = s;                                % 分度圆齿厚
app.daEditField.Value = da;                              % 齿顶圆直径
app.dbEditField.Value = db;                              % 基圆直径
app.sbEditField.Value = sb;                              % 基圆齿厚
app.saEditField.Value = sa;                              % 齿顶圆齿厚
app.dfEditField.Value = df;                              % 齿根圆直径
app.PbEditField.Value = Pb;                              % 基圆齿距
app.WkbEditField.Value = Wkb;                            % 跨 2 齿公法线长度
```

```
app.xEditField.Value = x2;                              % 变位系数
app.hfEditField.Value = hf;                             % 齿根高
end
```

（2）【退出】回调函数

```
function TuiChu(app, event)
% 关闭程序窗口标准程序
sel = questdlg('确认关闭窗口？',','关闭确认','Yes','No','No');
switch sel;
case'Yes'
delete(app);
case'No'
return
end
end
```

3.4　案例 12——斜齿圆柱齿轮公法线长度测试 App 设计

3.4.1　斜齿圆柱齿轮公法线长度及其偏差计算

在规定中心距偏差的情况下，要保证齿侧间隙要求，必须控制单个齿轮的齿厚或公法线长度。

1. 齿厚极限偏差

齿厚极限偏差 E_{Ss} 和 E_{Si}，可以按照规定的齿轮传动公差等级，查表确定齿厚偏差代号，以及齿距极限偏差 f_{Pt} 和齿圈径向圆跳动公差 F_r 的值后计算确定。

2. 公法线平均长度偏差

$$\begin{cases} E_{Ws} = E_{Ss}\cos\alpha - 0.72F_r\sin\alpha \\ E_{Wi} = E_{Si}\cos\alpha + 0.72F_r\sin\alpha \end{cases}$$

(3-4-1)

3.4.2　斜齿圆柱齿轮公法线长度测试 App 设计

1. App 窗口设计

斜齿圆柱齿轮公法线长度测试 App 窗口设计如图 3.4.1 所示。

2. App 窗口布局和参数设计

斜齿圆柱齿轮公法线长度测试 App 窗口布局如图 3.4.2 所示，窗口对象属性参数如表 3.4.1 所列。

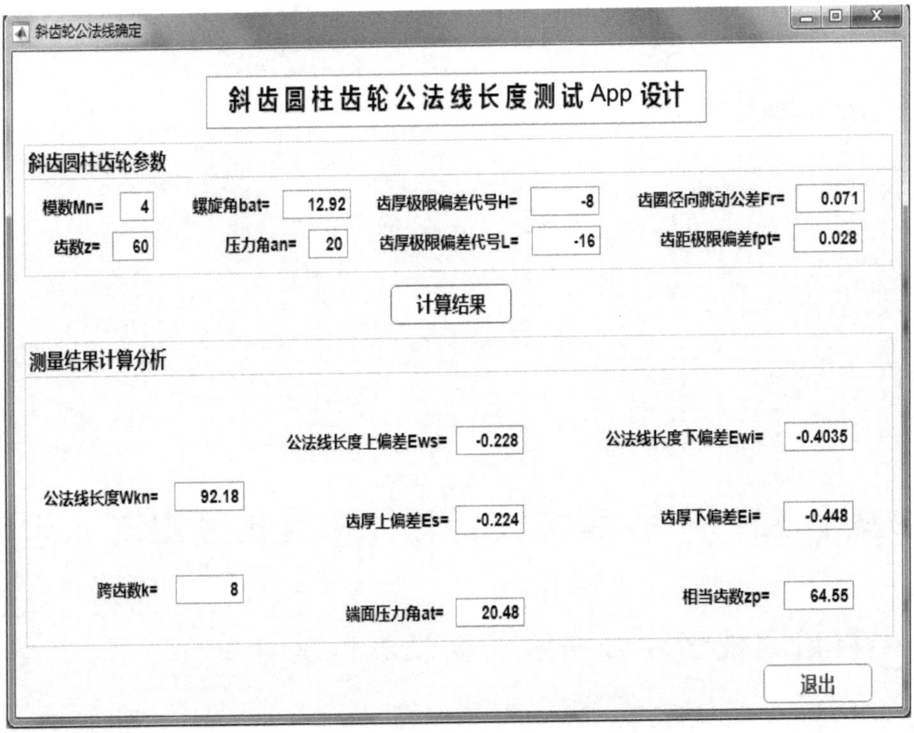

图 3.4.1 斜齿圆柱齿轮公法线长度测试 App 窗口

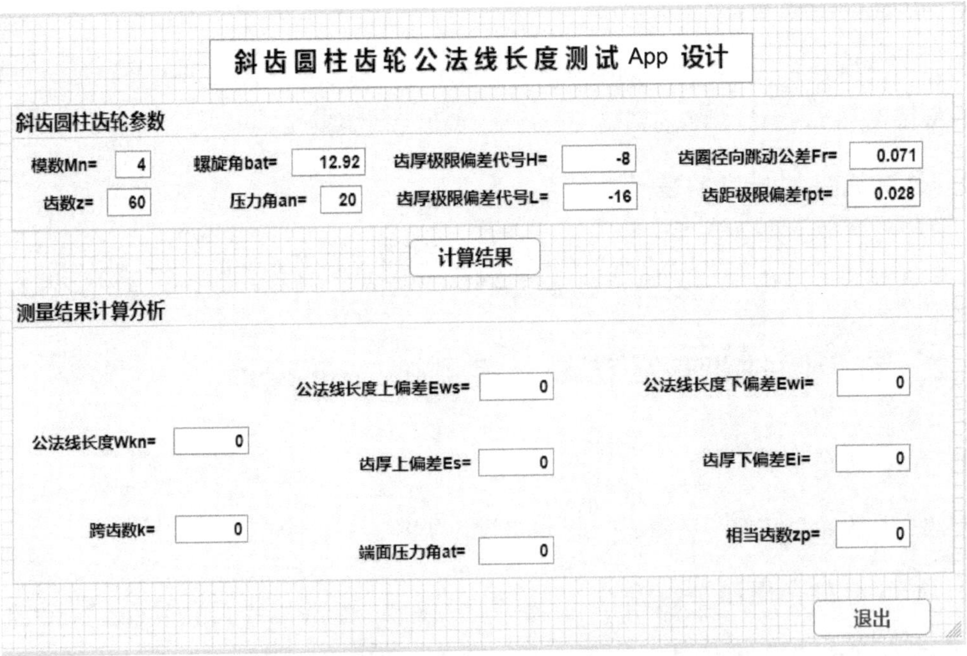

图 3.4.2 斜齿圆柱齿轮公法线长度测试 App 窗口布局

表 3.4.1　斜齿圆柱齿轮公法线长度测试窗口对象属性参数

窗口对象	对象名称	字　码	回调(函数)
编辑字段(模数 Mn)	app. MnEditField	14	
编辑字段(齿数 z)	app. zEditField_2	14	
编辑字段(螺旋角 bat)	app. batEditField	14	
编辑字段(压力角 an)	app. anEditField	14	
编辑字段(齿厚极限偏差 H)	app. HEditField	14	
编辑字段(齿厚极限偏差 L)	app. LEditField	14	
编辑字段(齿距极限偏差 fpt)	app. fptEditField	14	
编辑字段(齿圈径向跳动公差 Fr)	app. FrEditField	14	
编辑字段(公法线长度 Wkn)	app. WknEditField	14	
编辑字段(跨齿数 k)	app. kEditField	14	
编辑字段(齿厚上偏差 Es)	app. EsEditField	14	
编辑字段(齿厚下偏差 Ei)	app. EiEditField	14	
编辑字段(端面压力角 at)	app. atEditField	14	
编辑字段(相当齿数 zp)	app. zpEditField	14	
编辑字段(公法线长度上偏差 Ews)	app. EwsEditField	14	
编辑字段(公法线长度下偏差 Ewi)	app. EwiEditField	14	
按钮(计算结果)	app. Button	16	CeLiangJieGuoJiSuan
按钮(退出)	app. Button_2	16	TuiChu
面板(斜齿圆柱齿轮参数)	app. Panel	16	
面板(测量结果计算分析)	app. Panel_2	16	
文本区域(……App 设计)	app. TextArea	20	
窗口(斜齿轮公法线确定)	app. UIFigure		

注：此表中编辑字段皆为"编辑字段(数值)"。

3. 本 App 程序设计细节解读

(1)【计算结果】回调函数

```
function CeLiangJieGuoJiSuan(app, event)
z = app. zEditField_2. Value;              % 齿数 z
Mn = app. MnEditField. Value;              % 模数 Mn
an = app. anEditField. Value;              % 压力角 an
bat = app. batEditField. Value;            % 螺旋角 bat
Fr = app. FrEditField. Value;              % 齿圈径向跳动公差 Fr
fpt = app. fptEditField. Value;            % 齿距极限偏差 fpt
H = app. HEditField. Value;                % 齿厚极限偏差代号 H
L = app. LEditField. Value;                % 齿厚极限偏差代号 L
% 角度转换为弧度
hd = pi/180;
anh = an * hd;
bath = bat * hd;
invan = tan(anh) - anh;
```

```
%计算跨齿数和公法线长度
ath = atan(tan(anh)/cos(bath));
at = ath/hd;
invan = tan(anh) - anh;
invat = tan(ath) - ath;
zp = z * invat/invan;
k = round(zp/9 + 0.5);
Wkn = Mn * cos(anh) * (pi * (k - 0.5) + zp * invan);
%计算齿厚极限偏差
Es = H * fpt;
Ei = L * fpt;
%计算公法线长度极限偏差
Ews = Es * cos(anh) - 0.72 * Fr * sin(anh);
Ewi = Ei * cos(anh) + 0.72 * Fr * sin(anh);
%计算结果输出
app.WknEditField.Value = Wkn;          % Wkn
app.kEditField.Value = k;              % k
app.EwsEditField.Value = Ews;          % Ews
app.EsEditField.Value = Es;            % Es
app.EiEditField.Value = Ei;            % Ei
app.EwiEditField.Value = Ewi;          % Ewi
app.atEditField.Value = at;            % at
app.zpEditField.Value = zp;            % zp
end
```

(2)【退出】回调函数

```
function TuiChu(app, event)
%关闭程序窗口标准程序
sel = questdlg('确认关闭窗口？','关闭确认,','Yes','No','No');
switch sel;
case'Yes'
delete(app);
case'No'
return
end
end
```

3.5 案例 13——斜齿圆柱齿轮传动 App 设计

3.5.1 斜齿圆柱齿轮传动设计理论

对于一般机械中的闭式齿轮传动,以齿面接触疲劳强度和轮齿弯曲疲劳强度作为其承载能力的计算依据,按照国标 GB/T10063—1988《通用机械渐开线圆柱齿轮 承载能力简化计算方法》,对圆柱齿轮传动进行简化设计计算。

齿轮传动设计一般是已知小齿轮传递功率、转速、载荷性质和传动比等条件,要求选择齿轮材料和热处理方式,通过强度计算和参数协调,确定齿轮传动的基本参数和主要几何尺寸。

1. 根据齿面接触疲劳强度估算齿轮传动中心距 a 和分度圆直径 d_1

$$\begin{cases} a \geqslant A_a(u \pm 1) \times \sqrt[3]{\dfrac{KT_1}{\psi_d u [\sigma_H]^2}} \\[4mm] d_1 \geqslant A_d \times \sqrt[3]{\dfrac{KT_1(u \pm 1)}{\psi_d u [\sigma_H]^2}} \end{cases} \tag{3-5-1}$$

式中:"+"表示外啮合;"−"表示内啮合。

2. 根据齿根弯曲疲劳强度估算齿轮模数 m

$$m_n \geqslant A_m \times \sqrt[3]{\dfrac{KT_1 Y_{FS}}{\psi_d z_1^2 [\sigma_F]}} \tag{3-5-2}$$

3. 齿轮强度计算公式中的有关参数说明

A_a、A_d、A_m 是与齿轮螺旋角有关的常系数值。

u 是齿数比。

K 是载荷系数,一般为 1.2~2,当载荷平稳、齿宽较小、轴承对称布置、轴的刚性较大、齿轮精度 6 级以上,以及齿轮螺旋角较大时,取小值;反之,取较大值。

T_1 是小齿轮传递的扭矩,N·mm,表示为

$$T_1 = 9\,550\,\frac{P_1}{n_1} \tag{3-5-3}$$

$\psi_a = \dfrac{b}{a}$ 和 $\psi_d = \dfrac{b}{d_1}$ 是齿宽系数,且

$$\psi_d = \frac{\psi_a(u \pm 1)}{2} \tag{3-5-4}$$

Y_{FS} 是复合齿形系数,用以考虑齿形与齿根的应力集中以及压应力和剪应力等对齿根弯曲应力的影响。Y_{FS} 的拟合公式为

$$Y_{FS} = \frac{z_v}{0.269\,118 z_v - 0.840\,687} \tag{3-5-5}$$

其中:

$$z_v = \frac{z}{\cos^3 \beta} \tag{3-5-6}$$

$[\sigma_H]$ 和 $[\sigma_F]$ 分别是试验齿轮的许用接触应力和许用弯曲应力,MPa。在失效概率不大于 10% 时,可取 $[\sigma_H] = 0.9\sigma_{Hlim}$,$[\sigma_F] = 1.4\sigma_{Flim}$(单向传动)或 $[\sigma_F] = \sigma_{Flim}$(双向传动)。其中,$\sigma_{Hlim}$ 和 σ_{Flim} 是试验齿轮的齿面接触疲劳和齿根弯曲疲劳的极限应力。

3.5.2　斜齿圆柱齿轮传动 App 设计

1. App 窗口设计

斜齿圆柱齿轮传动 App 窗口设计如图 3.5.1 所示。

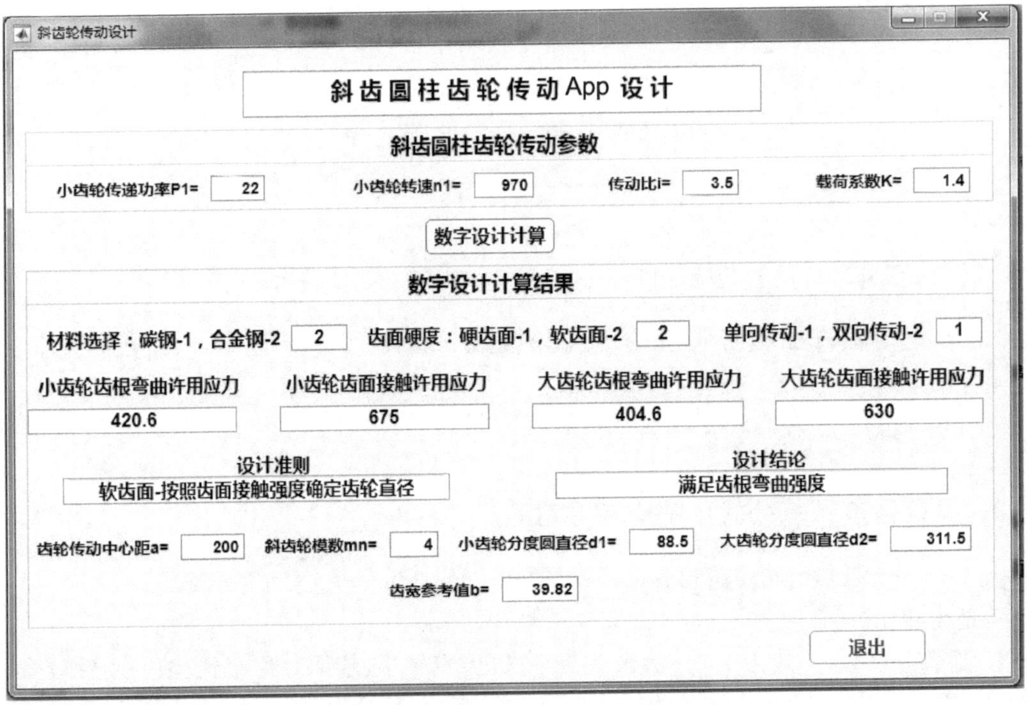

图 3.5.1　斜齿圆柱齿轮传动 App 窗口

2. App 窗口布局和参数设计

斜齿圆柱齿轮传动 App 窗口布局如图 3.5.2 所示,窗口对象属性参数如表 3.5.1 所列。

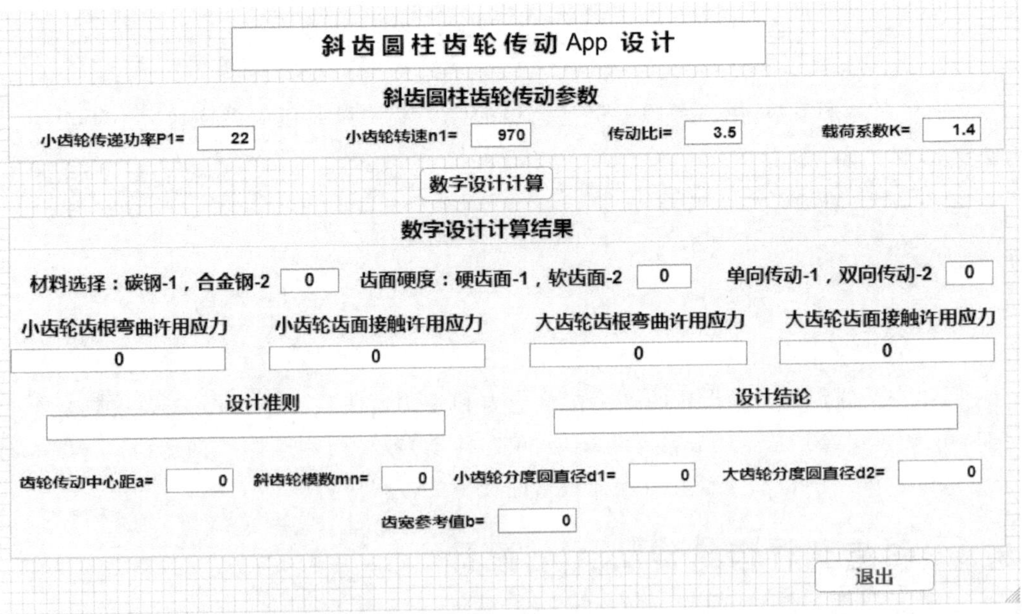

图 3.5.2　斜齿圆柱齿轮传动 App 窗口布局

表 3.5.1　斜齿圆柱齿轮传动窗口对象属性参数

窗口对象	对象名称	字　码	回调(函数)
编辑字段(小齿轮传递功率 P1)	app. P1EditField	14	
编辑字段(小齿数转速 n1)	app. n1EditField	14	
编辑字段(传动比 i)	app. iEditField	14	
编辑字段(载荷系数 K)	app. KEditField	14	
编辑字段(材料选择)	app. EditField	14	
编辑字段(齿面硬度)	app. EditField_2	14	
编辑字段(单、双向传动)	app. EditField_3	14	
编辑字段(小齿轮齿根弯曲许用应力)	app. EditField_4	14	
编辑字段(小齿轮齿面接触许用应力)	app. EditField_6	14	
编辑字段(大齿轮齿根弯曲许用应力)	app. EditField_5	14	
编辑字段(大齿轮齿面接触许用应力)	app. EditField_7	14	
编辑字段(齿轮传动中心距 a)	app. aEditField	14	
编辑字段(斜齿轮模数 mn)	app. mnEditField	14	
编辑字段(小齿轮分度圆直径 d1)	app. d1EditField	14	
编辑字段(大齿轮分度圆直径 d2)	app. d2EditField	14	
编辑字段(齿宽参考值 b)	app. bEditField	14	
编辑字段(设计准则)	app. EditField_8	14	
编辑字段(设计结论)	app. EditField_9	14	
按钮(数字设计计算)	app. Button	16	CeLiangJieGuoJiSuan
按钮(退出)	app. Button_2	16	TuiChu
面板(斜齿圆柱齿轮传动参数)	app. Panel	16	
面板(数字设计计算结果)	app. Panel_2	16	
文本区域(……App 设计)	app. TextArea	20	
窗口(斜齿轮传动设计)	app. UIFigure		

注：其中"设计准则""设计结论"为"编辑字段(文本)"，其余为"编辑字段(数值)"。

3. 本 App 程序设计细节解读

(1)【数字设计计算】回调函数

```
function CeLiangJieGuoJiSuan(app, event)
% 取出已知参数
n1 = app.n1EditField.Value;          % 小齿轮转速 n1
P1 = app.P1EditField.Value;          % 小齿轮功率 P1
i = app.iEditField.Value;            % 传动比 i
K = app.KEditField.Value;            % 根据载荷选择载荷系数 K
% 正常齿轮;角度转换弧度系数
ha = 1.0;
ca = 0.25;
hd = pi/180;
```

```
m = [2 2.5 3 4 5 6 8 10 12 16 20 25 32 40 50];          % 第一系列标准模数
% 1－确定齿轮的许用应力 sigma_FP 和 sigma_HP
psi_d = 0.45;                                            % 选择齿宽系数
% 设计对话框输入选择
ans = inputdlg({'齿轮材料：碳钢－1,合金钢－2','齿面硬度：硬齿面－1,软齿面－2'});
CL = cell2mat(ans);                                      % 元胞数组转为字符串矩阵
CL = str2num(CL);                                        % 字符串矩阵转为数字矩阵
% 选择结果显示输出
app.EditField.Value = CL(1);
app.EditField_2.Value = CL(2);
if CL(1) == 1                                            % 选择碳钢材料
if CL(2) == 1                                            % 齿轮硬齿面
HRC1 = 55;                                               % 小齿轮感应淬火硬度(45 号钢)
HRC2 = 55;                                               % 大齿轮感应淬火硬度
sigma_H1 = 11 * HRC1 + 610;
sigma_H2 = 11 * HRC2 + 610;
sigma_F1 = 380;
sigma_F2 = 380;
elseif CL(2) == 2                                        % 齿轮软齿面
HBS1 = 280;                                              % 小齿轮调质/正火硬度
HBS2 = 250;                                              % 大齿轮调质/正火硬度
sigma_H1 = (9 * HBS1 + 3750)/10;
sigma_H2 = (9 * HBS2 + 3750)/10;
sigma_F1 = (2 * HBS1 + 675)/5;
sigma_F2 = (2 * HBS2 + 675)/5;
end
elseif CL(1) == 2                                        % 合金钢材料
if CL(2) == 1                                            % 齿轮硬齿面
sigma_H1 = 1500;
sigma_H2 = 1500;
sigma_F1 = 460;
sigma_F2 = 460;
elseif CL(2) == 2                                        % 软齿面
HBS1 = 280;                                              % 小齿轮调质/正火硬度
HBS2 = 250;                                              % 大齿轮调质/正火硬度
sigma_H1 = (10 * HBS1 + 1700)/6;
sigma_H2 = (10 * HBS2 + 1700)/6;
sigma_F1 = (19 * HBS1 + 9700)/50;
sigma_F2 = (19 * HBS2 + 9700)/50;
end
end
% 设计对话框输入选择
ans1 = inputdlg({'齿轮单向传动－1,齿轮双向传动－2'});
CD = cell2mat(ans1);                                     % 元胞数组转为字符串矩阵
CD = str2num(CD);                                        % 字符串矩阵转为数字矩阵
% 选择结果显示输出
app.EditField_3.Value = CD;
if CD == 1                                               % 齿轮单向传动
sigma_FP1 = 1.4 * sigma_F1;
sigma_FP2 = 1.4 * sigma_F2;
elseif CD == 2                                           % 齿轮双向传动
sigma_FP1 = sigma_F1;
sigma_FP2 = sigma_F2;
end
```

```matlab
sigma_HP1 = 0.9 * sigma_H1;
sigma_HP2 = 0.9 * sigma_H2;
if sigma_HP1>sigma_HP2
sigma_HP = sigma_HP2;
else
sigma_HP = sigma_HP1;
end
% 输出齿轮齿根许用弯曲应力、许用接触应力 app.EditField_4.Value = sigma_FP1;
app.EditField_5.Value = sigma_FP2;
app.EditField_6.Value = sigma_HP1;
app.EditField_7.Value = sigma_HP2;
ans2 = inputdlg({'初选斜齿轮螺旋角(8°~10°)'});
beta = cell2mat(ans2);                          % 元胞数字转为字符串
beta = str2num(beta);                           % 字符串转为数值
% 根据螺旋角查询齿轮强度计算系数
if beta<8
Aa = 483;
Ad = 766;
Am = 12.6;
elseif beta> = 8 & beta<15
Aa = 476;
Ad = 756;
Am = 12.4;
elseif beta> = 15 & beta<25
Aa = 462;
Ad = 733;
Am = 12.0;
elseif beta> = 25 & beta<35
Aa = 447;
Ad = 709;
Am = 11.5;
end
T1 = 9550 * P1/n1;                              % 小齿轮输出转矩
% 硬齿面 - 按照齿根弯曲强度确定齿轮模数
if CL(2) == 1
app.EditField_8.Value = "硬齿面 - 按照齿根弯曲强度确定齿轮模数";
ans3 = inputdlg({'闭式传动小齿轮齿数范围(17 - 20)'});
z11 = cell2mat(ans3);                           % 元胞数字转为字符串
z1 = str2num(z11);                              % 字符串转为数值
z2 = round(i * z1);                             % 大齿轮齿数
u = z2/z1;
zv1 = z1/(cos(beta * hd))^3;                    % 小齿轮当量齿数
zv2 = u * zv1;                                  % 大齿轮当量齿数
% 根据拟合曲线方程计算齿形系数
Yfs1 = zv1/(0.269118 * zv1 - 0.840687);
if zv2> = 60
Yfs2 = 3.88;
else
Yfs2 = zv2/(0.269118 * zv2 - 0.840687);
end
if Yfs1/sigma_FP1>Yfs2/sigma_FP2
Yfcp = Yfs1/sigma_FP1;
else
Yfcp = Yfs2/sigma_FP2;
end
```

```matlab
mj = Am * (K * T1 * Yfcp/(psi_d * z1^2))^(1/3);
mj = ceil([mj]);                                        % 圆整整数
for j = 1:15
if mj == m(j)
mn = m(j);
end
end
aj = mn * (z1 + z2)/(2 * cos(beta * hd));              % 中心距计算值
a = round(aj/2 + 0.5) * 2;                              % 中心距圆整值
app.aEditField.Value = a;                               % 显示中心距
beta_a = mn * (z1 + z2)/(2 * a);                        % 螺旋角余弦值
if beta_a>1
ans4 = inputdlg({'无法计算螺旋角,需增大中心距'});
a11 = cell2mat(ans4);                                   % 元胞数字转为字符串
a = str2num(a11);                                        % 字符串转为数值
app.aEditField.Value = a;                               % 显示中心距
beta_a = mn * (z1 + z2)/(2 * a);                        % 增大中心距后的螺旋角余弦值
end
beta_j = acos(mn * (z1 + z2)/(2 * a));
beta = beta_j/hd;
d1 = mn * z1/cos(beta_j);
% 根据螺旋角查询齿轮强度计算系数
if beta<8
Aa = 483;
Ad = 766;
Am = 12.6;
elseif beta>= 8 & beta<15
Aa = 476;
Ad = 756;
Am = 12.4;
elseif beta>= 15 & beta<25
Aa = 462;
Ad = 733;
Am = 12.0;
elseif beta>= 25 & beta<35
Aa = 447;
Ad = 709;
Am = 11.5;
end
dx = Ad * (K * T1 * (u + 1)/(psi_d * u * sigma_HP^2))^(1/3);
if dx<= d1
app.EditField_9.Value = "满足齿面接触强度";
else
app.EditField_9.Value = "不满足齿面接触强度,需要重新计算!";
aj = dx * (1 + u)/(2 * cos(beta * hd));
ans5 = inputdlg({'中心距尾数一般是偶数、5 或者是 0'});
a11 = cell2mat(ans5);                                   % 元胞数字转为字符串
a = str2num(a11);                                        % 字符串转为数值
app.aEditField.Value = a;                               % 显示中心距
mj = 2 * a * cos(beta * hd)/(z1 + z2);
mj = ceil([mj]);
for j = 1:15
if mj == m(j)
mn = m(j);
end
```

```
end
beta_a = mn * (z1 + z2)/(2 * a);                          % 螺旋角余弦值
if beta_a>1
ans6 = inputdlg({'无法计算螺旋角,需增大中心距 '});
a11 = cell2mat(ans6);                                     % 元胞数字转为字符串
a = str2num(a11);                                         % 字符串转为数值
beta_a = mn * (z1 + z2)/(2 * a)                           % 增大中心距后的螺旋角余弦值
end
beta_j = acos(mn * (z1 + z2)/(2 * a));
beta = beta_j/hd;
end
d1 = mn * z1/(cos(beta_j));                               % 小齿轮分度圆直径
d2 = mn * z2/(cos(beta_j));                               % 大齿轮分度圆直径
b = psi_d * d1;
% 显示设计结果
app.aEditField.Value = a;
app.mnEditField.Value = mn;
app.d1EditField.Value = d1;
app.d2EditField.Value = d2;
app.bEditField.Value = b;
% 软齿面齿轮 - 按照齿面接触强度确定齿轮直径
elseif CL(2) == 2
app.EditField_8.Value = "软齿面 - 按照齿面接触强度确定齿轮直径";
ans6 = inputdlg({'闭式传动小齿轮 z1 范围(20 - 30)'});
z11 = cell2mat(ans6);                                     % 元胞数字转为字符串
z1 = str2num(z11);                                        % 字符串转为数值
z2 = round(i * z1);
u = z2/z1;
dj = Ad * (K * T1 * (u + 1)/(psi_d * u * sigma_HP^2))^(1/3);
aj = dj * (1 + u)/(2 * cos(beta * hd));
a = round(aj/2 + 0.5) * 2;                                % 中心距
app.aEditField.Value = a;                                 % 显示中心距
mj = 2 * a * cos(beta * hd)/(z1 + z2);
mj = ceil([mj]);
for j = 1:15
if mj == m(j);
mn = m(j);
end
end
beta_a = mn * (z1 + z2)/(2 * a);                          % 螺旋角余弦值
if beta_a>1
ans7 = inputdlg({'无法计算螺旋角,需增大中心距 '});
a11 = cell2mat(ans7);                                     % 元胞数字转为字符串
a = str2num(a11);                                         % 字符串转为数值
app.aEditField.Value = a;                                 % 显示中心距
beta_a = mn * (z1 + z2)/(2 * a);                          % 增大中心距后的螺旋角余弦值
end
beta_j = acos(mn * (z1 + z2)/(2 * a));
beta = beta_j/hd;
d1 = mn * z1/cos(beta_j);
zv1 = z1/(cos(beta * hd))^3;
zv2 = u * zv1;
Yfs1 = zv1/(0.269118 * zv1 - 0.840687);
if zv2> = 60
Yfs2 = 3.88;
```

```
else
Yfs2 = zv2/(0.269118 * zv2 - 0.840687);              % 根据拟合曲线方程计算
end
if Yfs1/sigma_FP1＞Yfs2/sigma_FP2
Yfcp = Yfs1/sigma_FP1;
else
Yfcp = Yfs2/sigma_FP2;
end
% 根据螺旋角查询齿轮强度计算系数
if beta＜8
Aa = 483;
Ad = 766;
Am = 12.6;
elseif beta＞= 8 & beta＜15
Aa = 476;
Ad = 756;
Am = 12.4;
elseif beta＞= 15 & beta＜25
Aa = 462;
Ad = 733;
Am = 12.0;
elseif beta＞= 25 & beta＜35
Aa = 447;
Ad = 709;
Am = 11.5;
end
mx = Am * (K * T1 * Yfcp/(psi_d * z1^2))^(1/3);
if  mx＜= mn
app.EditField_9.Value = "满足齿根弯曲强度";
end
else
app.EditField_9.Value = "不满足齿根弯曲强度,需要重新计算!";
aj = mn * (z1 + z2)/(2 * cos(beta * hd));
a = round(aj/2 + 0.5) * 2;
app.aEditField.Value = a;                             % 显示中心距
beta_j = acos(mn * (z1 + z2)/(2 * a));
beta = beta_j/hd;
end
d1 = mn * z1/(cos(beta_j));
d2 = mn * z2/(cos(beta_j));
b = psi_d * d1;
% 显示设计结果
app.aEditField.Value = a;                             % 齿轮传动中心距
app.mnEditField.Value = mn;                           % 齿轮模数
app.d1EditField.Value = d1;                           % 小齿轮分度圆直径
app.d2EditField.Value = d2;                           % 大齿轮分度圆直径
app.bEditField.Value = b;                             % 齿宽参考值
end
```

(2)【退出】回调函数

```
function TuiChu(app, event)
% 关闭程序窗口标准程序
sel = questdlg('确认关闭窗口？','关闭确认,','Yes','No','No');
switch sel;
```

```
case'Yes'
delete(app);
case'No'
return
end
end
```

3.6　案例 14——直齿圆柱齿轮弯曲应力 App 设计

3.6.1　直齿圆柱齿轮弯曲应力设计理论

1. 齿轮弯曲应力设计理论

在一个齿轮轮齿上的弯曲应力取决于一个均布(不变)的切向传输载荷 F_t,该弯曲应力 σ_b(单位为 N/mm²)为

$$\sigma_b = \frac{K_v K_H F_t}{mbJ_k} \qquad (3-6-1)$$

式中:b 为齿轮轮齿宽度;m 为模数;J_k 为弯曲强度几何系数;K_v 为动载荷系数,与轮齿质量和齿轮节圆的切向速度 v_t 有关;K_H 为载荷分布系数。

切向载荷 F_t(单位为 N)为

$$F_t = \frac{9.549 \times 10^6 P}{nR_P} = \frac{1\,000T}{R_P} \qquad (3-6-2)$$

式中:P 为功率,kW;T 为扭矩,N·m;n 为较小齿轮的转速,r/min;R_P 为较小齿轮的节圆半径,mm。

动载系数 K_v 为

$$K_v = \left(\frac{A + \sqrt{200v_t}}{A}\right)^B \qquad (3-6-3)$$

式中:

$$v_t = \frac{2\pi R_P n}{60\,000} \quad (m/s) \qquad (3-6-4)$$

$$A = 50 + 56 \times (1-B) \qquad (3-6-5)$$

$$B = 0.25 \times (12 - Q_v)^{2/3} \qquad (3-6-6)$$

其中:Q_v 为齿轮质量系数,取 $5 \leqslant Q_v \leqslant 11$ 之间整数,上限用于精密齿轮,下限用于最低精度齿轮。Q_v 的建议值为

$$v_{tmax} = (A + Q_v - 3)^2/200 \quad (m/s) \qquad (3-6-7)$$

在设计安装在轴承间的刚性齿轮时,不考虑外部相对偏差的影响。载荷分布系数 K_H 可以用下式估算:

$$K_H = 1 + K_{Hpf} + K_{Hma} \qquad (3-6-8)$$

式中:K_{Hpf} 是小齿轮比例系数;K_{Hma} 是啮合补偿系数。

K_{Hpf} 可以按下列公式估算:

当 $b \leqslant 25$ mm 时:

$$K_{Hpf} = k_a - 0.025 \tag{3-6-9}$$

当 $25 \leqslant b \leqslant 432$ mm 时：

$$K_{Hpf} = k_a - 0.037\,5 + 0.000\,492b \tag{3-6-10}$$

当 $432 \leqslant b \leqslant 1\,020$ mm 时：

$$K_{Hpf} = k_a - 0.110\,9 + 0.000\,815b - 0.353 \times 10^{-6}b^2 \tag{3-6-11}$$

当 $k_a \geqslant 0.05$ 时：

$$k_a = 0.05\frac{b}{R_P} \tag{3-6-12}$$

当 $k_a < 0.05$ 时：

$$k_a = 0.05 \tag{3-6-13}$$

啮合补偿系数 K_{Hma} 可按下列公式计算：

$$K_{Hma} = A + Bb + Cb^2 \tag{3-6-14}$$

式中的经验数据 A、B、C 可查参考文献[3]中的表 8.3。

弯曲强度几何系数 J_k 可以用下式估算：

$$J_k = \frac{\cos \varphi}{mK_J \cos \gamma_w} \tag{3-6-15}$$

式中：

$$K_J = K_f \left[\frac{1.5(x_D - x)}{y^2} - \frac{\tan \gamma_w}{2y}\right]_{max} \tag{3-6-16}$$

$$K_f = k_1 + \left(\frac{2y}{r_f}\right)^{k_2}\left(\frac{2y}{x_D - x}\right)^{k_3} \tag{3-6-17}$$

$$\begin{cases} k_1 = 0.305\,4 - 0.004\,89\varphi_s - 0.000\,069\varphi_s^2 \\ k_2 = 0.362\,0 - 0.012\,68\varphi_s + 0.000\,104\varphi_s^2 \\ k_3 = 0.293\,4 + 0.006\,09\varphi_s + 0.000\,087\varphi_s^2 \end{cases} \tag{3-6-18}$$

式中的 φ_s 是齿轮压力角的度数；可以是 $14.5°$，$20°$ 或 $25°$。其他参数可以查阅参考文献[3]。

一旦应力 σ_b 计算出来，许用应力 σ_F 便得以确定，验证应力是否由 F_t 引起的，许用应力 σ_F 计算公式如下：

$$\sigma_F = \frac{\sigma_{FP}Y_N}{F_s Y_Z} \tag{3-6-19}$$

式中：F_s 为安全系数；Y_N 为屈服应力循环系数；Y_Z 为可靠系数。

Y_Z 可按如下选择：

$Y_Z = 1$ 表示失效率小于 1%；

$Y_Z = 1.25$ 表示失效率小于 0.1%；

$Y_Z = 1.5$ 表示失效率小于 0.01%。

如果 n_L 是单向齿轮载荷循环次数，那么在 99% 的可靠性之内，钢齿轮的弯曲屈服应力循环载荷系数可由下式估计：

当 $n_L \leqslant 3 \times 10^3$ 时，$Y_N = f(B_H)$，$f(B_H)$ 按下式计算：

$$f(B_H) = -9.259\,2 \times 10^6 (B_H - 160)^2 + 0.009\,722(B_H - 160) + 1.6 \tag{3-6-20}$$

其中，布氏硬度 B_H 取值范围为 $160 \leqslant B_H \leqslant 400$。

当 $3 \times 10^3 < n_L \leqslant 3 \times 10^6$ 时，

$$Y_N = Dn_L^E \qquad (3-6-21)$$

其中：

$$\begin{cases} D = f(B_H) \times 10^{0.8628C_1} \\ E = -0.2876C_1 \\ C_1 = \lg[f(B_H)] - 0.0169 \end{cases} \qquad (3-6-22)$$

当 $n_L > 3 \times 10^6$ 时，

$$Y_N = 1.638n_L^{-0.0323} \qquad (3-6-23)$$

循环次数 $n_L = 60nL$，其中，n 为齿轮转速，r/min；L 为齿轮寿命，h。

对于硬钢度齿轮的许用弯曲应力数值：

$$\sigma_{FP} = 0.533B_H + 88.3 \text{ N/mm}^2 \qquad (3-6-24)$$

2. 建立 MATLAB 子函数

（1）子函数 GearKofV：计算动载荷系数 Kv

```
% 子函数-GearKofV,计算动载荷系数 Kv
function Kv = GearKofV
Rp = app.Rp;
n = app.n;
Qv = app.Qv;
vt = 2 * pi * Rp * n/60000;
B = 0.25 * (12 - Qv)^(2/3);
A = 50 + 56 * (1 - B);
vtmax = (A + Qv - 3)^2/200;
if vt>vtmax
error('最大速度超过了给定的 Qv');
end
Kv = ((A + sqrt(200 * vt))/A)^B;
end
```

（2）子函数 GearKofH：计算载荷分布系数 Kh

```
% 子函数-GearKofH,计算载荷分布系数 Kh
function Kh = GearKofH
b = app.b;
typeg = app.typeg;
Rp = app.Rp;
class = [0.247 0.127 0.0675 0.0380;
        0.657e-3 0.622e-3 0.504e-3 0.402e-3;
        -1.186e-7 -1.69e-7 -1.44e-7 -1.27e-7];
Khma = class(1,typeg) + class(2,typeg) * b + class(3,typeg) * b^2;
ko = 0.05 * b/Rp;
if ko<0.05
ko = 0.05;
end
if b< = 25
Khpf = ko - 0.025;
elseif b< = 432
Khpf = ko - 0.0375 + 0.000492 * b;
else
Khpf = ko - 0.1109 + 0.000815 * b - 0.353e-6 * b^2;
end
```

```
Kh = 1 + Khpf + Khma;
end
```

(3) 子函数 GearParameters：计算参数

```
% 子函数-GearParameters,计算参数
function GearParameters
ar = app. ar;
rrT = app. rrT;
phis = app. phis;
m = app. m;
ts = app. ts;
N1 = app. N1;
N2 = app. N2;
C = app. C;
rT1 = app. rT1;
rT2 = app. rT2;
xrp = - ar + rrT;
app. xrp = xrp;
h = ar - rrT + rrT * sin(phis);
yrp = - pi * m/4 + h * tan(phis) + rrT * cos(phis);
app. yrp = yrp;
e = (ts - pi * m/2)/tan(phis)/2;
app. e = e;
urmin = (e + xrp)/tan(phis) - yrp;
urmax = - yrp;
app. urmin = urmin;
app. urmax = urmax;
Pb = m * pi * cos(phis);
Rb1 = N1 * m/2 * cos(phis);
Rb2 = N2 * m/2 * cos(phis);
phi = acos((Rb1 + Rb2)/C);
app. phi = phi;
mc = (sqrt(rT1^2 - Rb1^2) + sqrt(rT2^2 - Rb2^2)) - (Rb1 + Rb2) * tan(phi)/Pb;
Rw = sqrt(Rb1^2 + (sqrt(rT1^2 - Rb1^2) - (mc - 1) * Pb)^2);
phiw = acos(Rb1/Rw);
thetaw = ts/m * N1 + involute(phis) - involute(phiw);
gammaw = phiw - thetaw;
app. gammaw = gammaw;
xD = Rw * cos(thetaw) - Rw * sin(thetaw) * tan(gammaw);
app. xD = xD;
rf = rrT + (ar - e - rrT)^2/(N1 * m/2 + ar - e - rrT);
app. rf = rf;
end
```

(4) 子函数 GearJofK：计算几何系数 JK

```
% 子函数-GearJofK,计算几何系数 JK
function JK = GearJofK
GearParameters;                          % 调参数计算程序
urmin = app. urmin;
urmax = app. urmax;
phi = app. phi;
options = optimset('display','off');
ur = fminbnd(@GearKofJ,urmin,urmax,options);
JK = - cos(phi)/GearKofJ(ur);
end
```

（5）子函数 GearKofJ：计算 KJ

```
% 子函数-GearKofJ,计算 KJ
function KJ = GearKofJ(ur)
rrT = app.rrT;
xrp = app.xrp;
yrp = app.yrp;
e = app.e;
gammaw = app.gammaw;
xD = app.xD;
xip = e + xrp;
etap = ur + yrp;
s = 1 + rrT/sqrt(xip^2 + etap^2);
xi = s * xip;
eta = s * etap;
thetaR = atan(eta/(N1 * m/2 + xi) - (ur - pi * m/2)/(N1 * m/2));
R = sqrt((N1 * m/2 + xi)^2 + eta^2);
x = R * cos(thetaR);
y = R * sin(thetaR);
Kf = GearKofF(x,y);
KJ = - m * cos(gammaw) * Kf * (1.5 * (xD - x)/y^2 - 0.5 * tan(gammaw)/y);
end
```

（6）子函数 GearKofF：计算 Kf

```
% 子函数-GearKofF,计算 Kf
function Kf = GearKofF(x,y)
phis = app.phis;
rf = app.rf;
xD = app.xD;
d = phis * 180/pi;
k1 = 0.3054 - 0.00489 * d - 0.000069 * d^2;
k2 = 0.362 - 0.01268 * d + 0.000104 * d^2;
k3 = 0.2934 + 0.00609 * d + 0.000087 * d^2;
Kf = k1 + (2 * y/rf)^k2 * (2 * y/(xD - x))^k3;
end
```

（7）子函数 involute：计算渐开线参数

```
% 子函数-involute,计算渐开线参数
function inv = involute(angle)
inv = tan(angle) - angle;
end
```

（8）子函数 GearYofN：计算弯曲应力循环载荷系数 YN

```
% 子函数-GearYofN,计算弯曲应力循环载荷系数 YN
function YN = GearYofN
n = app.n;
L = app.L;
BH = app.BH;
nL = 60 * n * L;
fBH = - 9.2595e-6 * (BH - 160)^2 + 0.009722 * (BH - 160) + 1.6;
if nL<= 1e3
YN = fBH;
elseif nL<= 3e6
D = 0.8628 * (log10(fBH) - 0.0169);
```

```
E = - 0.2876 * (log10(fBH) - 0.0169);
YN = (fBH * 10^D) * nL.^E;
else
YN = 1.683 * nL^(- 0.0323);
end
end
```

3.6.2 直齿圆柱齿轮弯曲应力 App 设计

1. App 窗口设计

直齿圆柱齿轮弯曲应力 App 窗口设计如图 3.6.1 所示。

图 3.6.1 直齿圆柱齿轮弯曲应力 App 窗口

2. App 窗口布局和参数设计

直齿圆柱齿轮弯曲应力 App 窗口布局如图 3.6.2 所示,窗口对象属性参数如表 3.6.1 所列。

表 3.6.1 直齿圆柱齿轮弯曲应力窗口对象属性参数

窗口对象	对象名称	字 码	回调(函数)
编辑字段(模数 m)	app. mEditField	14	
编辑字段(齿数 N1)	app. N1EditField	14	
编辑字段(齿数 N2)	app. N2EditField	14	
编辑字段(齿宽 b)	app. bEditField	14	
编辑字段(压力角 a)	app. aEditField	14	
编辑字段(硬度值 BH)	app. BHEditField	14	

续表 3.6.1

窗口对象	对象名称	字 码	回调(函数)
编辑字段(分度圆齿厚 ts)	app. tsEditField	14	
编辑字段(齿条齿顶高 ar)	app. arEditField	14	
编辑字段(经验数据 typeg)	app. typegEditField	14	
编辑字段(N1 转速 n)	app. N1nEditField	14	
编辑字段(可靠性系数 YZ)	app. YZEditField	14	
编辑字段(齿轮质量系数 Qv)	app. QvEditField	14	
编辑字段(齿条铣刀顶圆直径 rrT)	app. rrTEditField	14	
编辑字段(N1 齿轮齿顶圆半径 rT1)	app. N1rT1EditField	14	
编辑字段(N2 齿轮齿顶圆半径 rT2)	app. N2rT1EditField	14	
编辑字段(扭矩 torque)	app. torqueEditField	14	
按钮(理论计算)	app. Button	16	ShuZiFangZhen
按钮(退出)	app. Button_2	16	TuiChu
编辑字段(齿轮寿命 L)	app. EditField_4	14	
编辑字段(许用应力 sigmaf)	app. sigmafEditField	14	
编辑字段(弯曲应力 sigmab)	app. sigmabEditField	14	
文本区域(……App 设计)	app. TextArea	20	
窗口(直齿圆柱齿轮应力)	app. UIFigure		

注: 此表中编辑字段皆为"编辑字段(数值)"。

图 3.6.2 直齿圆柱齿轮弯曲应力 App 窗口布局

3. 本 App 程序设计细节解读

(1) 私有属性创建

在【代码视图】→【编辑器】状态下，单击【属性】→【私有属性】，建立私有属性空间。

```
properties (Access = private)
  % 以下私有属性仅供在本 App 中调用,未标注可根据程序确定
  % 本 app 中应用的私有属性变量
  m;                                              % 齿轮模数
  phis;                                           % 齿轮压力角弧度值
  ar;                                             % 齿顶高
  rr;                                             % 齿条铣刀顶圆半径
  ts;                                             % 分度圆齿厚
  C;                                              % 中心距
  N1;                                             % 小齿轮齿数
  N2;                                             % 大齿轮齿数
  rrT;                                            % 齿条铣刀顶圆直径
  rT1;                                            % N1 齿顶圆半径
  rT2;                                            % N2 齿顶圆半径
  torque;                                         % 输入扭矩
  BH;                                             % 硬度值
  fs;                                             % 安全系数
  YZ;                                             % 可靠性系数
  b;                                              % 齿宽
  n;                                              % 小齿轮转速
  Qv;                                             % 齿轮质量系数
  typeg;                                          % 经验数据
  L;                                              % 齿轮寿命
  Rp;                                             % 节圆半径
  Ft;                                             % 齿轮切向载荷
  e;                                              % 含义见程序中
  urmin;                                          % 含义见程序中
  urmax;                                          % 含义见程序中
  ur;                                             % 含义见程序中
  xrp;                                            % 含义见程序中
  yrp;                                            % 含义见程序中
  gammaw;                                         % 含义见程序中
  xD;                                             % 含义见程序中
  rf;                                             % 含义见程序中
  sigmaf;                                         % 含义见程序中
  sigmab;                                         % 含义见程序中
  phi;                                            % 含义见程序中
  end
```

(2)【理论计算】回调函数

```
function LiLunJiSuan(app, event)
  % 直齿圆柱齿轮应力设计
  app.m = app.mEditField.Value;                   % 私有属性模数 m
  m = app.m;                                      % m 数值
  app.N1 = app.N1EditField.Value;                 % 私有属性齿数 N1
  N1 = app.N1;                                     % N1 数值
  app.N2 = app.N2EditField.Value;                 % 私有属性齿数 N2
  N2 = app.N2;                                     % N2 数值
  app.b = app.bEditField.Value;                   % 私有属性齿宽 b
```

```
b = app. b;                                          % b 数值
a = app. aEditField. Value;                          % 压力角 a
app. C = app. CEditField. Value;                     % 私有属性中心距 C
C = app. C;                                          % N1 数值
app. L = app. LEditField. Value;                     % 私有属性齿轮寿命 L
L = app. L;                                          % L 数值
app. fs = app. fsEditField. Value;                   % 私有属性安全系数 fs
fs = app. fs;                                         % fs 数值
app. torque = app. torqueEditField. Value;           % 输入扭矩 torque
torque = app. torque;                                % torque 数值
app. BH = app. BHEditField. Value;                   % 硬度值 BH
BH = app. BH;                                         % BH 数值
app. ts = app. tsEditField. Value;                   % 分度圆齿厚 ts
ts = app. ts;                                         % ts 数值
app. ar = app. arEditField. Value;                   % 齿顶高 ar
ar = app. ar;                                         % ar 数值
app. typeg = app. typegEditField. Value;             % 经验数据 typeg
typeg = app. typeg;                                   % typeg 数值
app. n = app. N1nEditField. Value;                   % 小齿轮转速 n
n = app. n;                                           % n 数值
app. YZ = app. YZEditField. Value;                   % 可靠性系数 YZ
YZ = app. YZ;                                         % YZ 数值
app. Qv = app. QvEditField. Value;                   % 齿轮质量系数 Qv
Qv = app. Qv;                                         % Qv 数值
app. rrT = app. rrTEditField. Value;                 % 齿条铣刀顶圆直径 rrT
rrT = app. rrT;                                       % rrT 数值
app. rT1 = app. N1rT1EditField. Value;               % N1 齿顶圆半径 rT1
rT1 = app. rT1;                                       % rT1 数值
app. rT2 = app. N2rT2EditField. Value;               % N2 齿顶圆半径 rT2
rT2 = app. rT2;                                       % rT2 数值
app. phis = a * pi/180;                              % 压力角弧度值 phia
phis = app. phis;                                     % phia 数值
app. Rp = C/(1 + N2/N1);                             % 节圆半径 Rp
Rp = app. Rp;                                         % Rp 数值
app. Ft = 1000 * torque/Rp;                          % 齿轮切向载荷 Ft
Ft = app. Ft;                                         % Ft 数值
JK = GearJofK;                                        % 调子程序 GearJofK
Kv = GearKofV;                                        % 调子程序 GearKofV
Kh = GearKofH;                                        % 调子程序 GearKofH
YN = GearYofN;                                        % 调子程序 GearYofN
sigmab = real(Kv * Kh * Ft/m/b/JK);
sigmafp = 0. 533 * BH + 88. 3;
sigmaf = real(sigmafp * YN/fs/YZ);
% 输出结果
app. sigmafEditField. Value = sigmaf;                % 许用应力 sigmaf
app. sigmabEditField. Value = sigmab;                % 弯曲应力 sigmab
% 子函数 - GearKofV, 计算动载荷系数 Kv
function Kv = GearKofV
Rp = app. Rp;
n = app. n;
Qv = app. Qv;
vt = 2 * pi * Rp * n/60000;
B = 0. 25 * (12 - Qv)^(2/3);
A = 50 + 56 * (1 - B);
vtmax = (A + Qv - 3)^2/200;
```

```
if vt>vtmax
error('最大速度超过了给定的 Qv');
end
Kv = ((A + sqrt(200 * vt))/A)^B;
end
% 子函数 - GearKofH,计算载荷分布系数 Kh
function Kh = GearKofH
b = app.b;
typeg = app.typeg;
Rp = app.Rp;
class = [0.247 0.127 0.0675 0.0380;
        0.657e - 3 0.622e - 3 0.504e - 3 0.402e - 3;
        - 1.186e - 7 - 1.69e - 7 - 1.44e - 7 - 1.27e - 7];
Khma = class(1,typeg) + class(2,typeg) * b + class(3,typeg) * b^2;
ko = 0.05 * b/Rp;
if ko<0.05
ko = 0.05;
end
if b<= 25
Khpf = ko - 0.025;
elseif b<= 432
Khpf = ko - 0.0375 + 0.000492 * b;
else
Khpf = ko - 0.1109 + 0.000815 * b - 0.353e - 6 * b^2;
end
Kh = 1 + Khpf + Khma;
end
% 子函数 - GearParameters,计算参数
function GearParameters
ar = app.ar;
rrT = app.rrT;
phis = app.phis;
m = app.m;
ts = app.ts;
N1 = app.N1;
N2 = app.N2;
C = app.C;
rT1 = app.rT1;
rT2 = app.rT2;
xrp = - ar + rrT;
app.xrp = xrp;
h = ar - rrT + rrT * sin(phis);
yrp = - pi * m/4 + h * tan(phis) + rrT * cos(phis);
app.yrp = yrp;
e = (ts - pi * m/2)/tan(phis)/2;
app.e = e;
urmin = (e + xrp)/tan(phis) - yrp;
urmax = - yrp;
app.urmin = urmin;
app.urmax = urmax;
Pb = m * pi * cos(phis);
Rb1 = N1 * m/2 * cos(phis);
Rb2 = N2 * m/2 * cos(phis);
phi = acos((Rb1 + Rb2)/C);
app.phi = phi;
```

```
mc = (sqrt(rT1^2 - Rb1^2) + sqrt(rT2^2 - Rb2^2)) - (Rb1 + Rb2) * tan(phi)/Pb;
Rw = sqrt(Rb1^2 + (sqrt(rT1^2 - Rb1^2) - (mc - 1) * Pb)^2);
phiw = acos(Rb1/Rw);
thetaw = ts/m * N1 + involute(phis) - involute(phiw);
gammaw = phiw - thetaw;
app.gammaw = gammaw;
xD = Rw * cos(thetaw) - Rw * sin(thetaw) * tan(gammaw);
app.xD = xD;
rf = rrT + (ar - e - rrT)^2/(N1 * m/2 + ar - e - rrT);
app.rf = rf;
end
% 子函数 - GearJofK,计算几何系数 JK
function JK = GearJofK
GearParameters;                                        % 调参数计算程序
urmin = app.urmin;
urmax = app.urmax;
phi = app.phi;
options = optimset('display','off');
ur = fminbnd(@GearKofJ,urmin,urmax,options);
JK = - cos(phi)/GearKofJ(ur);
end
% 子函数 - GearKofJ,计算 KJ
function KJ = GearKofJ(ur)
rrT = app.rrT;
xrp = app.xrp;
yrp = app.yrp;
e = app.e;
gammaw = app.gammaw;
xD = app.xD;
xip = e + xrp;
etap = ur + yrp;
s = 1 + rrT/sqrt(xip^2 + etap^2);
xi = s * xip;
eta = s * etap;
thetaR = atan(eta/(N1 * m/2 + xi) - (ur - pi * m/2)/(N1 * m/2));
R = sqrt((N1 * m/2 + xi)^2 + eta^2);
x = R * cos(thetaR);
y = R * sin(thetaR);
Kf = GearKofF(x,y);
KJ = - m * cos(gammaw) * Kf * (1.5 * (xD - x)/y^2 - 0.5 * tan(gammaw)/y);
end
% 子函数 - GearKofF,计算 Kf
function Kf = GearKofF(x,y)
phis = app.phis;
rf = app.rf;
xD = app.xD;
d = phis * 180/pi;
k1 = 0.3054 - 0.00489 * d - 0.000069 * d^2;
k2 = 0.362 - 0.01268 * d + 0.000104 * d^2;
k3 = 0.2934 + 0.00609 * d + 0.000087 * d^2;
Kf = k1 + (2 * y/rf)^k2 * (2 * y/(xD - x))^k3;
end
% 子函数 - involute,计算渐开线参数
function inv = involute(angle)
inv = tan(angle) - angle;
```

```
end
% 子函数 - GearYofN,计算弯曲应力循环载荷系数 YN
function YN = GearYofN
n = app.n;
L = app.L;
BH = app.BH;
nL = 60 * n * L;
fBH = - 9.2595e - 6 * (BH - 160)^2 + 0.009722 * (BH - 160) + 1.6;
if nL< = 1e3
YN = fBH;
elseif nL< = 3e6
D = 0.8628 * (log10(fBH) - 0.0169);
E = - 0.2876 * (log10(fBH) - 0.0169);
YN = (fBH * 10^D) * nL.^E;
else
YN = 1.683 * nL^( - 0.0323);
end
end
```

(3)【退出】回调函数

```
function TuiChuFangZhen(app, event)
% 关闭程序窗口标准程序
sel = questdlg('确认关闭窗口？','关闭确认','Yes','No','No');
switch sel;
case'Yes'
delete(app);
case'No'
return
end
end
```

第4章 凸轮传动机构 App 设计

4.1 凸轮机构运动规律简介

凸轮机构结构简单,设计方便,利用不同的凸轮轮廓曲线可以使从动件实现各种给定的运动规律。凸轮机构在自动机械、机械自动控制装置和装配生产线中,尤其是在内燃机配气机构和制动机构中得到了广泛的应用。

凸轮机构设计主要包括类型的选定、封闭形式的选用、推杆运动规律的选择、基圆半径的确定、凸轮轮廓曲线的设计、轮廓曲率半径的验算等。

用解析法设计凸轮轮廓曲线,就是根据工作所要求的推杆运动规律和已知的机构参数,确定出凸轮轮廓曲线的方程式,其关键是建立推杆运动规律和凸轮轮廓曲线之间关系的数学方程式,然后可以用 MATLAB 完成数字化设计、计算和运动仿真。

4.1.1 凸轮从动件的运动规律

1. 推杆常用的运动规律

如图 4.1.1 所示为尖顶直动推杆盘形凸轮机构示意图。表 4.1.1 所列为推杆常用运动规律的运动方程。

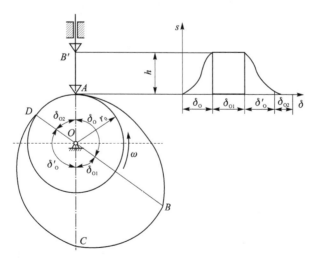

图 4.1.1 凸轮机构原理图

图 4.1.1 中,r_0 为凸轮基圆半径,s 为推杆位移,凸轮轮廓由 AB、BC、CD 和 DA 四段曲线组成。AB 段为推程段,推杆从最低位置 A 推到最高位置 B',与其对应的凸轮转角 δ_0 称为

推程运动角;BC 段是以凸轮中心 O 为圆心的圆弧,推杆处于最高位置而静止不动,是凸轮轮廓的远休止段,与之对应的凸轮转角 δ_{01} 称为远休止角;CD 段是其回程部分,推杆由最高位置回到最低位置,该部分凸轮转角称为回程运动角 δ_0';DA 段也是以凸轮为中心 O 为圆心的圆弧,推杆将在最低位置静止不动,是凸轮轮廓的近休止段,与之对应的凸轮转角 δ_{02} 称为近休止角。

推杆常用的运动规律主要由以下四种:

① 等速运动(直线运动)规律,就是推杆做等速运动。

② 等加速等减速运动(抛物线运动)规律,就是推杆作等加速等减速运动。一般等加速段和等减速段的时间相等。

③ 余弦加速度运动(简谐运动)规律。推杆运动时,其加速度按余弦规律变化。

④ 正弦加速度运动(摆线运动)规律。推杆运动时,其加速度按正弦规律变化。

表 4.1.1　推杆常用运动规律的运动方程

运动规律	运动方程		运动特性
	推　程	回　程	
等速运动	$s = h\delta/\delta_0$ $v = h\omega/\delta_0$ $a = 0$ $0 \leqslant \delta \leqslant \delta_0$	$s = h(1-\delta/\delta_0')$ $v = -h\omega/\delta_0'$ $a = 0$ $0 \leqslant \delta \leqslant \delta_0'$	推杆速度 v 为常数,加速度 a 为零。开始和终止瞬间加速度理论上无穷大
等加速等减速运动	等加速运动段		推杆在行程中先做等加速运动,后做等减速运动。推杆在运动的开始、中点和结束位置都会产生有限量的加速度突变,使凸轮产生柔性冲击
	$s = 2h\delta^2/\delta_0^2$ $v = 4h\omega\delta/\delta_0^2$ $a = 4h\omega^2/\delta_0^2$ $0 \leqslant \delta \leqslant \delta_0/2$	$s = h - 2h\delta^2/\delta_0'^2$ $v = -4h\omega\delta/\delta_0'^2$ $a = -4h\omega^2/\delta_0'^2$ $0 \leqslant \delta \leqslant \delta_0'/2$	
	等减速运动段		
	$s = h - 2h(\delta_0-\delta)^2/\delta_0^2$ $v = 4h\omega(\delta_0-\delta)/\delta_0^2$ $a = -4h\omega^2/\delta_0^2$ $\delta_0/2 \leqslant \delta \leqslant \delta_0$	$s = 2h(\delta_0'-\delta)^2/\delta_0'^2$ $v = -4h\omega(\delta_0'-\delta)/\delta_0'^2$ $a = 4h\omega^2/\delta_0'^2$ $\delta_0'/2 \leqslant \delta \leqslant \delta_0'$	
余弦加速度运动	$s = \dfrac{h}{2}\left[1-\cos\left(\dfrac{\pi\delta}{\delta_0}\right)\right]$ $v = \dfrac{\pi h\omega}{2\delta_0}\sin\left(\dfrac{\pi\delta}{\delta_0}\right)$ $a = \dfrac{\pi^2 h\omega^2}{2\delta_0^2}\cos\left(\dfrac{\pi\delta}{\delta_0}\right)$ $0 \leqslant \delta \leqslant \delta_0$	$s = \dfrac{h}{2}\left[1+\cos\left(\dfrac{\pi\delta}{\delta_0'}\right)\right]$ $v = -\dfrac{\pi h\omega}{2\delta_0'}\sin\left(\dfrac{\pi\delta}{\delta_0'}\right)$ $a = -\dfrac{\pi^2 h\omega^2}{2\delta_0'^2}\cos\left(\dfrac{\pi\delta}{\delta_0'}\right)$ $0 \leqslant \delta \leqslant \delta_0'$	推杆速度按余弦函数规律变化。推杆在运动的开始和结束时都会产生有限量的加速度突变,使凸轮产生柔性冲击
正弦加速度运动	$s = h\left[\dfrac{\delta}{\delta_0} - \dfrac{1}{2\pi}\sin\left(\dfrac{2\pi\delta}{\delta_0}\right)\right]$ $v = \dfrac{h\omega}{\delta_0}\left[1-\cos\left(\dfrac{2\pi\delta}{\delta_0}\right)\right]$ $a = \dfrac{2\pi h\omega^2}{\delta_0^2}\sin\left(\dfrac{2\pi\delta}{\delta_0}\right)$ $0 \leqslant \delta \leqslant \delta_0$	$s = h\left[1-\dfrac{\delta}{\delta_0'} + \dfrac{1}{2\pi}\sin\left(\dfrac{2\pi\delta}{\delta_0'}\right)\right]$ $v = \dfrac{h\omega}{\delta_0'}\left[\cos\left(\dfrac{2\pi\delta}{\delta_0'}\right)-1\right]$ $a = -\dfrac{2\pi h\omega^2}{\delta_0'^2}\sin\left(\dfrac{2\pi\delta}{\delta_0'}\right)$ $0 \leqslant \delta \leqslant \delta_0'$	推杆速度按正弦函数规律变化。推杆在整个运动过程中没有加速度突变,因而不产生冲击

4.1.2　4 种推杆运动规律的 MATLAB 子函数

1. 等速运动规律 MATLAB 子函数

（1）计算等速推程运动规律

```
% 等速推程运动规律
function[s1,v1,a1,delta_1] = Dengsu_tuicheng(delta01,h,omega)
delta_1 = linspace(0,delta01,round(delta01));
s1 = h * delta_1/delta01;
v1 = h * omega/(delta01 * pi/180) * ones(1,length(delta_1));
a1 = zeros(1,length(delta_1)). * ones(1,length(delta_1));
```

（2）计算等速回程运动规律

```
% 等速回程运动规律
function[s3,v3,a3,delta_3] = Dengsu_huicheng(delta01,deltax01,delta02,h,omega)
delta_3 = linspace(delta01 + deltax01 + 1,delta01 + deltax01 + delta01,round(delta02));
s3 = h * (1 - (delta_3 - (delta01 + deltax01))/deltax02);
v3 = - h * omega/(delta02 * pi/180) * ones(1,length(delta_3));
a3 = zeros(1,length(delta02)). * ones(1,length(delta_3));
```

2. 等加速等减速运动规律 MATLAB 子函数

（1）计算等加速等减速推程运动规律

```
% 等加速等减速推程运动规律
function[s1,v1,a1,delta_1] = Dengjia_Dengjian_tuicheng(delta01,h,omega)
delta1 = linspace(0,delta01/2,round(delta01/2));
s01 = 2 * h * delta1.^2/delta01^2;
v01 = (4 * h * omega. * delta1. * pi/180)/(delta01 * pi/180)^2;
a01 = 4 * h * omega^2/(delta01 * pi/180)^2 * ones(1,length(delta1));
delta2 = linspace(delta01/2 + 1,delta01,round(delta01/2));
s02 = h - 2 * h * (delta01 - delta2).^2/delta01^2;
v02 = 4 * h * omega. * (delta01 - delta2) * pi/180/(delta01 * pi/180)^2;
a02 = - 4 * h * omega^2/(delta01 * pi/180)^2 * ones(1,length(delta2));
s1 = [s01,s02];
v1 = [v01,v02];
a1 = [a01,a02];
delta_1 = [delta1,delta2];
```

（2）计算等加速等减速回程运动规律

```
% 等加速等减速回程运动规律
function[s3,v3,a3,delta_3] = Dengjia_Dengjian_huicheng(delta01,deltax01,delta02,h,omega)
delta1 = linspace(delta01 + deltax01 + 1,delta01 + deltax01 + delta02/2,round(delta02/2));
s01 = h - 2 * h * (delta1 - delta01 - deltax01).^2/delta02^2;
v01 = - (4 * h * omega. * (delta1 - delta01 - deltax01). * pi/180)/(delta02 * pi/180)^2;
a01 = - 4 * h * omega^2/(delta02 * pi/180)^2 * ones(1,length(delta1));
delta2 = linspace(delta01 + deltax01 + delta02/2 + 1,delta01 + deltax01 + delta02,round(delta02/2));
s02 = 2 * h * ((delta01 + deltax01 + delta02) - delta2).^2/delta02^2;
v02 = - 4 * h * omega. * (delta01 + deltax01 + delta02 - delta2) * pi/180/(delta02 * pi/180)^2;
a02 = 4 * h * omega^2/(delta02 * pi/180)^2 * ones(1,length(delta2));
```

```
s3 = [s01,s02];
v3 = [v01,v02];
a3 = [a01,a02];
delta_3 = [delta1,delta2];
```

3. 余弦加速度运动规律 MATLAB 子函数

(1) 计算余弦推程运动规律

```
% 余弦推程运动规律
function[s1,v1,a1,delta_1] = Yuxian_tuicheng(delta01,h,omega)
delta_1 = linspace(0,delta01,round(delta01));
s1 = h * (1 - cos(pi * delta_1/delta01))/2;
v1 = pi * h * omega * sin(pi * delta_1./delta01)/(2 * delta01 * pi/180);
a1 = pi^2 * h * omega^2 * cos(pi * delta_1./delta01)/(2 * (delta01 * pi/180)^2);
```

(2) 计算余弦回程运动规律

```
% 余弦回程运动规律
function[s3,v3,a3,delta_3] = Yuxian_huicheng(delta01,deltax01,delta02,h,omega)
delta_3 = linspace(delta01 + deltax01 + 1,delta01 + deltax01 + delta02,round(delta02));
angle = pi * (delta_3 - (delta01 + deltax01))/delta02;
s3 = h * (1 + cos(angle))/2;
v3 = - pi * h * omega * sin(angle)/(2 * delta02 * pi/180);
a3 = - pi^2 * h * omega^2 * cos(angle)/(2 * (delta02 * pi/180)^2);
```

4. 正弦加速度运动规律 MATLAB 子函数

(1) 计算正弦推程运动规律

```
% 正弦推程运动规律
function[s1,v1,a1,delta_1] = Zhengxian_tuicheng(delta01,h,omega)
delta_1 = linspace(0,delta01,round(delta01));
angle = 2 * pi * delta_1/delta01;
s1 = h * (delta_1/delta01 - sin(angle)/(2 * pi));
v1 = omega * h * (1 - cos(angle))/(delta01 * pi/180);
a1 = 2 * pi * h * omega^2 * sin(angle)/(delta01 * pi/180)^2;
```

(2) 计算正弦回程运动规律

```
% 正弦回程运动规律
function[s3,v3,a3,delta_3] = Zhengxian_huicheng(delta01,deltax01,delta02,h,omega)
delta_3 = linspace(delta01 + deltax01 + 1,delta01 + deltax01 + delta02,round(delta02));
angle = 2 * pi * (delta_3 - (delta01 + deltax01))/delta02;
s3 = h * (1 - (delta_3 - (delta01 + deltax01))/delta02 + sin(angle)/(2 * pi));
v3 = h * omega * (cos(angle) - 1)/(delta02 * pi/180);
a3 = - 2 * pi * h * omega^2 * sin(angle)/(delta02 * pi/180)^2;
```

4.2 案例 15——偏置直动滚子推杆盘形
凸轮机构 App 设计

4.2.1 偏置直动滚子推杆盘形凸轮轮廓曲线设计理论

如图 4.2.1 所示为偏置直动滚子推杆盘形凸轮机构。已知凸轮基圆半径 r_0,滚子半径

r_r，偏心距 e，推杆的运动规律 $s = s(\delta)$，已知凸轮以匀角速度 ω 逆时针回转。

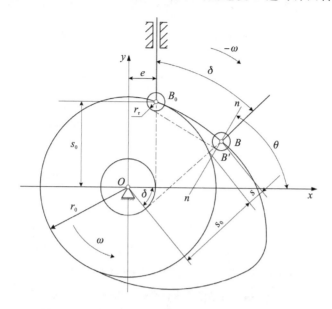

图 4.2.1　偏置直动滚子推杆盘形凸轮机构原理图

图 4.2.1 中，B 点的直角坐标表示为

$$\begin{cases} x = (s_0 + s)\sin\delta + e\cos\delta \\ y = (s_0 + s)\cos\delta - e\sin\delta \end{cases} \tag{4-2-1}$$

式中：

$$s_0 = \sqrt{r_0^2 - e^2} \tag{4-2-2}$$

实际轮廓线上 B' 的直角坐标为

$$\begin{cases} x' = x \mp r_r\cos\theta \\ y' = y \mp r_r\sin\theta \end{cases} \tag{4-2-3}$$

其中，"$-$"用于内等距曲线，"$+$"用于外等距曲线。

理论轮廓线上 B 点处法线 n-n 的斜率 $\tan\theta$ 为

$$\tan\theta = \sin\theta / \cos\theta \tag{4-2-4}$$

4.2.2　偏置直动滚子推杆盘形凸轮机构 App 设计

案例：已知直动滚子从动件凸轮机构凸轮以等角速度逆时针方向转动，转速 $n = 50$ r/min，推程时，推杆以正弦加速度上升，推程运动角为 $90°$，升程 $h = 15$ mm，远休止角为 $90°$；回程时，推杆以余弦加速度运动，回程运动角为 $60°$，近休止角为 $120°$。滚子半径 $r_t = 10$ mm，基圆半径 $r_0 = 50$ mm，推杆采用右偏置形式，偏心距 $e = 6$ mm。

1. 1 个 App 主窗口、3 个 App 子窗口设计

偏置直动滚子推杆盘形凸轮机构 App 主窗口设计如图 4.2.2 所示。

偏置直动滚子推杆盘形凸轮机构运动曲线 App 子窗口-1 设计如图 4.2.3 所示。

偏置直动滚子凸轮轮廓设计曲线 App 子窗口-2 设计如图 4.2.4 所示。

偏置直动滚子推杆盘形凸轮机构数字仿真动画 App 子窗口-3 设计如图 4.2.5 所示。

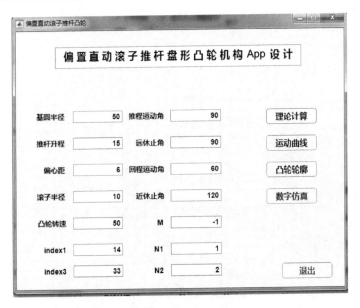

图 4.2.2 偏置直动滚子推杆盘形凸轮机构 App 主窗口

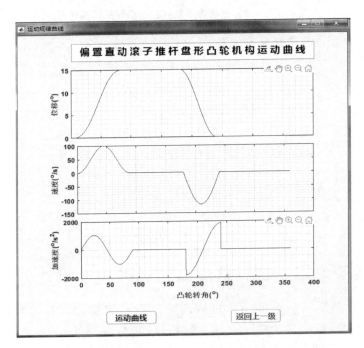

图 4.2.3 偏置直动滚子推杆盘形凸轮机构运动曲线 App 子窗口-1

2. App 主窗口设计

(1) App 主窗口布局和参数设计

偏置直动滚子推杆盘形凸轮机构 App 主窗口布局如图 4.2.6 所示,主窗口对象属性参数如表 4.2.1 所列。

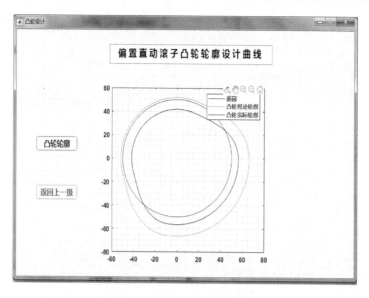

图 4.2.4　偏置直动滚子凸轮轮廓设计曲线 App 子窗口 - 2

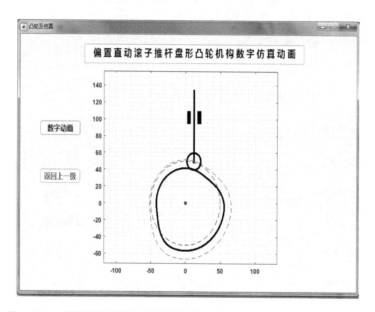

图 4.2.5　偏置直动滚子推杆盘形凸轮机构数字仿真动画 App 子窗口 - 3

表 4.2.1　偏置直动滚子推杆盘形凸轮机构主窗口对象属性参数

窗口对象	对象名称	字　　码	回调（函数）
编辑字段（基圆半径）	app. EditField_10	14	
编辑字段（推杆升程）	app. EditField_11	14	
编辑字段（偏心距）	app. EditField_12	14	
编辑字段（滚子半径）	app. EditField_13	14	
编辑字段（推程运动角）	app. EditField_6	14	
编辑字段（远休止角）	app. EditField_7	14	

续表 4.2.1

窗口对象	对象名称	字 码	回调(函数)
编辑字段(回程运动角)	app. EditField_8	14	
编辑字段(近休止角)	app. EditField_9	14	
编辑字段(M)	app. MEditField	14	
编辑字段(N1)	app. N1EditField_2	14	
编辑字段(N2)	app. N2EditField_2	14	
按钮(理论计算)	app. Button	16	LiLunJiSuan
按钮(运动曲线)	app. Button_3	16	YunDongQuXian
按钮(凸轮轮廓)	app. Button_2	16	TuLunLunKuo
按钮(数字仿真)	app. Button_4	16	ShuZiFangZhen
按钮(退出)	app. Button_7	16	TuiChu
文本区域(……App 设计)	app. TextArea	20	
窗口(偏置直动滚子推杆凸轮)	app. UIFigure		

注：此表中编辑字段皆为"编辑字段(数值)"。

图 4.2.6 偏置直动滚子推杆盘形凸轮机构 App 主窗口布局

(2) 本 App 程序设计细节解读

1) 私有属性创建

在【代码视图】→【编辑器】状态下,单击【属性】→【私有属性】,建立私有属性空间。

```
properties (Access = private)
    % 本 app 中需要的私有属性变量
```

```
delta;                                      % 凸轮转角
s;                                          % 推杆位移
v;                                          % 推杆摆动角速度
a;                                          % 推杆摆动角加速度
x0;                                         % 凸轮理论轮廓坐标 x0
y0;                                         % 凸轮理论轮廓坐标 y0
x;                                          % 凸轮实际轮廓坐标 x
y;                                          % 凸轮实际轮廓坐标 y
angle1;                                     % 推程压力角
angle2;                                     % 回程压力角
rou0;                                       % 凸轮轮廓曲率半径
cam_zhidong_huitu_1;                        % 绘图子窗口私有属性
cam_zhidong_tulunlunkuo;                    % 凸轮轮廓窗口私有属性
cam_zhidong_donghua_1;                      % 动画子窗口私有属性
end
```

2）设置窗口启动回调函数

在【编辑器】→【App 输入参数】状态下，启动回调函数，将其中参数设置为 startupFcn（app，baidongtuidan）（注：此处名称 baidongtuidan 可任意选取），单击【OK】按钮，然后编辑子函数。

```
function startupFcn(app, baidongtuidan)
% 程序启动关闭凸轮轮廓、运动曲线、数字仿真使能
app.Button_2.Enable = 'off';
app.Button_3.Enable = 'off';
app.Button_4.Enable = 'off';
end
```

3）【理论计算】回调函数

```
function LiLunJiSuan(app, event)
% 取出计算凸轮需要的主窗口界面的已知参数
r0 = app.EditField_10.Value;                % 基圆半径 r0
h = app.EditField_11.Value;                 % 推杆升程 h
e = app.EditField_12.Value;                 % 偏心距 e
rt = app.EditField_13.Value;                % 滚子半径 rt
n = app.EditField_14.Value;                 % 凸轮转速 n
index1 = app.index1EditField.Value;         % 推程压力角
index3 = app.index3EditField.Value;         % 回程压力角
delta01 = app.EditField_6.Value;            % 推程运动角
deltax01 = app.EditField_7.Value;           % 远休止角
delta02 = app.EditField_8.Value;            % 回程运动角
deltax02 = app.EditField_9.Value;           % 近休止角
M = app.MEditField.Value;                   % 含义见程序中
N1 = app.N1EditField_2.Value;               % 含义见程序中
N2 = app.N2EditField_2.Value;               % 含义见程序中
% 直动推杆凸轮轮廓及运动规律计算程序
[delta,s,v,a,x0,y0,x,y,angle1,angle2,rou0] = cam_zhidong(r0,h,delta01,deltax01,delta02,del-
tax02,e,rt,n,M,index1,index3,N1,N2);
% 定义本 app 中应用的私有属性
app.delta = delta;                          % 凸轮转角
app.s = s;                                  % 推杆位移
app.v = v;                                  % 推杆摆动角速度
app.a = a;                                  % 推杆摆动角加速度
```

```
app.x0 = x0;                                        % 凸轮理论轮廓坐标 x0
app.y0 = y0;                                        % 凸轮理论轮廓坐标 y0
app.x = x;                                          % 凸轮实际轮廓坐标 x
app.y = y;                                          % 凸轮实际轮廓坐标 y
app.angle1 = angle1;                               % 推程压力角
app.angle2 = angle2;                               % 回程压力角
app.rou0 = rou0;                                    % 凸轮轮廓曲率半径
function [delta,s,v,a,x0,y0,x,y,angle1,angle2,rou0] = cam_zhidong(r0,h,...
        delta01,deltax01,delta02,deltax02,e,rt,n,M,index1,index3,N1,N2)
% 输入参数如下：
% r0 - 基园半径,h - 行程
% delta01 - 推程运动角,deltax01 - 远休止角
% delta02 - 回程运动角,deltax02 - 近休止角
% e - 偏心距,rt - 滚子半径,n - 凸轮转速(r/min)
% index1 - 推程运动规律标号
% 11 - 等速运动规律;12 - 等加速等减速运动规律
% 13 - 余弦加速度运动规律;14 - 正弦加速度运动规律
% index3 - 回程运动规律标号
% 31 - 等速运动规律;32 - 等加速等减速运动规律
% 33 - 余弦加速度运动规律;34 - 正弦加速度运动规律
% M 的取值 - 当用于计算内等距曲线时,M = -1
% 当用于计算外等距曲线时,M = 1
% N1 的取值 - 凸轮逆时针转动,N1 = 1;反之,N1 = -1
% N2 的取值 - 推杆偏距 e 位于 y 轴的右侧,N2 = 1;反之,N2 = -1
% 输出参数：
% delta - 凸轮转角,s - 推杆位移,v - 推杆速度
% a - 推杆角速度,angle1 - 推程压力角,angle2 - 回程压力角
% rou0 - 凸轮轮廓曲率半径
% (x0,y0) - 凸轮机构理论轮廓坐标,(x,y) - 凸轮机构实际轮廓坐标
omega = 2 * pi * n/60;
switch index1
case 11
[s1,v1,a1,delta_1] = Dengsu_tuicheng(delta01,h,omega);
case 12
[s1,v1,a1,delta_1] = Dengjia_Dengjian_tuicheng(delta01,h,omega);
case 13
[s1,v1,a1,delta_1] = Yuxian_tuicheng(delta01,h,omega);
case 14
[s1,v1,a1,delta_1] = Zhengxian_tuicheng(delta01,h,omega);
end
switch index3
case 31
[s3,v3,a3,delta_3] = Dengsu_huicheng(delta01,deltax01,delta02,h,omega);
case 32
[s3,v3,a3,delta_3] = Dengjia_Dengjian_huicheng(delta01,deltax01,delta02,h,omega);
case 33
[s3,v3,a3,delta_3] = Yuxian_huicheng(delta01,deltax01,delta02,h,omega);
case 34
[s3,v3,a3,delta_3] = Zhengxian_huicheng(delta01,deltax01,delta02,h,omega);
end
[s2,v2,a2,delta_2] = Yuanxiu(delta01,deltax01,h);
[s4,v4,a4,delta_4] = Jinxiu(delta01,deltax01,delta02,deltax02);
delta = [delta_1,delta_2,delta_3,delta_4];
s = [s1,s2,s3,s4];
v = [v1,v2,v3,v4];
```

```matlab
a = [a1,a2,a3,a4];
% 计算滚子直动从动件盘形凸轮机构理论轮廓坐标
s0 = sqrt(r0^2 + e^2);
x0 = (s0 + s). * sin(N1 * delta. * pi/180) + N2 * e. * cos(N1 * delta. * pi/180);
y0 = (s0 + s). * cos(N1 * delta. * pi/180) - N2 * e. * sin(N1 * delta. * pi/180);
% 计算滚子直动从动件盘形凸轮机构实际轮廓坐标
dx_delta = (v./omega - N1 * N2 * e). * sin(N1 * delta. * pi/180) + N1 * (s0 + s). * cos(N1 * delta. *
pi/180);
dy_delta = (v./omega - N1 * N2 * e). * cos(N1 * delta. * pi/180) - N1 * (s0 + s). * sin(N1 * delta. *
pi/180);
if rt == 0
x = x0;
y = y0;
else
A = sqrt(dx_delta.^2 + dy_delta.^2);
x = x0 - N1 * M * rt * dy_delta./A;
y = y0 + N1 * M * rt * dx_delta./A;
end
% 计算压力角、推程压力角
rs1 = s0 + s1;
angle1 = abs(atan((v1./omega - N1 * N2 * e)./rs1));
% 回程压力角
rs2 = s0 + s3;
angle2 = abs(atan((v3./omega - N1 * N2 * e)./rs2));
% 计算凸轮轮廓曲率半径
ddx_delta = (a./omega^2. - s0 - s). * sin(N1 * delta. * pi/180) + (2 * v./omega - N1 * N2 * e). * N1.
* cos(N1 * delta. * pi/180);
ddy_delta = (a./omega^2. - s0 - s). * cos(N1 * delta. * pi/180) - (2 * v./omega - N1 * N2 * e). * N1.
* sin(N1 * delta. * pi/180);
A = (dx_delta.^2 + dy_delta.^2).^1.5;
B = dx_delta. * ddy_delta - dy_delta. * ddx_delta;
rou = A./B;
rou0 = abs(rou + M * rt);
end
% 等速推程运动子函数
function[s1,v1,a1,delta_1] = Dengsu_tuicheng(delta01,h,omega)
% 输入参数：delta01 - 推程运动角,h - 推程,omega - 凸轮角速度
% 输出参数：s1 - 推杆位移,v1 - 推杆速度
% a1 - 推杆加速度,delta_1 - 凸轮转角
delta_1 = linspace(0,delta01,round(delta01));
s1 = h * delta_1/delta01;
v1 = h * omega/(delta01 * pi/180) * ones(1,length(delta_1));
a1 = zeros(1,length(delta_1)). * ones(1,length(delta_1));
end
% 等加速 - 等减速推程运动子函数
function[s1,v1,a1,delta_1] = Dengjia_Dengjian_tuicheng(delta01,h,omega)
% 输入参数：delta01 - 推程运动角,h - 推程,omega - 凸轮角速度
% 输出参数：s1 - 推杆位移,v1 - 推杆速度
% a1 - 推杆角速度,delta_1 - 凸轮转动角度
% 计算推程等加速运动规律
delta1 = linspace(0,delta01/2,round(delta01/2));
s01 = 2 * h * delta1.^2/delta01^2;
v01 = (4 * h * omega. * delta1. * pi/180)/(delta01 * pi/180)^2;
a01 = 4 * h * omega^2/(delta01 * pi/180)^2 * ones(1,length(delta1));
% 计算推程等减速运动规律
```

```
delta2 = linspace(delta01/2 + 1,delta01,round(delta01/2));
s02 = h - 2 * h * (delta01 - delta2).^2/delta01^2;
v02 = 4 * h * omega. * (delta01 - delta2) * pi/180/(delta01 * pi/180)^2;
a02 = - 4 * h * omega^2/(delta01 * pi/180)^2 * ones(1,length(delta2));
s1 = [s01,s02];
v1 = [v01,v02];
a1 = [a01,a02];
delta_1 = [delta1,delta2];
end
% 余弦推程运动子函数
function[s1,v1,a1,delta_1] = Yuxian_tuicheng(delta01,h,omega)
% 输入参数：delta01 - 推程运动角,h - 推程,omega - 凸轮角速度
% 输出参数：s1 - 推杆位移,v1 - 推杆速度
% a1 - 推杆角速度,delta_1 - 凸轮转动角度
% 计算推程运动规律
delta_1 = linspace(0,delta01,round(delta01));
s1 = h * (1 - cos(pi * delta_1/delta01))/2;
v1 = pi * h * omega * sin(pi * delta_1./delta01)/(2 * delta01 * pi/180);
a1 = pi^2 * h * omega^2 * cos(pi * delta_1./delta01)/(2 * (delta01 * pi/180)^2);
end
% 正弦推程运动子函数
function[s1,v1,a1,delta_1] = Zhengxian_tuicheng(delta01,h,omega)
% 输入参数：delta01 - 推程运动角,h - 推程,omega - 凸轮角速度
% 输出参数：s1 - 推杆位移,v1 - 推杆速度
% a1 - 推杆角速度,delta_1 - 凸轮转动角度
% 计算推程运动规律
delta_1 = linspace(0,delta01,round(delta01));
angle = 2 * pi * delta_1/delta01;
s1 = h * (delta_1/delta01 - sin(angle)/(2 * pi));
v1 = omega * h * (1 - cos(angle))/(delta01 * pi/180);
a1 = 2 * pi * h * omega^2 * sin(angle)/(delta01 * pi/180)^2;
end
% 等速回程运动子函数
function[s3,v3,a3,delta_3] = Dengsu_huicheng(delta01,deltax01,delta02,h,omega)
% 输入参数：delta01 - 推程运动角,deltax01 - 远休止角
% delta02 - 回程运动角,h - 回程,omega - 凸轮角速度
% 输出参数：s3 - 推杆位移,v3 - 推杆速度
% a3 - 推杆加速度,delta_3 - 凸轮转角
delta_3 = linspace(delta01 + deltax01 + 1,delta01 + deltax01 + delta01,round(delta02));
s3 = h * (1 - (delta_3 - (delta01 + deltax01))/deltax02);
v3 = - h * omega/(delta02 * pi/180) * ones(1,length(delta_3));
a3 = zeros(1,length(delta02)). * ones(1,length(delta_3));
end
% 等加速 - 等减速回程运动子函数
function[s3,v3,a3,delta_3] = Dengjia_Dengjian_huicheng(delta01,deltax01,delta02,h,omega)
% 输入参数：delta01 - 推程运动角,deltax01 - 远休止角
% delta02 - 回程运动角,h - 推程,omega - 凸轮角速度
% 输出参数：s3 - 推杆位移,v3 - 推杆速度
% a3 - 推杆角速度,delta_3 - 凸轮转动角度
% 计算回程等加速运动规律
delta1 = linspace(delta01 + deltax01 + 1,delta01 + deltax01 + delta02/2,round(delta02/2));
s01 = h - 2 * h * (delta1 - delta01 - deltax01).^2/delta02^2;
v01 = - (4 * h * omega. * (delta1 - delta01 - deltax01). * pi/180)/(delta02 * pi/180)^2;
a01 = - 4 * h * omega^2/(delta02 * pi/180)^2 * ones(1,length(delta1));
% 计算回程等减速运动规律
```

```matlab
    delta2 = linspace(delta01 + deltax01 + delta02/2 + 1,delta01 + deltax01 + delta02,round
(delta02/2));
    s02 = 2 * h * ((delta01 + deltax01 + delta02) - delta2).^2/delta02^2;
    v02 = -4 * h * omega. * (delta01 + deltax01 + delta02 - delta2) * pi/180/(delta02 * pi/180)^2;
    a02 = 4 * h * omega^2/(delta02 * pi/180)^2 * ones(1,length(delta2));
    s3 = [s01,s02];
    v3 = [v01,v02];
    a3 = [a01,a02];
    delta_3 = [delta1,delta2];
    end
    % 余弦回程运动子函数
    function[s3,v3,a3,delta_3] = Yuxian_huicheng(delta01,deltax01,delta02,h,omega)
    % 输入参数：delta01 - 推程运动角,deltax01 - 远休止角
    % deltax02 - 回程运动角,h - 推程,omega - 凸轮角速度
    % 输出参数：s3 - 推杆位移,v3 - 推杆速度
    % a3 - 推杆角速度,delta_3 - 凸轮转动角度
    % 计算回程运动规律
    delta_3 = linspace(delta01 + deltax01 + 1,delta01 + deltax01 + delta02,round(delta02));
    angle = pi * (delta_3 - (delta01 + deltax01))/delta02;
    s3 = h * (1 + cos(angle))/2;
    v3 = -pi * h * omega * sin(angle)/(2 * delta02 * pi/180);
    a3 = -pi^2 * h * omega^2 * cos(angle)/(2 * (delta02 * pi/180)^2);
    end
    % 正弦回程运动子函数
    function[s3,v3,a3,delta_3] = Zhengxian_huicheng(delta01,deltax01,delta02,h,omega)
    % 输入参数：delta01 - 推程运动角,deltax01 - 远休止角
    % delta02 - 回程运动角,h - 回程,omega - 凸轮角速度
    % 输出参数：s3 - 推杆位移,v3 - 推杆速度
    % a3 - 推杆角速度,delta_3 - 凸轮转动角度
    % 计算回程运动规律
    delta_3 = linspace(delta01 + deltax01 + 1,delta01 + deltax01 + delta02,round(delta02));
    angle = 2 * pi * (delta_3 - (delta01 + deltax01))/delta02;
    s3 = h * (1 - (delta_3 - (delta01 + deltax01))/delta02 + sin(angle)/(2 * pi));
    v3 = h * omega * (cos(angle) - 1)/(delta02 * pi/180);
    a3 = -2 * pi * h * omega^2 * sin(angle)/(delta02 * pi/180)^2;
    end
    % 远休止子函数
    function[s2,v2,a2,delta_2] = Yuanxiu(delta01,deltax01,h)
    % 输入参数：delta01 - 推程运动角,deltax01 - 远休止角,h - 推程
    % 输出参数：s2 - 推杆位移,v2 - 推杆速度
    % a2 - 推杆加速度,delta_2 - 凸轮转角
    delta_2 = linspace(delta01,delta01 + deltax01,round(deltax01));
    s2 = h * ones(1,length(delta_2));
    v2 = 0 * ones(1,length(delta_2));
    a2 = 0 * ones(1,length(delta_2));
    end
    % 近休止子函数
    function[s4,v4,a4,delta_4] = Jinxiu(delta01,deltax01,delta02,deltax02)
    % 输入参数：delta01 - 推程运动角,deltax01 - 远休止角
    % delta02 - 回程运动角,deltax02 - 近休止角
    % 输出参数：s4 - 推杆位移,v4 - 推杆速度
    % a4 - 推杆加速度,delta_4 - 凸轮转角
    delta_4 = linspace(delta01 + deltax01 + delta02,delta01 + deltax01 + delta02 + deltax02,round
(deltax02));
    s4 = 0 * ones(1,length(delta_4));
```

```
    v4 = 0 * ones(1,length(delta_4));
    a4 = 0 * ones(1,length(delta_4));
  end
  % 开启凸轮轮廓、运动曲线、数字仿真使能
  app.Button_2.Enable = 'on';
  app.Button_3.Enable = 'on';
  app.Button_4.Enable = 'on';
  end
```

4)【运动曲线】回调函数

```
function YunDongQuXian(app, event)
  % 调用运动曲线子函数 applu_zhidongtuigan_quxianhuitu
  app.Button_3.Enable = 'off';              % 关闭"运动曲线"使能
  app.Button.Enable = 'off';                % 关闭"理论计算"使能
  app.Button_2.Enable = 'off';              % 关闭"凸轮轮廓"使能
  app.Button_4.Enable = 'off';              % 关闭"数字仿真"使能
  % 调用曲线绘图子函数窗口
  % 传递主函数中子函数曲线绘图需要的 4 个数据 delta s v a
  app.cam_zhidong_huitu_1 = applu_zhidongtuigan_quxianhuitu(app,app.delta,app.s,app.v,app.a);
  end
```

5)【数字仿真】回调函数

```
function ShuZiFangZhen(app, event)
  % 调数字仿真子函数 applu_zhidongtuigan_shuzifangzhen_1 动画仿真
  app.Button_3.Enable = 'off';              % 关闭"运动曲线"使能
  app.Button.Enable = 'off';                % 关闭"理论计算"使能
  app.Button_2.Enable = 'off';              % 关闭"凸轮轮廓"使能
  app.Button_4.Enable = 'off';              % 关闭"数字仿真"使能
  % 调用数字仿真子函数窗口
  % 传递主函数中子函数绘图需要的 6 个数据 delta x0 y0 x y s
  app.cam_zhidong_donghua_1 = applu_zhidongtuigan_shuzifangzhen_1(app,app.delta,app.x0,app.y0,
app.x,app.y,app.s);
  end
```

6)【凸轮轮廓】回调函数

```
function TuLunLunKuo(app, event)
  % 调凸轮轮廓子函数 applu_zhidongtuigan_shuzifangzhen 画凸轮图
  app.Button_3.Enable = 'off';              % 关闭"运动曲线"使能
  app.Button.Enable = 'off';                % 关闭"理论计算"使能
  app.Button_2.Enable = 'off';              % 关闭"凸轮轮廓"使能
  app.Button_4.Enable = 'off';              % 关闭"数字仿真"使能
  % 调用凸轮轮廓子函数窗口
  % 传递主函数中子函数绘图需要的 5 个数据 delta x0 y0 x y
  app.cam_zhidong_tulunlunkuo = applu_zhidongtuigan_shuzifangzhen(app,app.delta,app.x0,app.y0,
app.x,app.y);
  end
```

7)【退出】回调函数

```
function TuiChu(app, event)
  % 关闭窗口之前要求确认
  sel = questdlg('确认关闭应用程序? ','关闭确认,','Yes','No','No');
  switch sel;
  case'Yes'
  close all force;
  case'No'
```

```
return
end
end
```

3. App 子窗口-1 设计

(1) App 子窗口-1 布局和参数设计

偏置直动滚子推杆盘形凸轮机构运动曲线 App 子窗口-1 布局如图 4.2.7 所示,子窗口-1 对象属性参数如表 4.2.2 所列。

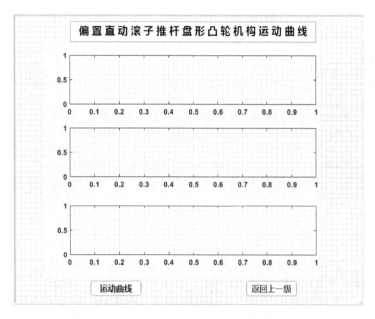

图 4.2.7　偏置直动滚子推杆盘形凸轮机构运动曲线 App 子窗口-1 布局

表 4.2.2　偏置直动滚子推杆盘形凸轮机构运动曲线子窗口-1 对象属性参数

窗口对象	对象名称	字　码	回调(函数)
坐标区(位移曲线)	app. UIAxes	14	
坐标区(速度曲线)	app. UIAxes_2	14	
坐标区(加速度曲线)	app. UIAxes_3	14	
按钮(运动曲线)	app. Button	16	YunDongQuXian
按钮(返回上一级)	app. Button_2	16	FanHui
文本区域(……运动曲线)	app. TextArea	20	
窗口(运动规律曲线)	app. UIFigure		

注: 此表中编辑字段皆为"编辑字段(数值)"。

(2) 本 App 程序设计细节解读

1) 私有属性创建

在【代码视图】→【编辑器】状态下,单击【属性】→【私有属性】,建立私有属性空间。

```
properties (Access = private)
% 本 App 私有属性变量
CallingApp;                                          % 与本 App 相关联的主程序窗口的私有属性
% 主窗口传递过来的数据定义为本 App 私有属性
applu_zhidongtuigan_quxianhuitu_receieved_a1;        % delta
applu_zhidongtuigan_quxianhuitu_receieved_a2;        % s
applu_zhidongtuigan_quxianhuitu_receieved_a3;        % v
applu_zhidongtuigan_quxianhuitu_receieved_a4;        % a
end
```

2）设置窗口启动回调函数

在【编辑器】→【App 输入参数】状态下，启动回调函数，将其中参数设置为 startupFcn(ap-plu,zhidongtuigan_tulun_W)，单击【OK】按钮，然后编辑子函数。

```
function startupFcn(app, applu_zhidongtuigan_tulun_W, a1, a2, a3, a4)
% 与主函数相连的私有属性定义，app.CallingApp 代表主窗口
% 此处 applu_zhidongtuigan_tulun_W 与 startupFcn 中相同即可
app.CallingApp = applu_zhidongtuigan_tulun_W;
% 接收主窗口传递过来 4 个数据变量，定义为本 App 私有属性变量
app.applu_zhidongtuigan_quxianhuitu_receieved_a1 = a1;     % delta
app.applu_zhidongtuigan_quxianhuitu_receieved_a2 = a2;     % s
app.applu_zhidongtuigan_quxianhuitu_receieved_a3 = a3;     % v
app.applu_zhidongtuigan_quxianhuitu_receieved_a4 = a4;     % a
end
```

3）【运动曲线】回调函数

```
function YunDongQuXian(app, event)
% 取出私有属性变量
a1 = app.applu_zhidongtuigan_quxianhuitu_receieved_a1;     % delta
a2 = app.applu_zhidongtuigan_quxianhuitu_receieved_a2;     % s
a3 = app.applu_zhidongtuigan_quxianhuitu_receieved_a3;     % v
a4 = app.applu_zhidongtuigan_quxianhuitu_receieved_a4;     % a
% 绘制曲线图
plot(app.UIAxes,a1,a2)
ylabel(app.UIAxes,'位移(^o)');
plot(app.UIAxes_2,a1,a3)
ylabel(app.UIAxes_2,'速度(^o/s)');
plot(app.UIAxes_3,a1,a4)
xlabel(app.UIAxes_3,'凸轮转角(^o)');
ylabel(app.UIAxes_3,'加速度(^o/s^2)');
end
```

4）【返回上一级】回调函数

```
function FanHui(app, event)
% 返回时开启主窗口的使能功能
% 注意要加主窗口私有属性 CallingApp 关键词
app.CallingApp.Button_3.Enable = 'on';      % 开启主窗口"运动曲线"使能
app.CallingApp.Button.Enable = 'on';        % 开启主窗口"理论计算"使能
app.CallingApp.Button_2.Enable = 'on';      % 开启主窗口"凸轮轮廓"使能
app.CallingApp.Button_4.Enable = 'on';      % 开启主窗口"数字仿真"使能
delete(app)                                 % 关闭本子函数窗口
end
```

4. App 子窗口-2 设计

(1) App 子窗口-2 布局和参数设计

偏置直动滚子凸轮轮廓设计曲线 App 子窗口-2 布局如图 4.2.8 所示,子窗口-2 对象属性参数如表 4.2.3 所列。

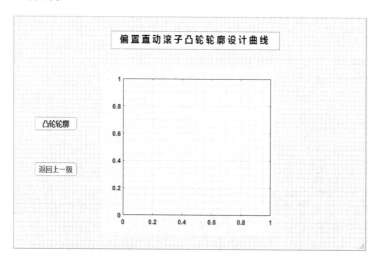

图 4.2.8　偏置直动滚子凸轮轮廓设计曲线 App 子窗口-2 布局

表 4.2.3　偏置直动滚子凸轮轮廓设计曲线子窗口-2 对象属性参数

窗口对象	对象名称	字　码	回调(函数)
坐标区(凸轮图)	app. UIAxes	14	
按钮(凸轮轮廓)	app. Button	16	TuLunLunKuo
按钮(返回上一级)	app. Button_2	16	FanHuiShangYiJi
文本区域(……设计曲线)	app. TextArea	20	
窗口(凸轮设计)	app. UIFigure		

注:此表中编辑字段皆为"编辑字段(数值)"。

(2) 本 App 程序设计细节解读

1) 私有属性创建

在【代码视图】→【编辑器】状态下,单击【属性】→【私有属性】,建立私有属性空间。

```
properties (Access = private)
% 本 App 私有属性变量
CallingApp;                              % 与本 App 子函数窗口相关联主程序窗口私有属性
% 主窗口传递过来的数据定义为本 App 私有属性
applu_zhidongtuigan_quxianhuitu_receieved_a1;      % delta
applu_zhidongtuigan_quxianhuitu_receieved_a2;      % x0
applu_zhidongtuigan_quxianhuitu_receieved_a3;      % y0
applu_zhidongtuigan_quxianhuitu_receieved_a4;      % x
applu_zhidongtuigan_quxianhuitu_receieved_a5;      % y
end
```

2）设置窗口启动回调函数

在【编辑器】→【App 输入参数】状态下，启动回调函数，将其中参数设置为 startupFcn（app,applu_zhidongtuigan_tulun_W1），单击【OK】按钮，然后编辑子函数。

```
function startupFcn(app, applu_zhidongtuigan_tulun_W1, a1, a2, a3, a4, a5)
% 与主函数相连的私有属性定义,app. CallingApp 代表主窗口
app.CallingApp = applu_zhidongtuigan_tulun_W1;
% 主窗口传递过来 5 个数据的私有属性变量定义
app.applu_zhidongtuigan_quxianhuitu_receieved_a1 = a1;      % delta
app.applu_zhidongtuigan_quxianhuitu_receieved_a2 = a2;      % x0
app.applu_zhidongtuigan_quxianhuitu_receieved_a3 = a3;      % y0
app.applu_zhidongtuigan_quxianhuitu_receieved_a4 = a4;      % x
app.applu_zhidongtuigan_quxianhuitu_receieved_a5 = a5;      % y
end
```

3）【凸轮轮廓】回调函数

```
function TuLunLunKuo(app, event)
% 主窗口传递过来 5 个数据作为本 App 私有属性变量
a1 = app.applu_zhidongtuigan_quxianhuitu_receieved_a1;      % delta
a2 = app.applu_zhidongtuigan_quxianhuitu_receieved_a2;      % x0
a3 = app.applu_zhidongtuigan_quxianhuitu_receieved_a3;      % y0
a4 = app.applu_zhidongtuigan_quxianhuitu_receieved_a4;      % x
a5 = app.applu_zhidongtuigan_quxianhuitu_receieved_a5;      % y
% 取自主窗口半径数值 r0
r0 = app.CallingApp.EditField_10.Value;
% 绘制凸轮曲线
plot(app.UIAxes,r0 * cos(a1 * pi/180),r0. * sin(a1 * pi/180),'r',a2,a3,'g',a4,a5,'b')
legend(app.UIAxes,'基园','凸轮理论轮廓','凸轮实际轮廓')
end
```

4）【返回上一级】回调函数

```
function FanHuiShangYiJi(app, event)
% 返回时开启主窗口的使能功能
% 注意要加主窗口私有属性 CallingApp 关键词
app.CallingApp.Button_3.Enable = 'on';      % 开启主窗口"运动曲线"使能
app.CallingApp.Button.Enable = 'on';        % 开启主窗口"理论计算"使能
app.CallingApp.Button_2.Enable = 'on';      % 开启主窗口"凸轮轮廓"使能
app.CallingApp.Button_4.Enable = 'on';      % 开启主窗口"数字仿真"使能
delete(app)                                 % 关闭本子函数窗口
end
```

5．App 子窗口-3 设计

（1）App 子窗口-3 布局和参数设计

偏置直动滚子推杆盘形凸轮机构数字仿真动画 App 子窗口-3 布局如图 4.2.9 所示，子窗口-3 对象属性参数如表 4.2.4 所列。

表 4.2.4　偏置直动滚子推杆盘形凸轮机构数字仿真动画子窗口-3 对象属性参数

窗口对象	对象名称	字 码	回调（函数）
坐标区（动画图）	app. UIAxes_2	14	
按钮（数字动画）	app. Button_2	16	ShuZiDongHua
按钮（返回上一级）	app. Button_3	16	FanHuiShangYiJi

续表 4.2.4

窗口对象	对象名称	字　码	回调(函数)
文本区域(……仿真动画)	app. TextArea	20	
窗口(凸轮及仿真)	app. UIFigure		

注:此表中编辑字段皆为"编辑字段(数值)"。

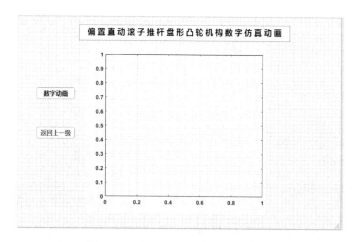

图 4.2.9　偏置直动滚子推杆盘形凸轮机构数字仿真动画 App 子窗口-3 布局

(2) 本 App 程序设计细节解读

1) 私有属性创建

在【代码视图】→【编辑器】状态下,单击【属性】→【私有属性】,建立私有属性空间。

```
properties (Access = private)
  % 本 App 私有属性变量
  CallingApp;                                    % 与本 App 子函数窗口相关联主程序窗口私有属性
  % 主窗口传递过来的数据定义为本 App 私有属性
  applu_zhidongtuigan_quxianhuitu_receieved_a1;  % delta
  applu_zhidongtuigan_quxianhuitu_receieved_a2;  % x0
  applu_zhidongtuigan_quxianhuitu_receieved_a3;  % y0
  applu_zhidongtuigan_quxianhuitu_receieved_a4;  % x
  applu_zhidongtuigan_quxianhuitu_receieved_a5;  % y
  applu_zhidongtuigan_quxianhuitu_receieved_a6;  % s
end
```

2) 设置窗口启动回调函数

在【编辑器】→【App 输入参数】状态下,启动回调函数,将其中参数设置为 startupFcn (app,applu_zhidongtuigan_tulun_W2),单击【OK】按钮,然后编辑子函数。

```
function startupFcn(app, applu_zhidongtuigan_tulun_W2, a1, a2, a3, a4, a5, a6)
  % 与主函数相连的私有属性定义,app.CallingApp 代表主窗口
  app.CallingApp = applu_zhidongtuigan_tulun_W2;
  % 接收主窗口传递过来的 6 个数据变量
  app.applu_zhidongtuigan_quxianhuitu_receieved_a1 = a1;    % delta
  app.applu_zhidongtuigan_quxianhuitu_receieved_a2 = a2;    % x0
  app.applu_zhidongtuigan_quxianhuitu_receieved_a3 = a3;    % y0
  app.applu_zhidongtuigan_quxianhuitu_receieved_a4 = a4;    % x
```

```
    app.applu_zhidongtuigan_quxianhuitu_receieved_a5 = a5;        % y
    app.applu_zhidongtuigan_quxianhuitu_receieved_a6 = a6;        % s
end
```

3)【数字动画】回调函数

```
function ShuZiDonghua(app, event)
% 取出主窗口传递过来的 6 个数据变量
a1 = app.applu_zhidongtuigan_quxianhuitu_receieved_a1;        % delta
a2 = app.applu_zhidongtuigan_quxianhuitu_receieved_a2;        % x0
a3 = app.applu_zhidongtuigan_quxianhuitu_receieved_a3;        % y0
a4 = app.applu_zhidongtuigan_quxianhuitu_receieved_a4;        % x
a5 = app.applu_zhidongtuigan_quxianhuitu_receieved_a5;        % y
a6 = app.applu_zhidongtuigan_quxianhuitu_receieved_a6;        % s
% 取出主窗中的已知数值
r0 = app.CallingApp.EditField_10.Value;                       % 主窗口 r0
rt = app.CallingApp.EditField_13.Value;                       % 主窗口 rt
e = app.CallingApp.EditField_12.Value;                        % 主窗口 e
h = app.CallingApp.EditField_11.Value;                        % 主窗口 h
N1 = app.CallingApp.N1EditField_2.Value;                      % 主窗口 N1
N2 = app.CallingApp.N2EditField_2.Value;                      % 主窗口 N2
cla(app.UIAxes_2)                                             % 清除原有图形
% 设置坐标范围
axis(app.UIAxes_2,[-max(a2)-30,max(a2)+20,-max(a3)-20,max(a3)+7*h],'equal');
s0 = sqrt(r0^2-e^2);
xt = N2*e+rt*cos(0:pi/30:2*pi);
yt = s0+rt*sin(0:pi/30:2*pi);
% 绘制凸轮实际轮廓
l1 = line(app.UIAxes_2,a4,a5,'color','b','linestyle','-','linewidth',3);
% 绘制凸轮理论轮廓
l2 = line(app.UIAxes_2,a2,a3,'color','g','linestyle','--');
% 绘制滚子轮廓
l3 = line(app.UIAxes_2,xt,yt,'color','r','linestyle','-','linewidth',3);
% 绘制凸轮基园轮廓
line(app.UIAxes_2,r0.*cos(a1.*pi/180),r0.*sin(a1.*pi/180),'color','r','linestyle','--');
% 绘制推杆
l5 = line(app.UIAxes_2,[N2*e,N2*e],[s0,9*h],'color','r','linestyle','-','linewidth',3);
% 绘制与推杆形成移动副的机架
rectangle(app.UIAxes_2,'position',[N2*e-10,3*h+s0,5,h],'linestyle','-','Facecolor','k');
rectangle(app.UIAxes_2,'position',[N2*e+5,3*h+s0,5,h],'linestyle','-','Facecolor','k');
% 定义各定铰链初始位置
h1 = line(app.UIAxes_2,0,0,'color',[1 0 0],'Marker','.','MarkerSize',20);
h2 = line(app.UIAxes_2,N2*e,s0,'color',...
    [1 0 0],'Marker','.','MarkerSize',20);
m = 0;n = length(a6);
while m<2
for i = 1:10:n
set(l1,'xdata',a4*cos(-i*N1*2*pi/n)+a5*sin(-i*N1*2*pi/n),'ydata',-a4*sin(-i*
N1*2*pi/n)+a5*cos(-i*N1*2*pi/n));
set(l2,'xdata',a2*cos(-i*N1*2*pi/n)+a3*sin(-i*N1*2*pi/n),'ydata',-a2*sin(-i*
N1*2*pi/n)+a3*cos(-i*N1*2*pi/n));
set(l3,'xdata',xt,'ydata',a6(i)+yt);
set(l5,'xdata',[N2*e,N2*e],'ydata',[s0+a6(i),9*h+a6(i)]);
set(h2,'xdata',N2*e,'ydata',s0+a6(i));
pause(0.3)                                                    % 控制运动速度
drawnow                                                       % 刷新屏幕
```

```
end
  m = m + 1;
  end
end
```

4)【返回上一级】回调函数

```
function FanHuiShangYiJi(app, event)
  % 返回时开启主窗口的使能功能
  % 注意要加主窗口私有属性 CallingApp 关键词
  app. CallingApp. Button_3. Enable = 'on';        % 开启主窗口"运动曲线"使能
  app. CallingApp. Button. Enable = 'on';          % 开启主窗口"理论计算"使能
  app. CallingApp. Button_2. Enable = 'on';        % 开启主窗口"凸轮轮廓"使能
  app. CallingApp. Button_4. Enable = 'on';        % 开启主窗口"数字仿真"使能
  delete(app)                                      % 关闭本子函数窗口
end
```

4.3 案例 16——直动平底推杆盘形凸轮机构 App 设计

4.3.1 直动平底推杆盘形凸轮轮廓曲线设计理论

如图 4.3.1 所示为对心直动平底推杆盘形凸轮机构。已知凸轮基圆半径 r_0，推杆的运动规律 $s = s(\delta)$，凸轮以匀角速度 ω 逆时针回转。图中 B 点的直角坐标表示为

$$\begin{cases} x = (r_0 + s)\sin\delta + \left(\dfrac{\mathrm{d}s}{\mathrm{d}\delta}\right)\cos\delta \\[2mm] y = (r_0 + s)\cos\delta - \left(\dfrac{\mathrm{d}s}{\mathrm{d}\delta}\right)\sin\delta \end{cases} \tag{4-3-1}$$

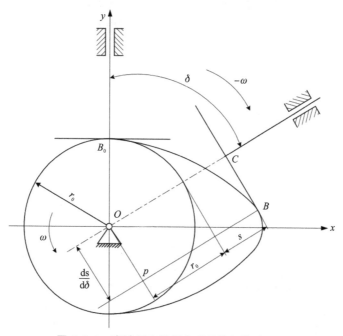

图 4.3.1 直动平底推杆盘形凸轮机构原理图

4.3.2 直动平底推杆盘形凸轮机构 App 设计

案例：已知凸轮基圆半径 $r_0 = 30$ mm，推杆平底与导轨中心线垂直，凸轮逆时针方向匀速转动。当凸轮转过 120°时，推杆以余弦加速度运动规律上升 20 mm，再转过 150°时，推杆又以余弦加速度运动规律回到原位，凸轮转过其余 90°时，推杆静止不动。

1. 1 个 App 主窗口、3 个 App 子窗口设计

直动平底推杆盘形凸轮机构 App 主窗口设计如图 4.3.2 所示。

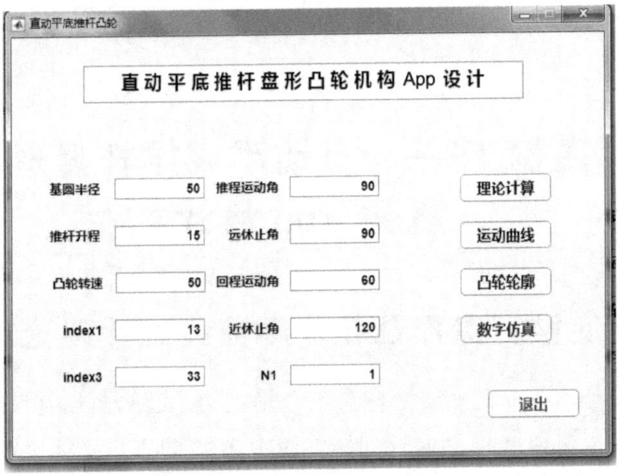

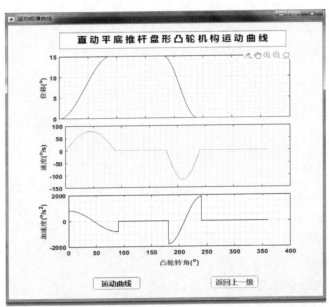

图 4.3.2 直动平底推杆盘形凸轮机构 App 主窗口

直动平底推杆盘形凸轮机构运动曲线 App 子窗口-1 设计如图 4.3.3 所示。

图 4.3.3 直动平底推杆盘形凸轮机构运动曲线 App 子窗口-1

直动平底凸轮轮廓设计曲线 App 子窗口-2 设计如图 4.3.4 所示。

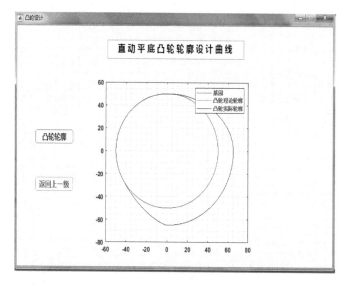

图 4.3.4　直动平底凸轮轮廓设计曲线 App 子窗口 - 2

直动平底推杆盘形凸轮机构数字仿真动画 App 子窗口 - 3 设计如图 4.3.5 所示。

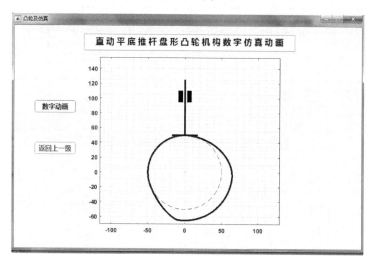

图 4.3.5　直动平底推杆盘形凸轮机构数字仿真动画 App 子窗口 - 3

2. App 主窗口设计

（1）App 主窗口布局和参数设计

直动平底推杆盘形凸轮机构 App 主窗口布局如图 4.3.6 所示,主窗口对象属性参数如表 4.3.1 所列。

表 4.3.1　直动平底推杆盘形凸轮机构主窗口对象属性参数

窗口对象	对象名称	字码	回调(函数)
编辑字段(基圆半径)	app. EditField_10	14	
编辑字段(推杆升程)	app. EditField_11	14	

窗口对象	对象名称	字码	回调（函数）
编辑字段（凸轮转速）	app. EditField_14	14	
编辑字段（推程运动角）	app. EditField_6	14	
编辑字段（远休止角）	app. EditField_7	14	
编辑字段（回程运动角）	app. EditField_8	14	
编辑字段（近休止角）	app. EditField_9	14	
编辑字段（index1）	app. index1EditField	14	
编辑字段（index3）	app. index3EditField	14	
编辑字段（N1）	app. N1EditField_2	14	
按钮（理论计算）	app. Button	16	LiLunJiSuan
按钮（运动曲线）	app. Button_3	16	YunDongQuXian
按钮（凸轮轮廓）	app. Button_2	16	TuLunLunKuo
按钮（数字仿真）	app. Button_4	16	ShuZiFangZhen
按钮（退出）	app. Button_5	16	TuiChu
文本区域（……App 设计）	app. TextArea	20	
窗口（直动平底推杆凸轮）	app. UIFigure		

注：此表中编辑字段皆为"编辑字段（数值）"。

图 4.3.6　直动平底推杆盘形凸轮机构 App 主窗口布局

（2）本 App 程序设计细节解读

1）私有属性创建

在【代码视图】→【编辑器】状态下，单击【属性】→【私有属性】，建立私有属性空间。

```
properties (Access = private)
% 本 App 中需要的私有属性变量
```

```
delta;                              % 凸轮转角
s;                                  % 推杆位移
v;                                  % 推杆摆动角速度
a;                                  % 推杆摆动角加速度
x;                                  % 凸轮实际轮廓坐标 x
y;                                  % 凸轮实际轮廓坐标 y
Lp;                                 % 推杆平底宽度
rou0;                               % 凸轮轮廓曲率半径
cam_zhidongpingdi_huitu_1;          % 定义绘图子窗口私有属性
cam_zhidongpingdi_tulunlunkuo;      % 定义凸轮轮廓窗口私有属性
cam_zhidongpingdi_donghua_1;        % 定义动画子窗口私有属性
end
```

2）设置窗口启动回调函数

在【编辑器】→【App 输入参数】状态下，启动回调函数，将其中参数设置为 startupFcn（app，baidongtuidan）（注：此处名称 baidongtuidan 可任意选取），单击【OK】按钮，然后编辑子函数。

```
function startupFcn(app, baidongtuidan)
% 程序启动关闭凸轮轮廓、运动曲线、数字仿真使能
app.Button_2.Enable = 'off';
app.Button_3.Enable = 'off';
app.Button_4.Enable = 'off';
end
```

3）【理论计算】回调函数

```
function LiLunJiSuan(app, event)
% 取出计算凸轮需要的主窗口界面的已知参数
r0 = app.EditField_10.Value;              % 基圆半径 r0
h = app.EditField_11.Value;               % 推杆升程 h
n = app.EditField_14.Value;               % 凸轮转速 n
index1 = app.index1EditField.Value;       % index1（见程序）
index3 = app.index3EditField.Value;       % index2（见程序）
delta01 = app.EditField_6.Value;          % delta01（见程序）
deltax01 = app.EditField_7.Value;         % deltax01（见程序）
delta02 = app.EditField_8.Value;          % delta02（见程序）
deltax02 = app.EditField_9.Value;         % deltax02（见程序）
N1 = app.N1EditField_2.Value;             % N1（见程序）
% 直动平底推杆凸轮轮廓及运动规律计算程序
[delta,s,v,a,x,y,Lp,rou0] = cam_pingdizhidong(r0,h,delta01,deltax01,delta02,deltax02,n,in-
dex1,index3,N1);
% 定义本 App 中应用的私有属性
app.delta = delta;                        % 凸轮转角
app.s = s;                                % 推杆位移
app.v = v;                                % 推杆摆动角速度
app.a = a;                                % 推杆摆动角加速度
app.x = x;                                % 凸轮实际轮廓坐标 x
app.y = y;                                % 凸轮实际轮廓坐标 y
app.Lp = Lp;                              % 推杆平底宽度
app.rou0 = rou0;                          % 凸轮轮廓曲率半径
function [delta,s,v,a,x,y,Lp,rou0] = cam_pingdizhidong(r0,h,delta01,...
                        delta02,deltax02,n,index1,index3,N1)
```

```
% 输入参数:
% r0 - 基圆半径,h - 行程
% delta01 - 推程运动角,deltax01 - 远休止角
% delta02 - 回程运动角,deltax02 - 近休止角
% n - 凸轮转速(r/min)
% index1 - 推程运动规律标号;11 - 等速运动规律
% 12 - 等加速等减速运动规律
% 13 - 余弦加速度运动规律;14 - 正弦加速度运动规律
% index3 - 回程运动规律标号;31 - 等速运动规律
% 32 - 等加速等减速运动规律
% 33 - 余弦加速度运动规律;34 - 正弦加速度运动规律
% N1 的取值 - 凸轮逆时针转动,N1 = 1;反之,N1 = - 1
% 输出参数:
% delta - 凸轮转角,s - 推杆位移,v - 推杆速度,a - 推杆角速度
% rou0 - 凸轮轮廓曲率半径,Lp - 推杆平底宽度
% (x,y) - 凸轮机构实际轮廓坐标
omega = 2 * pi * n/60;
switch index1
case 11
[s1,v1,a1,delta_1] = Dengsu_tuicheng(delta01,h,omega);
case 12
[s1,v1,a1,delta_1] = Dengjia_Dengjian_tuicheng(delta01,h,omega);
case 13
[s1,v1,a1,delta_1] = Yuxian_tuicheng(delta01,h,omega);
case 14
[s1,v1,a1,delta_1] = Zhengxian_tuicheng(delta01,h,omega);
end
switch index3
case 31
[s3,v3,a3,delta_3] = Dengsu_huicheng(delta01,deltax01,delta02,h,omega);
case 32
[s3,v3,a3,delta_3] = Dengjia_Dengjian_huicheng(delta01,deltax01,delta02,h,omega);
case 33
[s3,v3,a3,delta_3] = Yuxian_huicheng(delta01,deltax01,delta02,h,omega);
case 34
[s3,v3,a3,delta_3] = Zhengxian_huicheng(delta01,deltax01,delta02,h,omega);
end
[s2,v2,a2,delta_2] = Yuanxiu(delta01,deltax01,h);
[s4,v4,a4,delta_4] = Jinxiu(delta01,deltax01,delta02,deltax02);
delta = [delta_1,delta_2,delta_3,delta_4];
s = [s1,s2,s3,s4];
v = [v1,v2,v3,v4];
a = [a1,a2,a3,a4];
% 计算平底直动推杆盘形凸轮机构实际轮廓坐标
x = (r0 + s) . * sin(N1 * delta. * pi/180) + N1 * v/omega. * cos(N1 * delta. * pi/180);
y = (r0 + s) . * cos(N1 * delta. * pi/180) - N1 * v/omega. * sin(N1 * delta. * pi/180);
% 计算平底直动推杆盘形凸轮机构理论轮廓任一点的曲率半径
rou0 = r0 + s + a/omega.^2;
% 计算平底宽度
Lp = 2 * max(v/omega) + 5;
end
% 等速推程运动子函数
function[s1,v1,a1,delta_1] = Dengsu_tuicheng(delta01,h,omega)
% 输入参数:delta01 - 推程运动角,h - 推程,omega - 凸轮角速度
% 输出参数:s1 - 推杆位移,v1 - 推杆速度
```

```
% a1 - 推杆加速度,delta_1 - 凸轮转角
delta_1 = linspace(0,delta01,round(delta01));
s1 = h * delta_1/delta01;
v1 = h * omega/(delta01 * pi/180) * ones(1,length(delta_1));
a1 = zeros(1,length(delta_1)). * ones(1,length(delta_1));
end
% 等加速 - 等减速推程运动子函数
function[s1,v1,a1,delta_1] = Dengjia_Dengjian_tuicheng(delta01,h,omega)
% 输入参数:delta01 - 推程运动角,h - 推程,omega - 凸轮角速度
% 输出参数:s1 - 推杆位移,v1 - 推杆速度
% a1 - 推杆角速度,delta_1 - 凸轮转动角度
% 计算推程等加速运动规律
delta1 = linspace(0,delta01/2,round(delta01/2));
s01 = 2 * h * delta1.^2/delta01^2;
v01 = (4 * h * omega. * delta1. * pi/180)/(delta01 * pi/180)^2;
a01 = 4 * h * omega^2/(delta01 * pi/180)^2 * ones(1,length(delta1));
% 计算推程等减速运动规律
delta2 = linspace(delta01/2 + 1,delta01,round(delta01/2));
s02 = h - 2 * h * (delta01 - delta2).^2/delta01^2;
v02 = 4 * h * omega. * (delta01 - delta2) * pi/180/(delta01 * pi/180)^2;
a02 = - 4 * h * omega^2/(delta01 * pi/180)^2 * ones(1,length(delta2));
s1 = [s01,s02];
v1 = [v01,v02];
a1 = [a01,a02];
delta_1 = [delta1,delta2];
end
% 余弦推程运动子函数
function[s1,v1,a1,delta_1] = Yuxian_tuicheng(delta01,h,omega)
% 输入参数:delta01 - 推程运动角,h - 推程,omega - 凸轮角速度
% 输出参数:s1 - 推杆位移,v1 - 推杆速度
% a1 - 推杆角速度,delta_1 - 凸轮转动角度
% 计算推程运动规律
delta_1 = linspace(0,delta01,round(delta01));
s1 = h * (1 - cos(pi * delta_1/delta01))/2;
v1 = pi * h * omega * sin(pi * delta_1./delta01)/(2 * delta01 * pi/180);
a1 = pi^2 * h * omega^2 * cos(pi * delta_1./delta01)/(2 * (delta01 * pi/180)^2);
end
% 正弦推程运动子函数
function[s1,v1,a1,delta_1] = Zhengxian_tuicheng(delta01,h,omega)
% 输入参数:delta01 - 推程运动角,h - 推程,omega - 凸轮角速度
% 输出参数:s1 - 推杆位移,v1 - 推杆速度
% a1 - 推杆角速度,delta_1 - 凸轮转动角度
% 计算推程运动规律
delta_1 = linspace(0,delta01,round(delta01));
angle = 2 * pi * delta_1/delta01;
s1 = h * (delta_1/delta01 - sin(angle)/(2 * pi));
v1 = omega * h * (1 - cos(angle))/(delta01 * pi/180);
a1 = 2 * pi * h * omega^2 * sin(angle)/(delta01 * pi/180)^2;
end
% 等速回程运动子函数
function[s3,v3,a3,delta_3] = Dengsu_huicheng(delta01,deltax01,delta02,h,omega)
% 输入参数:delta01 - 推程运动角,deltax01 - 远休止角
% delta02 - 回程运动角,h - 回程,omega - 凸轮角速度
% 输出参数:s3 - 推杆位移,v3 - 推杆速度
% a3 - 推杆加速度,delta_3 - 凸轮转角
```

```
    delta_3 = linspace(delta01 + deltax01 + 1,delta01 + deltax01 + delta01,round(delta02));
    s3 = h * (1 - (delta_3 - (delta01 + deltax01))/deltax02);
    v3 = - h * omega/(delta02 * pi/180) * ones(1,length(delta_3));
    a3 = zeros(1,length(delta02)). * ones(1,length(delta_3));
end
    % 等加速 - 等减速回推程运动子函数
    function[s3,v3,a3,delta_3] = Dengjia_Dengjian_huicheng(delta01,deltax01,delta02,h,omega)
    % 输入参数：delta01 - 推程运动角,deltax01 - 远休止角
    % delta02 - 回程运动角,h - 推程,omega - 凸轮角速度
    % 输出参数：s3 - 推杆位移,v3 - 推杆速度
    % a3 - 推杆角速度,delta_3 - 凸轮转动角度
    % 计算回程等加速运动规律
    delta1 = linspace(delta01 + deltax01 + 1,delta01 + deltax01 + delta02/2,round(delta02/2));
    s01 = h - 2 * h * (delta1 - delta01 - deltax01).^2/delta02^2;
    v01 = - (4 * h * omega. * (delta1 - delta01 - deltax01). * pi/180)/(delta02 * pi/180)^2;
    a01 = - 4 * h * omega^2/(delta02 * pi/180)^2 * ones(1,length(delta1));
    % 计算回程等减速运动规律
    delta2 = linspace (delta01 + deltax01 + delta02/2 + 1, delta01 + deltax01 + delta02, round
(delta02/2));
    s02 = 2 * h * ((delta01 + deltax01 + delta02) - delta2).^2/delta02^2;
    v02 = - 4 * h * omega. * (delta01 + deltax01 + delta02 - delta2) * pi/180/(delta02 * pi/180)^2;
    a02 = 4 * h * omega^2/(delta02 * pi/180)^2 * ones(1,length(delta2));
    s3 = [s01,s02];
    v3 = [v01,v02];
    a3 = [a01,a02];
    delta_3 = [delta1,delta2];
end
    % 余弦回程运动子函数
    function[s3,v3,a3,delta_3] = Yuxian_huicheng(delta01,deltax01,delta02,h,omega)
    % 输入参数：delta01 - 推程运动角,deltax01 - 远休止角
    % deltax02 - 回程运动角,h - 推程,omega - 凸轮角速度
    % 输出参数：s3 - 推杆位移,v3 - 推杆速度
    % a3 - 推杆角速度,delta_3 - 凸轮转动角度
    % 计算回程运动规律
    delta_3 = linspace(delta01 + deltax01 + 1,delta01 + deltax01 + delta02,round(delta02));
    angle = pi * (delta_3 - (delta01 + deltax01))/delta02;
    s3 = h * (1 + cos(angle))/2;
    v3 = - pi * h * omega * sin(angle)/(2 * delta02 * pi/180);
    a3 = - pi^2 * h * omega^2 * cos(angle)/(2 * (delta02 * pi/180)^2);
end
    % 正弦回程运动子函数
    function[s3,v3,a3,delta_3] = Zhengxian_huicheng(delta01,deltax01,delta02,h,omega)
    % 输入参数：delta01 - 推程运动角,deltax01 - 远休止角
    % delta02 - 回程运动角,h - 回程,omega - 凸轮角速度
    % 输出参数：s3 - 推杆位移,v3 - 推杆速度
    % a3 - 推杆角速度,delta_3 - 凸轮转动角度
    % 计算回程运动规律
    delta_3 = linspace(delta01 + deltax01 + 1,delta01 + deltax01 + delta02,round(delta02));
    angle = 2 * pi * (delta_3 - (delta01 + deltax01))/delta02;
    s3 = h * (1 - (delta_3 - (delta01 + deltax01))/delta02 + sin(angle)/(2 * pi));
    v3 = h * omega * (cos(angle) - 1)/(delta02 * pi/180);
    a3 = - 2 * pi * h * omega^2 * sin(angle)/(delta02 * pi/180)^2;
end
    % 远休止子函数
    function[s2,v2,a2,delta_2] = Yuanxiu(delta01,deltax01,h)
```

```
% 输入参数：delta01 - 推程运动角,deltax01 - 远休止角,h - 推程
% 输出参数：s2 - 推杆位移,v2 - 推杆速度
% a2 - 推杆加速度,delta_2 - 凸轮转角
delta_2 = linspace(delta01,delta01 + deltax01,round(deltax01));
s2 = h * ones(1,length(delta_2));
v2 = 0 * ones(1,length(delta_2));
a2 = 0 * ones(1,length(delta_2));
end
% 近休止子函数
function[s4,v4,a4,delta_4] = Jinxiu(delta01,deltax01,delta02,deltax02)
% 输入参数：delta01 - 推程运动角,deltax01 - 远休止角
% delta02 - 回程运动角,deltax02 - 近休止角
% 输出参数：s4 - 推杆位移,v4 - 推杆速度
% a4 - 推杆加速度,delta_4 - 凸轮转角
delta_4 = linspace(delta01 + deltax01 + delta02,delta01 + deltax01 + delta02 + deltax02,round
(deltax02));
s4 = 0 * ones(1,length(delta_4));
v4 = 0 * ones(1,length(delta_4));
a4 = 0 * ones(1,length(delta_4));
end
% 开启凸轮轮廓、运动曲线、数字仿真按钮使能
app.Button_2.Enable = 'on';
app.Button_3.Enable = 'on';
app.Button_4.Enable = 'on';
end
```

4)【运动曲线】回调函数

```
function YunDongQuXian(app, event)
% 调用运动曲线绘图子函数 applu_zhidongpingdituigan_quxianhuitu
app.Button_3.Enable = 'off';                    % 关闭"运动曲线"使能
app.Button.Enable = 'off';                      % 关闭"理论计算"使能
app.Button_2.Enable = 'off';                    % 关闭"凸轮轮廓"使能
app.Button_4.Enable = 'off';                    % 关闭"数字仿真"使能
% 调用曲线绘图子函数窗口
% 传递主函数中子函数曲线绘图需要的 4 个数据 delta s v a
cam_zhidongpingdi_huitu_1 = applu_zhidongpingdituigan_quxianhuitu(app,app.delta,app.s,app.v,
app.a);
end
```

5)【数字仿真】回调函数

```
function ShuZiFangZhen(app, event)
% 调子函数 applu_zhidongpingdituigan_shuzifangzhen_1,画仿真动画
app.Button_3.Enable = 'off';                    % 关闭"运动曲线"使能
app.Button.Enable = 'off';                      % 关闭"理论计算"使能
app.Button_2.Enable = 'off';                    % 关闭"凸轮轮廓"使能
app.Button_4.Enable = 'off';                    % 关闭"数字仿真"使能
% 调用数字仿真子函数窗口
% 传递主函数中子函数绘图需要的 5 个数据 delta x y s Lp
cam_zhidongpingdi_donghua_1 = applu_zhidongpingdituigan_shuzifangzhen_1(app,app.delta,app.x,
app.y,app.s,app.Lp);
end
```

6)【凸轮轮廓】回调函数

```
function TuLunLunKuo(app, event)
% 调用凸轮轮廓子函数 applu_zhidongpingdituigan_shuzifangzhen
```

```
app. Button_3. Enable = 'off';              % 关闭"运动曲线"使能
app. Button. Enable = 'off';                % 关闭"理论计算"使能
app. Button_2. Enable = 'off';              % 关闭"凸轮轮廓"使能
app. Button_4. Enable = 'off';              % 关闭"数字仿真"使能
% 调用凸轮轮廓子函数窗口
% 传递主函数中子函数绘图需要的 3 个数据 delta x y
cam_zhidongpingdi_tulunlunkuo = applu_zhidongpingdituigan_shuzifangzhen(app,app.delta,app.x,
app.y);
end
```

7)【退出】回调函数

```
function TuiChu(app, event)
% 关闭窗口之前要求确认
sel = questdlg('确认关闭应用程序？','关闭确认','Yes','No','No');
switch sel;
case'Yes'
close all force;
case'No'
return
end
end
```

3. App 子窗口-1 设计

(1) App 子窗口-1 布局和参数设计

直动平底推杆盘形凸轮机构运动曲线 App 子窗口-1 布局如图 4.3.7 所示,子窗口-1 对象属性参数如表 4.3.2 所列。

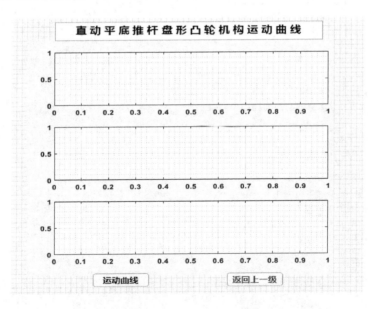

图 4.3.7　直动平底推杆盘形凸轮机构运动曲线 App 子窗口-1 布局

表 4.3.2　子窗口-1 对象属性参数

窗口对象	对象名称	字　码	回调(函数)
坐标区(位移曲线)	app. UIAxes	14	
坐标区(速度曲线)	app. UIAxes_2	14	
坐标区(加速度曲线)	app. UIAxes_3	14	
按钮(运动曲线)	app. Button	16	YunDongQuXian
按钮(返回上一级)	app. Button_2	16	FanHui
文本区域(……运动曲线)	app. TextArea	20	
窗口(运动规律曲线)	app. UIFigure		

注：此表中编辑字段皆为"编辑字段(数值)"。

(2) 本 App 程序设计细节解读

1) 私有属性创建

在【代码视图】→【编辑器】状态下，单击【属性】→【私有属性】，建立私有属性空间。

```
properties (Access = private)
% 本 App 私有属性变量
CallingApp;                                           % 与本 App 相关联的主程序窗口的私有属性
% 定义主窗口传递过来数据本 App 私有属性
applu_zhidongtuigan_quxianhuitu_receieved_a1;         % delta
applu_zhidongtuigan_quxianhuitu_receieved_a2;         % s
applu_zhidongtuigan_quxianhuitu_receieved_a3;         % v
applu_zhidongtuigan_quxianhuitu_receieved_a4;         % a
end
```

2) 设置窗口启动回调函数

在【编辑器】→【App 输入参数】状态下，启动回调函数，将其中参数设置为 startupFcn (app,applu_zhidongtuigan_tulun_W)，单击【OK】按钮，然后编辑子函数。

```
function startupFcn(app, applu_zhidongtuigan_tulun_W, a1, a2, a3, a4)
% 与主函数相连的私有属性定义,app.CallingApp 代表主窗口
% 此处 applu_baidongtuigan_tulun_W 与 startupFcn 中相同即可
app.CallingApp = applu_zhidongtuigan_tulun_W;
% 接收主窗口传递过来 4 个数据变量,定义为本 App 私有属性变量
app.applu_zhidongtuigan_quxianhuitu_receieved_a1 = a1;     % delta
app.applu_zhidongtuigan_quxianhuitu_receieved_a2 = a2;     % s
app.applu_zhidongtuigan_quxianhuitu_receieved_a3 = a3;     % v
app.applu_zhidongtuigan_quxianhuitu_receieved_a4 = a4;     % a
end
```

3)【运动曲线】回调函数

```
function YunDongQuXian(app, event)
% 取出私有属性变量
a1 = app. applu_zhidongtuigan_quxianhuitu_receieved_a1;    % delta
a2 = app. applu_zhidongtuigan_quxianhuitu_receieved_a2;    % s
a3 = app. applu_zhidongtuigan_quxianhuitu_receieved_a3;    % v
a4 = app. applu_zhidongtuigan_quxianhuitu_receieved_a4;    % a
% 绘制曲线图
plot(app.UIAxes,a1,a2,'r')
ylabel(app.UIAxes,'位移(^o)');
```

```
plot(app.UIAxes_2,a1,a3,'g')
ylabel(app.UIAxes_2,'速度(~o/s)');
plot(app.UIAxes_3,a1,a4,'b')
xlabel(app.UIAxes_3,'凸轮转角(~o)');
ylabel(app.UIAxes_3,'加速度(~o/s~2)');
end
```

4)【返回上一级】回调函数

```
function FanHui(app, event)
% 返回时开启主窗口的使能功能
% 注意要加主窗口私有属性 CallingApp 关键词
% 开启主窗口"运动曲线"使能
app.CallingApp.Button_3.Enable = 'on';
% 开启主窗口"理论计算"使能
app.CallingApp.Button.Enable = 'on';
% 开启主窗口"凸轮轮廓"使能
app.CallingApp.Button_2.Enable = 'on';
% 开启主窗口"数字仿真"使能
app.CallingApp.Button_4.Enable = 'on';
delete(app)                        % 关闭本子函数窗口
end
```

4. App 子窗口-2 设计

(1) App 子窗口-2 布局和参数设计

直动平底凸轮轮廓设计曲线 App 子窗口-2 布局如图 4.3.8 所示,子窗口-2 对象属性参数如表 4.3.3 所列。

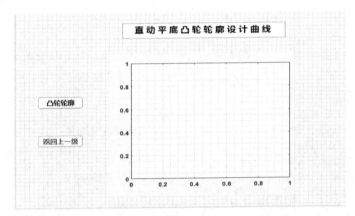

图 4.3.8　直动平底凸轮轮廓设计曲线 App 子窗口-2 布局

表 4.3.3　直动平底凸轮轮廓设计曲线子窗口-2 对象属性参数

窗口对象	对象名称	字　码	回调(函数)
坐标区(凸轮图)	app. UIAxes	14	
按钮(凸轮轮廓)	app. Button	16	TuLunLunKuo
按钮(返回上一级)	app. Button_2	16	FanHuiShangYiJi
文本区域(……设计曲线)	app. TextArea	20	
窗口(凸轮设计)	app. UIFigure		

注:此表中编辑字段皆为"编辑字段(数值)"。

（2）本 App 程序设计细节解读

1）私有属性创建

在【代码视图】→【编辑器】状态下，单击【属性】→【私有属性】，建立私有属性空间。

```
properties (Access = private)
% 本 App 私有属性变量
CallingApp;                                    % 与本 App 子函数窗口相关联的主程序窗口私有属性
% 主窗口传递过来的数据定义为本 App 私有属性
applu_zhidongpingdituigan_quxianhuitu_receieved_a1;        % delta
applu_zhidongpingdituigan_quxianhuitu_receieved_a2;        % x
applu_zhidongpingdituigan_quxianhuitu_receieved_a3;        % y
end
```

2）设置窗口启动回调函数

在【编辑器】→【App 输入参数】状态下，启动回调函数，将其中参数设置为 startupFcn（app，applu_zhidongpingdi_tulun_W1），单击【OK】按钮，然后编辑子函数。

```
function startupFcn(app, applu_zhidongpingdi_tulun_W1, a1, a2, a3)
% 与主函数相连的私有属性定义，app.CallingApp 代表主窗口
app.CallingApp = applu_zhidongpingdi_tulun_W1;
% 主窗口传递过来 3 个数据的私有属性变量定义
app.applu_zhidongpingdituigan_quxianhuitu_receieved_a1 = a1;    % delta
app.applu_zhidongpingdituigan_quxianhuitu_receieved_a2 = a2;    % x
app.applu_zhidongpingdituigan_quxianhuitu_receieved_a3 = a3;    % y
end
```

3）【凸轮轮廓】回调函数

```
function TuLunLunKuo(app, event)
% 主窗口传递过来 3 个数据作为本 App 私有属性变量
a1 = app.applu_zhidongpingdituigan_quxianhuitu_receieved_a1;    % delta
a2 = app.applu_zhidongpingdituigan_quxianhuitu_receieved_a2;    % x
a3 = app.applu_zhidongpingdituigan_quxianhuitu_receieved_a3;    % y
% 取自主窗口半径数值 r0
r0 = app.CallingApp.EditField_10.Value;
% 绘制凸轮曲线
plot(app.UIAxes,r0 * cos(a1 * pi/180),r0. * sin(a1 * pi/180),'r',a2,a3,'g',a2,a3,'b')
legend(app.UIAxes,'基圆 ','凸轮理论轮廓 ','凸轮实际轮廓 ')
end
```

4）【返回上一级】回调函数

```
function FanHuiShangYiJi(app, event)
% 返回时开启主窗口的使能功能
% 注意要加主窗口私有属性 CallingApp 关键词
app.CallingApp.Button_3.Enable = 'on';      % 开启主窗口"运动曲线"使能
app.CallingApp.Button.Enable = 'on';        % 开启主窗口"理论计算"使能
app.CallingApp.Button_2.Enable = 'on';      % 开启主窗口"凸轮轮廓"使能
app.CallingApp.Button_4.Enable = 'on';      % 开启主窗口"数字仿真"使能
delete(app)                                  % 关闭本子函数窗口
end
```

5. App 子窗口-3 设计

（1）App 子窗口-3 布局和参数设计

直动平底椎杆盘形凸轮机构数字仿真动画 App 子窗口-3 布局如图 4.3.9 所示，子窗口-

3 对象属性参数如表 4.3.4 所列。

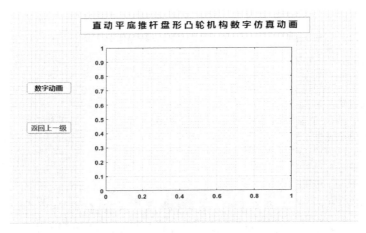

图 4.3.9　直动平底推杆盘形凸轮机构数字仿真动画 App 子窗口 - 3 布局

表 4.3.4　直动平底推杆盘形凸轮机构数字仿真动画子窗口 - 3 对象属性参数

窗口对象	对象名称	字　码	回调（函数）
坐标区（动画图）	app. UIAxes_2	14	
按钮（数字动画）	app. Button_2	16	ShuZiDongHua
按钮（返回上一级）	app. Button_3	16	FanHuiShangYiJi
文本区域（……仿真动画）	app. TextArea	20	
窗口（凸轮及仿真）	app. UIFigure		

注：此表中编辑字段皆为"编辑字段（数值）"。

(2) 本 App 程序设计细节解读

1）私有属性创建

在【代码视图】→【编辑器】状态下，单击【属性】→【私有属性】，建立私有属性空间。

```
properties (Access = private)
% 本 App 私有属性变量
CallingApp;                            % 与本 App 子函数窗口相关联的主程序窗口私有属性
% 主窗口传递过来的数据变量私有属性
applu_zhidongpingdituigan_quxianhuitu_receieved_a1;      % delta
applu_zhidongpingdituigan_quxianhuitu_receieved_a2;      % x
applu_zhidongpingdituigan_quxianhuitu_receieved_a3;      % y
applu_zhidongpingdituigan_quxianhuitu_receieved_a4;      % s
applu_zhidongpingdituigan_quxianhuitu_receieved_a5;      % Lp
end
```

2）设置窗口启动回调函数

在【编辑器】→【App 输入参数】状态下，启动回调函数，将其中参数设置为 startupFcn（app, applu_zhidongpingdituigan_tulun_W2），单击【OK】按钮，然后编辑子函数。

```
function startupFcn(app, applu_zhidongpingdituigan_tulun_W2, a1, a2, a3, a4, a5)
% 与主函数相连的私有属性定义, app. CallingApp 代表主窗口
app. CallingApp = applu_zhidongpingdituigan_tulun_W2;
% 主窗口传递过来的 5 个数据变量, 定义为本 App 私有属性变量
```

```
app.applu_zhidongpingdituigan_quxianhuitu_receieved_a1 = a1;          % delta
app.applu_zhidongpingdituigan_quxianhuitu_receieved_a2 = a2;          % x
app.applu_zhidongpingdituigan_quxianhuitu_receieved_a3 = a3;          % y
app.applu_zhidongpingdituigan_quxianhuitu_receieved_a4 = a4;          % s
app.applu_zhidongpingdituigan_quxianhuitu_receieved_a5 = a5;          % Lp
end
```

3）【数字动画】回调函数

```
function ShuZiDonghua(app, event)
% 取出主窗口传递过来的 5 个数据变量
a1 = app.applu_zhidongpingdituigan_quxianhuitu_receieved_a1;          % delta
a2 = app.applu_zhidongpingdituigan_quxianhuitu_receieved_a2;          % x
a3 = app.applu_zhidongpingdituigan_quxianhuitu_receieved_a3;          % y
a4 = app.applu_zhidongpingdituigan_quxianhuitu_receieved_a4;          % s
a5 = app.applu_zhidongpingdituigan_quxianhuitu_receieved_a5;          % Lp
% 取出主窗中的已知数值
r0 = app.CallingApp.EditField_10.Value;                               % 主窗口 r0
h = app.CallingApp.EditField_11.Value;                                % 主窗口 h
N1 = app.CallingApp.N1EditField_2.Value;                              % 主窗口 N1
% 清除原有图形
cla(app.UIAxes_2)
% 设置坐标范围
axis(app.UIAxes_2,[-max(a2)-20,max(a2)+20,-max(a3)-20,max(a3)+7*h],'equal');
l1 = line(app.UIAxes_2,a2,a3,'color','b','linestyle','-','linewidth',3);
% 绘制凸轮基圆轮廓
l3 = line(app.UIAxes_2,r0.*cos(a1.*pi/180),r0.*sin(a1.*pi/180),'color','r','linestyle','--');
% 绘制平底杆轮廓
l4 = line(app.UIAxes_2,[-a5/2,a5/2],[r0,r0],'color','b','linestyle','-','linewidth',3);
% 绘制推杆
l5 = line(app.UIAxes_2,[0,0],[r0,r0+5*h],'color','b','linestyle','-','linewidth',3);
% 绘制与推杆形成移动副的机架
rectangle(app.UIAxes_2,'position',[-a5/4,3*h+r0,a5/6,h],'linestyle','-','Facecolor','k');
rectangle(app.UIAxes_2,'position',[a5/12,3*h+r0,a5/6,h],'linestyle','-','Facecolor','k');
% 定义固定铰链位置
line(app.UIAxes_2,0,0,'color',[1 1 0],'Marker','.','MarkerSize',20);
m = 0;n = length(a4);
while m<2
for i = 1:10:n
set(l1,'xdata',a2*cos(-i*N1*2*pi/n)+a3*sin(-i*N1*2*pi/n),'ydata',-a2*sin(-i*
N1*2*pi/n)+a3*cos(-i*N1*2*pi/n));
set(l4,'ydata',[r0+a4(i),r0+a4(i)]);
set(l5,'xdata',[0,0],'ydata',[r0+a4(i),r0+5*h+a4(i)]);
pause(0.2)                                                            % 控制运动速度
drawnow                                                               % 刷新屏幕
end
m = m+1;
end
end
```

4）【返回上一级】回调函数

```
function FanHuiShangYiJi(app, event)
% 返回时开启主窗口的使能功能
% 注意要加主窗口私有属性 CallingApp 关键词
app.CallingApp.Button_3.Enable = 'on';                                % 开启主窗口"运动曲线"使能
app.CallingApp.Button.Enable = 'on';                                  % 开启主窗口"理论计算"使能
app.CallingApp.Button_2.Enable = 'on';                                % 开启主窗口"凸轮轮廓"使能
```

```
app.CallingApp.Button_4.Enable = 'on';          % 开启主窗口"数字仿真"使能
delete(app)                                       % 关闭本子函数窗口
end
```

4.4 案例 17——摆动滚子推杆盘形凸轮机构 App 设计

4.4.1 摆动滚子推杆盘形凸轮轮廓曲线设计理论

如图 4.4.1 所示为摆动滚子推杆盘形凸轮机构。已知凸轮基圆半径 r_0，滚子半径 r_r，中心距 a，摆杆长度 l，推杆的运动规律 $\varphi = \varphi(\delta)$，凸轮以匀角速度 ω 逆时针回转。

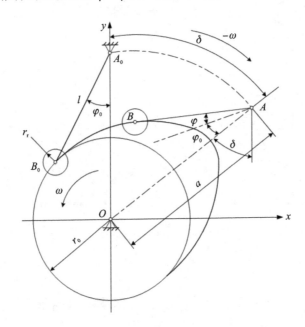

图 4.4.1 摆动滚子推杆盘形凸轮机构原理图

图 4.4.1 中，B 点的直角坐标表示为

$$\begin{cases} x = a\sin\delta - l\sin(\delta + \varphi + \varphi_0) \\ y = a\cos\delta - l\cos(\delta + \varphi + \varphi_0) \end{cases} \qquad (4-4-1)$$

式中：φ_0 为推杆初始位置角，其值为

$$\varphi_0 = \arccos\sqrt{(a^2 + l^2 - r^2)/(2al)} \qquad (4-4-2)$$

理论轮廓线上 B 点相应的实际轮廓线 B' 的直角坐标为

$$\begin{cases} x' = x \mp r_r\cos\theta \\ y' = y \mp r_r\sin\theta \end{cases} \qquad (4-4-3)$$

4.4.2 摆动滚子推杆盘形凸轮机构 App 设计

案例：已知凸轮基圆半径 $r_0 = 25$ mm，滚子半径 $r_r = 8$ mm，中心距 $a = 60$ mm，摆杆长度 $l = 50$ mm。凸轮逆时针方向匀速转动，要求当凸轮转过 $180°$ 时，推杆以余弦加速度运动规律

向上摆动 25°,转过一周中的其余角度时,推杆以正弦加速度运动规律摆动回原来的位置。

1. 1 个 App 主窗口、3 个 App 子窗口设计

摆动滚子推杆盘形凸轮机构 App 主窗口设计如图 4.4.2 所示。

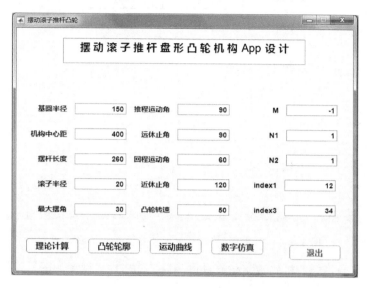

图 4.4.2　摆动滚子推杆盘形凸轮机构 App 主窗口

摆动滚子推杆盘形凸轮机构运动曲线 App 子窗口-1 设计如图 4.4.3 所示。

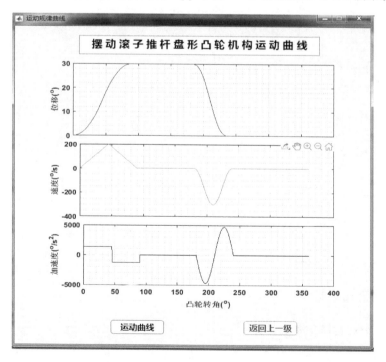

图 4.4.3　摆动滚子推杆盘形凸轮机构运动曲线 App 子窗口-1

摆动滚子凸轮轮廓设计曲线 App 子窗口-2 设计如图 4.4.4 所示。

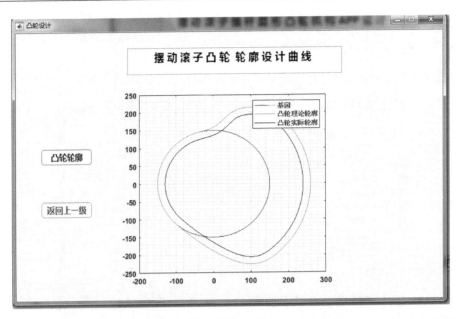

图 4.4.4 摆动滚子凸轮轮廓设计曲线 App 子窗口-2

摆动滚子推杆盘形凸轮机构数字仿真动画 App 子窗口-3 设计如图 4.4.5 所示。

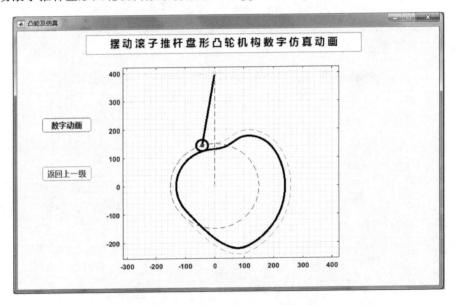

图 4.4.5 摆动滚子推杆盘形凸轮机构数字仿真动画 App 子窗口-3

2. App 主窗口设计

(1) App 主窗口布局和参数设计

摆动滚子推杆盘形凸轮机构 App 主窗口布局如图 4.4.6 所示,主窗口对象属性参数如表 4.4.1 所列。

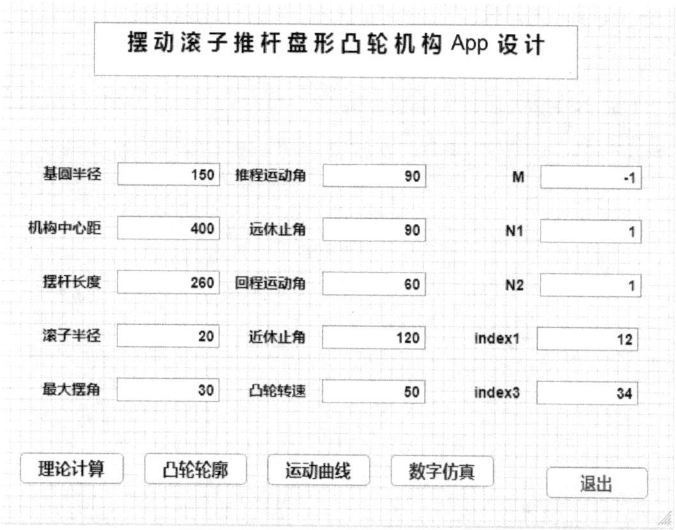

摆动滚子推杆盘形凸轮机构 App 设计

基圆半径	150	推程运动角	90	M	-1
机构中心距	400	远休止角	90	N1	1
摆杆长度	260	回程运动角	60	N2	1
滚子半径	20	近休止角	120	index1	12
最大摆角	30	凸轮转速	50	index3	34

理论计算　　凸轮轮廓　　运动曲线　　数字仿真　　　　退出

图 4.4.6　摆动滚子推杆盘形凸轮机构 App 主窗口布局

表 4.4.1　摆动滚子推杆盘形凸轮机构主窗口对象属性参数

窗口对象	对象名称	字　码	回调（函数）
编辑字段（基圆半径）	app. EditField	14	
编辑字段（机构中心距）	app. EditField_2	14	
编辑字段（摆杆长度）	app. EditField_3	14	
编辑字段（滚子半径）	app. EditField_4	14	
编辑字段（最大摆角）	app. EditField_5	14	
编辑字段（推程运动角）	app. EditField_6	14	
编辑字段（远休止角）	app. EditField_7	14	
编辑字段（回程运动角）	app. EditField_8	14	
编辑字段（近休止角）	app. EditField_9	14	
编辑字段（凸轮转速）	app. EditField_10	14	
编辑字段（M）	app. MEditField	14	
编辑字段（N1）	app. N1EditField_2	14	
编辑字段（N2）	app. N2EditField_2	14	
编辑字段（index1）	app. index1EditField	14	
编辑字段（index3）	app. index3EditField	14	
按钮（理论计算）	app. Button	16	LiLunJiSuan
按钮（运动曲线）	app. Button_3	16	YunDongQuXian
按钮（凸轮轮廓）	app. Button_2	16	TuLunLunKuo
按钮（数字仿真）	app. Button_4	16	ShuZiFangZhen
按钮（退出）	app. Button_5	16	TuiChu
文本区域（……App 设计）	app. TextArea	20	
窗口（摆动滚子推杆凸轮）	app. UIFigure		

注：此表中编辑字段皆为"编辑字段（数值）"。

(2）本 App 程序设计细节解读

1）私有属性创建

在【代码视图】→【编辑器】状态下，单击【属性】→【私有属性】，建立私有属性空间。

```
properties (Access = private)
% 本 App 中的私有属性变量
delta;                                          % 凸轮转角
s;                                              % 推杆位移
v;                                              % 推杆摆动角速度
a;                                              % 推杆摆动角加速度
x0;                                             % 凸轮理论轮廓坐标 x0
y0;                                             % 凸轮理论轮廓坐标 y0
x;                                              % 凸轮实际轮廓坐标 x
y;                                              % 凸轮实际轮廓坐标 y
angle1;                                         % 推程压力角
angle2;                                         % 回程压力角
cam_baidong_huitu_1;                            % 定义绘图子窗口私有属性
cam_baidong_tulunlunkuo;                        % 定义凸轮轮廓窗口私有属性
cam_baidong_donghua_1;                          % 定义动画子窗口私有属性
end
```

2）设置窗口启动回调函数

在【编辑器】→【App 输入参数】状态下，启动回调函数，将其中参数设置为 startupFcn（app，baidongtuidan）（注：此处名称 baidongtuidan 可任意选取），单击【OK】按钮，然后编辑子函数。

```
function startupFcn(app, baidongtuidan)
% 程序启动关闭凸轮轮廓、运动曲线、数字仿真使能
app.Button_2.Enable = 'off';
app.Button_3.Enable = 'off';
app.Button_4.Enable = 'off';
end
```

3）【理论计算】回调函数

```
function LiLunJiSuan(app, event)
% 取出计算凸轮需要的主窗口界面的已知参数
r0 = app.EditField.Value;                       % 基圆半径
Lm = app.EditField_2.Value;                     % 凸轮与摆杆中心距
Lb = app.EditField_3.Value;                     % 摆杆长度
rt = app.EditField_4.Value;                     % 滚子半径
maxphi = app.EditField_5.Value;                 % 最大摆角
delta01 = app.EditField_6.Value;                % 推程运动角
deltax01 = app.EditField_7.Value;               % 远休止角
delta02 = app.EditField_8.Value;                % 回程运动角
deltax02 = app.EditField_9.Value;               % 近休止角
n = app.EditField_10.Value;                     % 凸轮转速
M = app.MEditField.Value;                        % 含义见程序中
N1 = app.N1EditField_2.Value;                   % 含义见程序中
N2 = app.N2EditField_2.Value;                   % 含义见程序中
index1 = app.index1EditField.Value;             % 含义见程序中
index3 = app.index3EditField.Value;             % 含义见程序中
% 摆动推杆凸轮轮廓及运动规律计算程序
[delta,s,v,a,x0,y0,x,y,angle1,angle2] = cam_baidong(r0,maxphi,delta01,deltax01,delta02,
deltax02,Lb,Lm,rt,n,index1,index3,M,N1,N2);
```

```
% 定义本 App 中应用的私有属性
app.delta = delta;                            % 凸轮转角
app.s = s;                                    % 推杆位移
app.v = v;                                    % 推杆摆动角速度
app.a = a                                     % 推杆摆动角加速度
app.x0 = x0;                                  % 凸轮理论轮廓坐标 x0
app.y0 = y0;                                  % 凸轮理论轮廓坐标 y0
app.x = x;                                    % 凸轮实际轮廓坐标 x
app.y = y;                                    % 凸轮实际轮廓坐标 y
app.angle1 = angle1;                          % 推程压力角
app.angle2 = angle2;                          % 回程压力角
function [delta,s,v,a,x0,y0,x,y,angle1,angle2] = cam_baidong(r0,maxphi,...
    delta01,deltax01,delta02,deltax02,Lb,Lm,rt,n,index1,index3,M,N1,N2)
% 输入参数：
% r0 - 基圆半径,maxphi - 最大摆角
% delta01 - 推程运动角,deltax01 - 远休止角
% delta02 - 回程运动角,deltax02 - 近休止角
% Lb - 摆杆长度,Lm - 凸轮与摆杆中心距
% rt - 滚子半径,n - 凸轮转速(r/min)
% index1 - 推程运动规律标号;11 - 等速运动规律
% 12 - 等加速等减速运动规律;
% 13 - 余弦加速度运动规律;14 - 正弦加速度运动规律
% index3 - 回程运动规律标号
% 31 - 等速运动规律;32 - 等加速等减速运动规律;
% 33 - 余弦加速度运动规律;34 - 正弦加速度运动规律;
% M 的取值 - 当用于计算内等距曲线时,M = -1,当用于计算外等距曲线时,M = 1
% N1 的取值 - 凸轮逆时针转动,N1 = 1;反之,N1 = -1;
% N2 的取值 - 摆杆推程顺时针摆动时,N2 = 1;反之,N2 = -1;
% 输出参数：
% delta - 凸轮转角,s - 推杆位移
% v - 推杆摆动角速度,a - 推杆摆动角加速度
% angle1 - 推程压力角,angle2 - 回程压力角
% (x0,y0) - 凸轮机构理论轮廓坐标,(x,y) - 凸轮机构实际轮廓坐标
omega = 2 * pi * n/60;
switch index1
case 11
[s1,v1,a1,delta_1] = Dengsu_tuicheng(delta01,maxphi,omega);
case 12
[s1,v1,a1,delta_1] = Dengjia_Dengjian_tuicheng(delta01,maxphi,omega);
case 13
[s1,v1,a1,delta_1] = Yuxian_tuicheng(delta01,maxphi,omega);
case 14
[s1,v1,a1,delta_1] = Zhengxian_tuicheng(delta01,maxphi,omega);
end
switch index3
case 31
[s3,v3,a3,delta_3] = Dengsu_huicheng(delta01,deltax01,delta02,maxphi,omega);
case 32
[s3,v3,a3,delta_3] = Dengjia_Dengjian_huicheng(delta01,deltax01,delta02,maxphi,omega);
case 33
[s3,v3,a3,delta_3] = Yuxian_huicheng(delta01,deltax01,delta02,maxphi,omega);
case 34
[s3,v3,a3,delta_3] = Zhengxian_huicheng(delta01,deltax01,delta02,maxphi,omega);
end
```

```
    [s2,v2,a2,delta_2] = Yuanxiu(delta01,deltax01,maxphi);
    [s4,v4,a4,delta_4] = Jinxiu(delta01,deltax01,delta02,deltax02);
    delta = [delta_1,delta_2,delta_3,delta_4];
    s = [s1,s2,s3,s4];
    v = [v1,v2,v3,v4];
    a = [a1,a2,a3,a4];
    % 计算摆动从动件盘形凸轮机构理论轮廓坐标
    s0 = acos((Lm^2 + Lb^2 - r0^2)/(2 * Lm * Lb));
    p = pi/180;
    x0 = Lm * sin(N1 * delta * p) - Lb * sin(N1 * delta * p + N2 * (s * p + s0));
    y0 = Lm * cos(N1 * delta * p) - Lb * cos(N1 * delta * p + N2 * (s * p + s0));
    % 计算摆动从动件盘形凸轮机构实际轮廓坐标
    dx_delta = N1 * Lm * cos(N1 * delta * p) - Lb. * cos(N1 * delta * p + N2 * (s * p + s0)). * (N1 + N2 * v *
p/omega);
    dy_delta = - N1 * Lm * sin(N1 * delta * p) + Lb. * sin(N1 * delta * p + N2 * (s * p + s0)). * (N1 + N2 * v
* p/omega);
    if rt == 0
    x = x0;
    y = y0;
    else
    A = sqrt(dx_delta.^2 + dy_delta.^2);
    x = x0 - N1 * M * rt * dy_delta./A;
    y = y0 + N1 * M * rt * dx_delta./A;
    end
    % 计算压力角、推程压力角
    v12 = [v1,v2];
    s12 = [s1,s2];
    L12 = Lm * sin(s12 * p + s0);
    if (L12 == 0)
    errordlg('推程压力角不符合要求,请重新选择参数!')
    else
    angle1 = atan(Lb * (1 + N1 * N2 * v12 * p/omega) - (Lm * cos(s12 * p + s0))./L12) * 180/pi;
    angle1 = abs(angle1);
    end
    % 回程压力角
    v34 = [v3,v4];
    s34 = [s3,s4];
    L34 = Lm * sin(s34 * p + s0);
    if (L34 == 0)
    errordlg('回程压力角不符合要求,请重新选择参数!')
    else
    angle2 = atan(Lb * (1 + N1 * N2 * v34 * p/omega) - (Lm * cos(s34 * p + s0))./L34) * 180/pi;
    angle2 = abs(angle2);
    end
    % 等速推程运动子函数
    function[s1,v1,a1,delta_1] = Dengsu_tuicheng(delta01,h,omega)
    % 输入参数：delta01 - 推程运动角,h - 推程,omega - 凸轮角速度
    % 输出参数：s1 - 推杆位移,v1 - 推杆速度
    % a1 - 推杆加速度,delta_1 - 凸轮转角
    delta_1 = linspace(0,delta01,round(delta01));
    s1 = h * delta_1/delta01;
    v1 = h * omega/(delta01 * pi/180) * ones(1,length(delta_1));
    a1 = zeros(1,length(delta_1)). * ones(1,length(delta_1));
    end
    % 等加速 - 等减速推程运动子函数
```

```
function[s1,v1,a1,delta_1] = Dengjia_Dengjian_tuicheng(delta01,h,omega)
% 输入参数：delta01 - 推程运动角,h - 推程,omega - 凸轮角速度
% 输出参数：s1 - 推杆位移,v1 - 推杆速度
% a1 - 推杆角速度,delta_1 - 凸轮转动角度
% 计算推程等加速运动规律
delta1 = linspace(0,delta01/2,round(delta01/2));
s01 = 2 * h * delta1.^2/delta01^2;
v01 = (4 * h * omega. * delta1. * pi/180)/(delta01 * pi/180)^2;
a01 = 4 * h * omega^2/(delta01 * pi/180)^2 * ones(1,length(delta1));
% 计算推程等减速运动规律
delta2 = linspace(delta01/2 + 1,delta01,round(delta01/2));
s02 = h - 2 * h * (delta01 - delta2).^2/delta01^2;
v02 = 4 * h * omega. * (delta01 - delta2) * pi/180/(delta01 * pi/180)^2;
a02 = - 4 * h * omega^2/(delta01 * pi/180)^2 * ones(1,length(delta2));
s1 = [s01,s02];
v1 = [v01,v02];
a1 = [a01,a02];
delta_1 = [delta1,delta2];
end
% 余弦推程运动子函数
function[s1,v1,a1,delta_1] = Yuxian_tuicheng(delta01,h,omega)
% 输入参数：delta01 - 推程运动角,h - 推程,omega - 凸轮角速度
% 输出参数：s1 - 推杆位移,v1 - 推杆速度
% a1 - 推杆角速度,delta_1 - 凸轮转动角度
% 计算推程运动规律
delta_1 = linspace(0,delta01,round(delta01));
s1 = h * (1 - cos(pi * delta_1/delta01))/2;
v1 = pi * h * omega * sin(pi * delta_1./delta01)/(2 * delta01 * pi/180);
a1 = pi^2 * h * omega^2 * cos(pi * delta_1./delta01)/(2 * (delta01 * pi/180)^2);
end
% 正弦推程运动子函数
function[s1,v1,a1,delta_1] = Zhengxian_tuicheng(delta01,h,omega)
% 输入参数：delta01 - 推程运动角,h - 推程,omega - 凸轮角速度
% 输出参数：s1 - 推杆位移,v1 - 推杆速度
% a1 - 推杆角速度,delta_1 - 凸轮转动角度
% 计算推程运动规律
delta_1 = linspace(0,delta01,round(delta01));
angle = 2 * pi * delta_1/delta01;
s1 = h * (delta_1/delta01 - sin(angle)/(2 * pi));
v1 = omega * h * (1 - cos(angle))/(delta01 * pi/180);
a1 = 2 * pi * h * omega^2 * sin(angle)/(delta01 * pi/180)^2;
end
% 等速回程运动子函数
function[s3,v3,a3,delta_3] = Dengsu_huicheng(delta01,deltax01,delta02,h,omega)
% 输入参数：delta01 - 推程运动角,deltax01 - 远休止角
% delta02 - 回程运动角,h - 回程,omega - 凸轮角速度
% 输出参数：s3 - 推杆位移,v3 - 推杆速度
% a3 - 推杆加速度,delta_3 - 凸轮转角
delta_3 = linspace(delta01 + deltax01 + 1,delta01 + deltax01 + delta01,round(delta02));
s3 = h * (1 - (delta_3 - (delta01 + deltax01))/deltax02);
v3 = - h * omega/(delta02 * pi/180) * ones(1,length(delta_3));
a3 = zeros(1,length(delta02)). * ones(1,length(delta_3));
end
% 等加速 - 等减速回程运动子函数
function[s3,v3,a3,delta_3] = Dengjia_Dengjian_huicheng(delta01,deltax01,delta02,h,omega)
```

```
% 输入参数：delta01 - 推程运动角，deltax01 - 远休止角
% delta02 - 回程运动角，h - 推程，omega - 凸轮角速度
% 输出参数：s3 - 推杆位移，v3 - 推杆速度
% a3 - 推杆角速度，delta_3 - 凸轮转动角度
% 计算回程等加速运动规律
delta1 = linspace(delta01 + deltax01 + 1,delta01 + deltax01 + delta02/2,round(delta02/2));
s01 = h - 2 * h * (delta1 - delta01 - deltax01).^2/delta02^2;
v01 = - (4 * h * omega. * (delta1 - delta01 - deltax01). * pi/180)/(delta02 * pi/180)^2;
a01 = - 4 * h * omega^2/(delta02 * pi/180)^2 * ones(1,length(delta1));
    % 计算回程等减速运动规律
delta2 = linspace (delta01 + deltax01 + delta02/2 + 1, delta01 + deltax01 + delta02, round
(delta02/2));
s02 = 2 * h * ((delta01 + deltax01 + delta02) - delta2).^2/delta02^2;
v02 = - 4 * h * omega. * (delta01 + deltax01 + delta02 - delta2) * pi/180/(delta02 * pi/180)^2;
a02 = 4 * h * omega^2/(delta02 * pi/180)^2 * ones(1,length(delta2));
s3 = [s01,s02];
v3 = [v01,v02];
a3 = [a01,a02];
delta_3 = [delta1,delta2];
end
    % 余弦回程运动子函数
function[s3,v3,a3,delta_3] = Yuxian_huicheng(delta01,deltax01,delta02,h,omega)
    % 输入参数：delta01 - 推程运动角，deltax01 - 远休止角
    % deltax02 - 回程运动角，h - 推程，omega - 凸轮角速度
    % 输出参数：s3 - 推杆位移，v3 - 推杆速度
    % a3 - 推杆角速度，delta_3 - 凸轮转动角度
    % 计算回程运动规律
delta_3 = linspace(delta01 + deltax01 + 1,delta01 + deltax01 + delta02,round(delta02));
angle = pi * (delta_3 - (delta01 + deltax01))/delta02;
s3 = h * (1 + cos(angle))/2;
v3 = - pi * h * omega * sin(angle)/(2 * delta02 * pi/180);
a3 = - pi^2 * h * omega^2 * cos(angle)/(2 * (delta02 * pi/180)^2);
end
    % 正弦回程运动子函数
function[s3,v3,a3,delta_3] = Zhengxian_huicheng(delta01,deltax01,delta02,h,omega)
    % 输入参数：delta01 - 推程运动角，deltax01 - 远休止角
    % delta02 - 回程运动角，h - 回程，omega - 凸轮角速度
    % 输出参数：s3 - 推杆位移，v3 - 推杆速度
    % a3 - 推杆角速度，delta_3 - 凸轮转动角度
    % 计算回程运动规律
delta_3 = linspace(delta01 + deltax01 + 1,delta01 + deltax01 + delta02,round(delta02));
angle = 2 * pi * (delta_3 - (delta01 + deltax01))/delta02;
s3 = h * (1 - (delta_3 - (delta01 + deltax01))/delta02 + sin(angle)/(2 * pi));
v3 = h * omega * (cos(angle) - 1)/(delta02 * pi/180);
a3 = - 2 * pi * h * omega^2 * sin(angle)/(delta02 * pi/180)^2;
end
    % 远休止子函数
function[s2,v2,a2,delta_2] = Yuanxiu(delta01,deltax01,h)
    % 输入参数：delta01 - 推程运动角，deltax01 - 远休止角，h - 推程
    % 输出参数：s2 - 推杆位移，v2 - 推杆速度
    % a2 - 推杆加速度，delta_2 - 凸轮转角
delta_2 = linspace(delta01,delta01 + deltax01,round(deltax01));
s2 = h * ones(1,length(delta_2));
v2 = 0 * ones(1,length(delta_2));
a2 = 0 * ones(1,length(delta_2));
```

```
    end
    % 近休止子函数
    function[s4,v4,a4,delta_4] = Jinxiu(delta01,deltax01,delta02,deltax02)
    % 输入参数：delta01 - 推程运动角,deltax01 - 远休止角
    % delta02 - 回程运动角,deltax02 - 近休止角
    % 输出参数：s4 - 推杆位移,v4 - 推杆速度
    % a4 - 推杆加速度,delta_4 - 凸轮转角
    delta_4 = linspace(delta01 + deltax01 + delta02,delta01 + deltax01 + delta02 + deltax02,round
(deltax02));
    s4 = 0 * ones(1,length(delta_4));
    v4 = 0 * ones(1,length(delta_4));
    a4 = 0 * ones(1,length(delta_4));
    end
    end
    % 开启闭凸轮轮廓、运动曲线、数字仿真使能
    app. Button_2. Enable = 'on';
    app. Button_3. Enable = 'on';
    app. Button_4. Enable = 'on';
    end
```

4)【运动曲线】回调函数

```
function YunDongQuXian(app, event)
    % 调用运动曲线子函数 applu_baidongtuigan_quxianhuitu
    app. Button_3. Enable = 'off';            % 关闭"运动曲线"使能
    app. Button. Enable = 'off';              % 关闭"理论计算"使能
    app. Button_2. Enable = 'off';            % 关闭"凸轮轮廓"使能
    app. Button_4. Enable = 'off';            % 关闭"数字仿真"使能
    % 调用曲线绘图子函数窗口
    % 传递主函数中子函数曲线绘图需要的 4 个数据 delta s v a
    % 子程序 - applu_baidongtuigan_quxianhuitu
    app. cam_baidong_huitu_1 = applu_baidongtuigan_quxianhuitu(app,app.delta,app.s,app.v,app.a);
    end
```

5)【数字动画】回调函数

```
function ShuZiFangZhen(app, event)
    % 调用子函数 applu_baidongtuigan_shuzifangzhen_1,绘制仿真动画
    app. Button_3. Enable = 'off';            % 关闭"运动曲线"使能
    app. Button. Enable = 'off';              % 关闭"理论计算"使能
    app. Button_2. Enable = 'off';            % 关闭"凸轮轮廓"使能
    app. Button_4. Enable = 'off';            % 关闭"数字仿真"使能
    % 调用数字仿真子函数窗口
    % 传递主函数中子函数绘图需要的 6 个数据 delta x0 y0 x y s
    % 子程序 - applu_baidongtuigan_shuzifangzhen_1
    app. cam_baidong_donghua_1 = applu_baidongtuigan_shuzifangzhen_1(app,app.delta,app.x0,app.y0,
app.x,app.y,app.s);
    end
```

6)【凸轮轮廓】回调函数

```
function TuLunLunKuo(app, event)
    % 调用凸轮轮廓子函数 applu_baidongtuigan_shuzifangzhen
    app. Button_3. Enable = 'off';            % 关闭"运动曲线"使能
    app. Button. Enable = 'off';              % 关闭"理论计算"使能
    app. Button_2. Enable = 'off';            % 关闭"凸轮轮廓"使能
    app. Button_4. Enable = 'off';            % 关闭"数字仿真"使能
```

```
% 调用凸轮轮廓子函数窗口
% 传递主函数中子函数绘图需要的 5 个数据 delta x0 y0 x y
% 子程序 - applu_baidongtuigan_shuzifangzhen
app.cam_baidong_tulunlunkuo = applu_baidongtuigan_shuzifangzhen(app,app.delta,app.x0,app.y0,
app.x,app.y);
end
```

7)【退出】回调函数

```
function TuiChu(app, event)
% 关闭窗口之前要求确认
sel = questdlg('确认关闭应用程序?','关闭确认,','Yes','No','No');
switch sel;
case'Yes'
close all force;
case'No'
return
end
end
```

3. App 子窗口-1 设计

(1) App 子窗口-1 布局和参数设计

摆动滚子推杆盘形凸轮机构运动曲线 App 子窗口-1 布局如图 4.4.7 所示,子窗口-1 对象属性参数如表 4.4.2 所列。

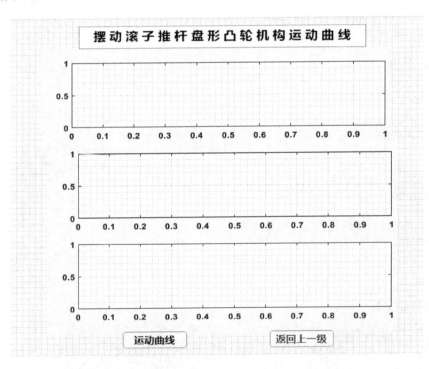

图 4.4.7　摆动滚子推杆盘形凸轮机构运动曲线 App 子窗口-1 布局

表 4.4.2　摆动滚子推杆盘形凸轮机构运动曲线子窗口-1 对象属性参数

窗口对象	对象名称	字　码	回调（函数）
坐标区（位移曲线）	app. UIAxes	14	
坐标区（速度曲线）	app. UIAxes_2	14	
坐标区（加速度曲线）	app. UIAxes_3	14	
按钮（运动曲线）	app. Button	16	YunDongQuXian
按钮（返回上一级）	app. Button_2	16	FanHui
文本区域（……运动曲线）	app. TextArea	20	
窗口（运动规律曲线）	app. UIFigure		

注：此表中编辑字段皆为"编辑字段（数值）"。

（2）本 App 主程序设计细节解读

1）私有属性创建

在【代码视图】→【编辑器】状态下，单击【属性】→【私有属性】，建立私有属性空间。

```
properties (Access = private)
% 本 App 私有属性变量
CallingApp;                                           % 与本 App 相关联的主程序窗口的私有属性
applu_baidongtuigan_quxianhuitu_receieved_a1;         % delta
applu_baidongtuigan_quxianhuitu_receieved_a2;         % s
applu_baidongtuigan_quxianhuitu_receieved_a3;         % v
applu_baidongtuigan_quxianhuitu_receieved_a4;         % a
end
```

2）设置窗口启动回调函数

在【编辑器】→【App 输入参数】状态下，启动回调函数，将其中参数设置为 startupFcn（app, applu_baidongtuigan_tulun_W），单击【OK】按钮，然后编辑子函数。

```
function startupFcn(app, applu_baidongtuigan_tulun_W, a1, a2, a3, a4)
% 与主函数相连的私有属性定义，app. CallingApp 代表主窗口
% 此处 applu_baidongtuigan_tulun_W 与 startupFcn 中相同即可
app. CallingApp = applu_baidongtuigan_tulun_W;
% 接收主窗口传递过来 4 个数据变量，定义为本 App 私有属性变量
app. applu_baidongtuigan_quxianhuitu_receieved_a1 = a1;     % delta
app. applu_baidongtuigan_quxianhuitu_receieved_a2 = a2;     % s
app. applu_baidongtuigan_quxianhuitu_receieved_a3 = a3;     % v
app. applu_baidongtuigan_quxianhuitu_receieved_a4 = a4;     % a
end
```

3）【运动曲线】回调函数

```
function YunDongQuXian(app, event)
% 取出私有属性变量
a1 = app. applu_baidongtuigan_quxianhuitu_receieved_a1;     % delta
a2 = app. applu_baidongtuigan_quxianhuitu_receieved_a2;     % s
a3 = app. applu_baidongtuigan_quxianhuitu_receieved_a3;     % v
a4 = app. applu_baidongtuigan_quxianhuitu_receieved_a4;     % a
% 绘制曲线图
plot(app.UIAxes,a1,a2,'r')
ylabel(app.UIAxes,' 位移(^o)');
plot(app.UIAxes_2,a1,a3,'g')
ylabel(app.UIAxes_2,' 速度(^o/s)');
```

```
plot(app.UIAxes_3,a1,a4,'b')
xlabel(app.UIAxes_3,'凸轮转角(^o)');
ylabel(app.UIAxes_3,'加速度(^o/s^2)');
end
```

4)【返回上一级】回调函数

```
function FanHui(app, event)
%返回时开启主窗口的使能功能
%注意要加主窗口私有属性 CallingApp 关键词
app.CallingApp.Button_3.Enable = 'on';          %开启主窗口"运动曲线"使能
app.CallingApp.Button.Enable = 'on';            %开启主窗口"理论计算"使能
app.CallingApp.Button_2.Enable = 'on';          %开启主窗口"凸轮轮廓"使能
app.CallingApp.Button_4.Enable = 'on';          %开启主窗口"数字仿真"使能
delete(app)                                     %关闭本子函数窗口
end
```

4. App 子窗口-2 设计

(1) App 子窗口-2 布局和参数设计

摆动滚子凸轮轮廓设计曲线 App 子窗口-2 布局如图 4.4.8 所示,子窗口-2 对象属性参数如表 4.4.3 所列。

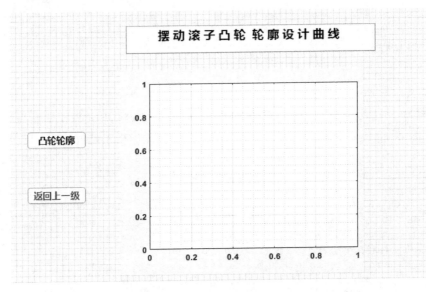

图 4.4.8　摆动滚子凸轮轮廓设计曲线 App 子窗口-2 布局

表 4.4.3　摆动滚子凸轮轮廓设计曲线子窗口-2 对象属性参数

窗口对象	对象名称	字码	回调(函数)
坐标区(凸轮图)	app. UIAxes	14	
按钮(凸轮轮廓)	app. Button	16	TuLunLunKuo
按钮(返回上一级)	app. Button_2	16	FanHuiShangYiJi
文本区域(……设计曲线)	app. TextArea	20	
窗口(凸轮设计)	app. UIFigure		

注：此表中编辑字段皆为"编辑字段(数值)"。

第 4 章 凸轮传动机构 App 设计

（2）本 App 程序设计细节解读

1）私有属性创建

在【代码视图】→【编辑器】状态下，单击【属性】→【私有属性】，建立私有属性空间。

```
properties
% 本 App 私有属性变量
CallingApp;                                           % 与本 App 相关联的主程序窗口的私有属性
applu_baidongtuigan_quxianhuitu_receieved_a1;         % delta
applu_baidongtuigan_quxianhuitu_receieved_a2;         % x0
applu_baidongtuigan_quxianhuitu_receieved_a3;         % y0
applu_baidongtuigan_quxianhuitu_receieved_a4;         % x
applu_baidongtuigan_quxianhuitu_receieved_a5;         % y
end
```

2）设置窗口启动回调函数

在【编辑器】→【App 输入参数】状态下，启动回调函数，将其中参数设置为 startupFcn（app，applu_baidongtuigan_tulun_W1），单击【OK】按钮，然后编辑子函数。

```
function startupFcn(app, applu_baidongtuigan_tulun_W1, a1, a2, a3, a4, a5)
% 与主函数相连的私有属性定义，app.CallingApp 代表主窗口
app.CallingApp = applu_baidongtuigan_tulun_W1;
% 主窗口传递过来 5 个数据的私有属性变量定义
app.applu_baidongtuigan_quxianhuitu_receieved_a1 = a1;   % delta
app.applu_baidongtuigan_quxianhuitu_receieved_a2 = a2;   % x0
app.applu_baidongtuigan_quxianhuitu_receieved_a3 = a3;   % y0
app.applu_baidongtuigan_quxianhuitu_receieved_a4 = a4;   % x
app.applu_baidongtuigan_quxianhuitu_receieved_a5 = a5;   % y
end
```

3）【凸轮轮廓】回调函数

```
function TuLunLunKuo(app, event)
% 主窗口传递过来 5 个数据作为本 App 私有属性变量
a1 = app.applu_baidongtuigan_quxianhuitu_receieved_a1;   % delta
a2 = app.applu_baidongtuigan_quxianhuitu_receieved_a2;   % x0
a3 = app.applu_baidongtuigan_quxianhuitu_receieved_a3;   % y0
a4 = app.applu_baidongtuigan_quxianhuitu_receieved_a4;   % x
a5 = app.applu_baidongtuigan_quxianhuitu_receieved_a5;   % y
% 取自主窗口半径数值 r0
r0 = app.CallingApp.EditField.Value;
% 绘制凸轮曲线
plot(app.UIAxes,r0 * cos(a1 * pi/180),r0. * sin(a1 * pi/180),'r',a2,a3,'g',a4,a5,'b')
legend(app.UIAxes,'基园','凸轮理论轮廓','凸轮实际轮廓')
end
```

4）【返回上一级】回调函数

```
function FanHuiShangYiJi(app, event)
% 返回时开启主窗口的使能功能
% 注意要加主窗口私有属性 CallingApp 关键词
app.CallingApp.Button_3.Enable = 'on';   % 开启主窗口"运动曲线"使能
app.CallingApp.Button.Enable = 'on';     % 开启主窗口"理论计算"使能
app.CallingApp.Button_2.Enable = 'on';   % 开启主窗口"凸轮轮廓"使能
app.CallingApp.Button_4.Enable = 'on';   % 开启主窗口"数字仿真"使能
delete(app)                              % 关闭本子函数窗口
end
```

173

5. App 子窗口-3 设计

(1) App 子窗口-3 布局和参数设计

摆动滚子推杆盘形凸轮机构数字仿真动画 App 子窗口-3 布局如图 4.4.9 所示,子窗口-3 对象属性参数如表 4.4.4 所列。

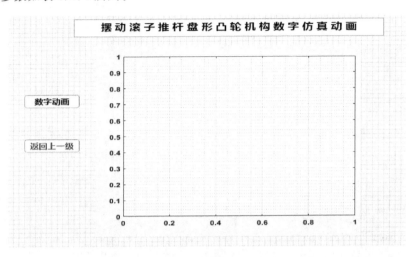

图 4.4.9 摆动滚子推杆盘形凸轮机构数字仿真动画 App 子窗口-3 布局

表 4.4.4 摆动滚子推杆盘形凸轮机构数字仿真动画子窗口-3 对象属性参数

窗口对象	对象名称	字 码	回调(函数)
坐标区(动画图)	app. UIAxes_2	14	
按钮(数字动画)	app. Button_2	16	ShuZiDongHua
按钮(返回上一级)	app. Button_3	16	FanHuiShangYiJi
文本区域(……仿真动画)	app. TextArea	20	
窗口(凸轮及仿真)	app. UIFigure		

注:此表中编辑字段皆为"编辑字段(数值)"。

(2) 本 App 程序设计细节解读

1) 私有属性创建

在【代码视图】→【编辑器】状态下,单击【属性】→【私有属性】,建立私有属性空间。

```
properties (Access = private)
% 本 App 私有属性变量
CallingApp;                                      % 与本 App 子函数窗口相关联的主程序窗口私有属性
applu_baidongtuigan_quxianhuitu_receieved_a1;    % delta
applu_baidongtuigan_quxianhuitu_receieved_a2;    % x0
applu_baidongtuigan_quxianhuitu_receieved_a3;    % y0
applu_baidongtuigan_quxianhuitu_receieved_a4;    % x
applu_baidongtuigan_quxianhuitu_receieved_a5;    % y
applu_baidongtuigan_quxianhuitu_receieved_a6;    % s
end
```

2）设置窗口启动回调函数

在【编辑器】→【App 输入参数】状态下，启动回调函数，将其中参数设置为 startupFcn(applu_baidongtuigan_tulun_W2)，单击【OK】按钮，然后编辑子函数。

```
function startupFcn(app, applu_baidongtuigan_tulun_W2, a1, a2, a3, a4, a5, a6)
  % 与主函数相连的私有属性定义,app.CallingApp 代表主窗口
  app.CallingApp = applu_baidongtuigan_tulun_W2;
  % 接收主窗口传递过来的6个数据变量
  % 定义为本 App 私有属性变量
  app.applu_baidongtuigan_quxianhuitu_receieved_a1 = a1;       % delta
  app.applu_baidongtuigan_quxianhuitu_receieved_a2 = a2;       % x0
  app.applu_baidongtuigan_quxianhuitu_receieved_a3 = a3;       % y0
  app.applu_baidongtuigan_quxianhuitu_receieved_a4 = a4;       % x
  app.applu_baidongtuigan_quxianhuitu_receieved_a5 = a5;       % y
  app.applu_baidongtuigan_quxianhuitu_receieved_a6 = a6;       % s
  end
```

3）【数字动画】回调函数

```
function ShuZiDonghua(app, event)
  % 取出主窗口传递过来的6个数据变量
  a1 = app.applu_baidongtuigan_quxianhuitu_receieved_a1;       % delta
  a2 = app.applu_baidongtuigan_quxianhuitu_receieved_a2;       % x0
  a3 = app.applu_baidongtuigan_quxianhuitu_receieved_a3;       % y0
  a4 = app.applu_baidongtuigan_quxianhuitu_receieved_a4;       % x
  a5 = app.applu_baidongtuigan_quxianhuitu_receieved_a5;       % y
  a6 = app.applu_baidongtuigan_quxianhuitu_receieved_a6;       % s
  % 取出主窗中的已知数值
  r0 = app.CallingApp.EditField.Value;                         % 主窗口 r0
  rt = app.CallingApp.EditField_4.Value;                       % 主窗口 rt
  Lm = app.CallingApp.EditField_2.Value;                       % 主窗口 Lm
  Lb = app.CallingApp.EditField_3.Value;                       % 主窗口 Lb
  N1 = app.CallingApp.N1EditField_2.Value;                     % 主窗口 N1
  N2 = app.CallingApp.N2EditField_2.Value;                     % 主窗口 N2
  % 清除原有图形
  cla(app.UIAxes_2)
  % 设置坐标范围
  axis(app.UIAxes_2,[-max(abs(a4))-10,max(abs(a4))+10,-max(abs(a5))-50,Lm+20],'equal');
  % 定义各构件初始位置
  a6 = a6 * pi/180;
  s0 = acos((Lm^2 + Lb^2 - r0^2)/(2 * Lm * Lb));
  % 绘制凸轮实际轮廓
  l1 = line(app.UIAxes_2,a4,a5,'color','k','linestyle','-','linewidth',3);
  % 绘制凸轮理论轮廓
  l2 = line(app.UIAxes_2,a2,a3,'color','g','linestyle','--');
  % 绘制摆杆轮廓
  l4 = line(app.UIAxes_2,[0,-Lb * sin(N1 * s0)],[Lm,Lm-Lb * cos(N1 * s0)],'color','b','linestyle',
'-','linewidth',3);
  % 绘制滚子轮廓
  xt = Lb * sin(N1 * s0) + rt * cos(0:pi/30:2 * pi);
  yt = Lm - Lb * cos(N1 * s0) + rt * sin(0:pi/30:2 * pi);
  l5 = line(app.UIAxes_2,xt,yt,'color','r','linestyle','-','linewidth',3);
  % 绘制基圆轮廓
  line(app.UIAxes_2,r0. * cos(a1. * pi/180),r0. * sin(a1. * pi/180),'color','r','linestyle','--');
  line(app.UIAxes_2,[0,0],[0,Lm],'color','r','linestyle','--');
```

```
  % 定义固定铰链位置
  line(app.UIAxes_2,0,0,'color',[1 1 0],'Marker','.','MarkerSize',20);
  line(app.UIAxes_2,0,Lm,'color',[1 1 0],'Marker','.','MarkerSize',20);
  % 定义滚子中心铰链位置
  h2 = line(app.UIAxes_2,Lb * sin(N2 * s0),Lm - Lb * cos(N2 * s0),'color',[1 0 0],'Marker','.',
'MarkerSize',20);
  m = 0;n = length(a6);
  while m<2
  for i = 1:10:n;
  set(l1,'xdata',a4 * cos( - i * N1 * 2 * pi/n) + a5 * sin( - i * N1 * 2 * pi/n),'ydata', - a4 * sin( - i *
N1 * 2 * pi/n) + a5 * cos( - i * N1 * 2 * pi/n));
  set(l2,'xdata',a2 * cos( - i * N1 * 2 * pi/n) + a3 * sin( - i * N1 * 2 * pi/n),'ydata', - a2 * sin( - i *
N1 * 2 * pi/n) + a3 * cos( - i * N1 * 2 * pi/n));
  set(l4,'xdata',[0, - Lb * sin(N2 * (s0 + a6(i)))],'ydata',[Lm,Lm - Lb * cos(N2 * (s0 + a6(i)))]);
  set(l5,'xdata', - Lb * sin(N2 * (s0 + a6(i))) + rt * cos(0:pi/30:2 * pi),'ydata',Lm - Lb * cos(N2 *
(s0 + a6(i))) + rt * sin(0:pi/30:2 * pi));
  set(h2,'xdata', - Lb * sin(N2 * (s0 + a6(i))),'ydata',Lm - Lb * cos(N2 * (s0 + a6(i))));
  pause(0.2)                                          % 控制运动速度
  drawnow                                             % 刷新屏幕
  end
  m = m + 1;
  end
  end
```

4)【返回上一级】回调函数

```
function FanHuiShangYiJi(app, event)
% 返回时开启主窗口的使能功能
% 注意要加主窗口私有属性 CallingApp 关键词
app.CallingApp.Button_3.Enable = 'on';                % 开启主窗口"运动曲线"使能
app.CallingApp.Button.Enable = 'on';                  % 开启主窗口"理论计算"使能
app.CallingApp.Button_2.Enable = 'on';                % 开启主窗口"凸轮轮廓"使能
app.CallingApp.Button_4.Enable = 'on';                % 开启主窗口"数字仿真"使能
delete(app)                                           % 关闭本子函数窗口
end
```

第5章 带式输送机传动系统 App 设计

带式输送机传动系统设计计算主要包括：运动和动力参数计算、挠性传动（V带传动或是滚子链传动）、齿轮传动设计、转轴设计和滚动轴承寿命计算等内容。

综合案例：如图 5.0.1 所示带式输送机传动装置原理图。图中，电动机 1 通过 V 带传动 2 和单级斜齿轮减速器 3 以及联轴器 4、驱动卷筒 5 和输送带 6 运转。工作条件：单向连续运转，载荷有振动；两班制工作，3 年大修，使用期 10 年；小批量生产；输送带速度允许误差为 ±5%。要求整体设计带式输送机系统。

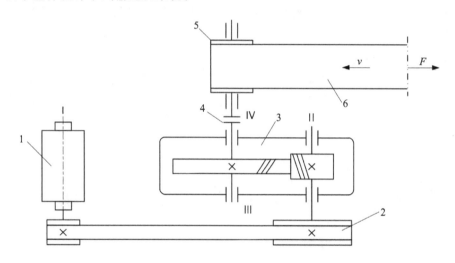

图 5.0.1 带式输送机传动装置原理图

5.1 案例 18——传动装置运动与动力参数 App 设计

5.1.1 传动装置运动与动力参数的基本理论分析

1. 机械传动效率

依据参考文献[2]，传动装置中各部件的效率如下：

V 带传动：$\eta_1 = 0.97$；

联轴器：$\eta_4 = 0.99$；

8 级精度的一般齿轮减速器（润滑油）：$\eta_2 = 0.97$；

滚动轴承（润滑油）：$\eta_3 = 0.98$（球），$\eta_3 = 0.98$（滚子）。

因此，该带式输送机传动装置的总效率为

$$\eta = \eta_1 \eta_2 \eta_3^2 \eta_4 = 0.97 \times 0.97 \times 0.98^2 \times 0.99 = 0.90$$

2. 输送带所需的功率

输送带受力为 $F = 2\,000$ kg,速度为 $v = 1.5$ m/s,输送带所需的功率为

$$P_{\mathrm{w}} = \frac{Fv}{1\,000} = \frac{2\,000 \text{ kg} \times 1.5 \text{ m/s}}{1\,000} = 3.0 \text{ kW}$$

3. 确定电动机功率

电动机的功率为

$$P_{\mathrm{d}} = \frac{P_{\mathrm{w}}}{\eta} = \frac{3.0 \text{ kW}}{0.9} = 3.33 \text{ kW}$$

4. 确定电动机转速

根据电动机功率,选用同步转速为 $1\,000$ r/min 的 Y 系列三相异步电机 Y132M1-6(额定功率 4 kW)。

5. 总传动比及其分配

滚筒直径 D 为 250 mm,带速 v 为 1.5 m/s,总传动比及其分配如下:

- 滚筒输出轴转速:$n_{\mathrm{w}} = \dfrac{60\,000 \times v}{\pi D} = \dfrac{60\,000 \times 1.5 \text{ m/s}}{250\pi} = 114.65$ r/min;

- 总传动比:$i = \dfrac{n_{\mathrm{m}}}{n_{\mathrm{w}}} = \dfrac{960}{114.65} = 8.37$;

- 取单级齿轮减速器传动比 $i_2 = 3.5$,则 V 带传动比 $i_1 = \dfrac{i}{i_2} = \dfrac{8.37}{3.5} = 2.39$。

6. 计算各轴运动动力参数

各轴转速如下:
- 电机轴(小带轮轴):$n_1 = n_{\mathrm{m}} = 960$ r/min;
- 小齿轮输入轴:$n_2 = \dfrac{n_1}{i_1} = \dfrac{960 \text{ r/min}}{2.39} = 401.67$ r/min;
- 大齿轮输出轴:$n_3 = \dfrac{n_2}{i_2} = \dfrac{401.67 \text{ r/min}}{3.5} = 114.76$ r/min;
- 滚筒转速等于大齿轮输出轴转速:$n_4 \approx n_3 \approx 114.6$ r/min;

各轴功率如下:
- 电机轴(小带轮轴):$P_1 = P_{\mathrm{d}} = 3.33$ kW;
- 小齿轮输入轴:$P_2 = \eta_1 P_1 = 3.23$ kW;
- 大齿轮输出轴:$P_3 = \eta_2 \eta_3 P_2 = 3.07$ kW;
- 滚筒轴:$P_4 = \eta_3 \eta_4 P_3 = 2.98$ kW。

各轴转矩如下:
- 电机轴(小带轮轴):$T_1 = 9\,550 \dfrac{P_1}{n_1} = 33.13$ N·m;

- 小齿轮输入轴：$T_2 = 9\,550\,\dfrac{P_2}{n_2} = 76.80\ \text{N·m}$；

- 大齿轮输出轴：$T_3 = 9\,550\,\dfrac{P_3}{n_3} = 255.48\ \text{N·m}$；

- 滚筒输出轴：$T_4 = 9\,550\,\dfrac{P_4}{n_4} = 247.99\ \text{N·m}$。

5.1.2　传动装置运动与动力参数 App 设计

1. App 窗口设计

传动装置运动与动力参数 App 窗口设计如图 5.1.1 所示。

图 5.1.1　传动装置运动与动力参数 App 窗口

2. App 窗口布局和参数设计

传动装置运动与动力参数 App 窗口布局如图 5.1.2 所示,窗口对象属性参数如表 5.1.1 所列。

表 5.1.1　传动装置运动与动力参数窗口对象属性参数

窗口对象	对象名称	字　码	回调(函数)
编辑字段(运输带工作拉力 F)	app. FEditField	14	
编辑字段(运输带工作速度 V)	app. VEditField	14	
编辑字段(电机转速 nm)	app. nmEditField	14	
编辑字段(卷筒直径 D)	app. DEditField	14	
编辑字段(传递总效率 etaz)	app. etazEditField	14	
编辑字段(总传动比 i)	app. iEditField	14	

窗口对象	对象名称	字　码	回调（函数）
编辑字段（V 带传动比 i1）	app. Vi1EditField	14	
编辑字段（齿轮传动比 i2）	app. i2EditField	14	
编辑字段（卷筒轴转速 n4）	app. n4EditField	14	
编辑字段（电机轴功率 P1）	app. P1EditField	14	
编辑字段（减速器输入轴转速 n2）	app. n2EditField	14	
编辑字段（减速器输入功率 P2）	app. P2EditField	14	
编辑字段（减速器输出轴转速 n3）	app. n3EditField	14	
编辑字段（减速器输出功率 P3）	app. P3EditField	14	
编辑字段（卷筒轴功率 P4）	app. P4EditField	14	
编辑字段（卷筒轴转矩 T4）	app. T4EditField	14	
编辑字段（电机轴转矩 T1）	app. T1EditField	14	
编辑字段（减速器输入轴转矩 T2）	app. T2EditField	14	
编辑字段（减速器输出轴转矩 T3）	app. T3EditField	14	
按钮（设计计算）	app. Button	16	SheJiJieGuo
按钮（退出）	app. Button_2	16	TuiChu
面板（传动装置设计已知参数）	app. Panel	16	
面板（数字计算结果）	app. Panel_2	16	
文本区域（……App 设计）	app. TextArea	20	
窗口（传动装置数字设计）	app. UIFigure		

注：此表中编辑字段皆为"编辑字段（数值）"。

图 5.1.2　传动装置运动与动力参数 App 窗口布局

3. 本 App 程序设计细节解读

(1)【设计计算】回调函数

```
function SheJiJieGuo(app, event)
V = app.VEditField.Value;                   % 运输带工作速度
F = app.FEditField.Value;                   % 运输带工作拉力
D = app.DEditField.Value;                   % 卷筒直径
nm = app.nmEditField.Value;                 % 电机转速
% 机械传动效率
eta1 = 0.97;                                % V 带传动
eta2 = 0.97;                                % 8 级精度一般齿轮传动(油润滑)
eta3 = 0.98;                                % 滚动轴承(滚子,油润滑)
eta4 = 0.99;                                % 联轴器
etaz = eta1 * eta2 * eta3^2 * eta4;         % 传动装置总效率
% 工作机械所需的功率
Pw = F * V/1e3;
% 确定需要的电动机功率
Pd = Pw/etaz;
% 总传动比及其分配
nw = 6e4 * V/(pi * D);                      % 卷筒转速(r/min)
i = nm/nw;                                  % 总传动比
i2 = 3.5;                                   % 选择齿轮传动比
i1 = i/i2;                                  % V 带传动比
% 计算各轴运动和动力参数
n1 = nm;
n2 = n1/i1;
n3 = n2/i2;
n4 = n3;
P1 = Pd;
P2 = eta1 * P1;
P3 = eta2 * eta3 * P2;
P4 = eta3 * eta4 * P3;
T1 = 9550 * P1/n1;
T2 = 9550 * P2/n2;
T3 = 9550 * P3/n3;
T4 = 9550 * P4/n4;
% 设计计算结果输出
app.etazEditField.Value = etaz;             % etaz
app.iEditField.Value = i;                   % i
app.Vi1EditField.Value = i1;                % i1
app.i2EditField.Value = i2;                 % i2
app.n4EditField.Value = n4;                 % n4
app.P1EditField.Value = P1;                 % P1
app.n2EditField.Value = n2;                 % n2
app.P2EditField.Value = P2;                 % P2
app.n3EditField.Value = n3;                 % n3
app.P3EditField.Value = P3;                 % P3
app.P4EditField.Value = P4;                 % P4
app.T4EditField.Value = T4;                 % T4
app.T1EditField.Value = T1;                 % T1
app.T2EditField.Value = T2;                 % T2
app.T3EditField.Value = T3;                 % T3
end
```

(2)【退出】回调函数

```
function TuiChu(app, event)
% 关闭程序窗口标准程序
sel = questdlg(' 确认关闭窗口？ ',' 关闭确认 ','Yes','No','No');
switch sel;
case'Yes'
delete(app);
case'No'
return
end
end
```

5.2 案例19——输送机 V 带传动 App 设计

5.2.1 V 带传动的参数计算

由案例 18 所述可知：带式输送机 V 带传动的输入功率 $P_1 = 3.33$ kW，满载电动机转速 $n_1 = 960$ r/min，传动比 $i_1 = 2.39$。要求两带轮传动中心距 $a_0 \approx 550$ mm，确定 V 带传动的其他参数。

1. 确定计算功率 P_C 和选取 V 带类型

查参考文献[2]中的表 7-14 可知工作情况系数 $K_A = 1.2$，可得

$$P_C = K_A P_1 = 4.0 \text{ kW}$$

查参考文献[2]中的图 7-14，可选 A 型普通 V 带。

2. 确定带轮基准直径 d_{d1} 和 d_{d2}

查参考文献[2]中的表 7-2，选取主动带轮直径 $d_{d1} = 100$ mm，从动带轮直径 $d_{d2} = i_1 d_{d1} = 239$ mm，查表选取：$d_{d2} = 250$ mm。

3. 验算带速 v

$$v = \frac{\pi d_{d1} n_1}{60 \times 1\,000} = 5.03 \text{ m/s}$$

带速在 5~25 m/s 的范围内，满足带传动要求。

4. 确定普通 V 带的基准长度 L_d 和传动中心距 a

$$a_0 = (0.7 \sim 2)(d_{d1} + d_{d2}) = 245 \sim 700 \text{ mm}$$

选取中心距 $a_0 = 500$ mm，符合要求。

计算带初选长度：

$$L_0 = 2a_0 + \frac{\pi}{2}(d_{d1} + d_{d2}) + \frac{(d_{d2} - d_{d1})^2}{4a_0} = 1\,560.75 \text{ mm}$$

查参考文献[2]中的表 7 - 5,确定基准带长 $L_d = 1\ 600\ mm$。

实际中心距 a:

$$a \approx a_0 + \frac{L_d - L_0}{2} = 519.5\ mm$$

圆整为 $a = 520\ mm$。

5. 验算主动轮上的包角 α_1

$$\alpha_1 = 180° \times \left(1 - \frac{d_{d2} - d_{d1}}{a\pi}\right) = 163.8° > 120°$$

主动轮包角满足要求。

6. 计算 V 带的根数 z

查参考文献[2]中的表 7 - 8,A 型 V 带,由 n_1 和 d_{d1} 确定 $P_0 = 0.97\ kW$;

查参考文献[2]中的表 7 - 10,A 型 V 带,由 n_1 和 i_1 确定 $\Delta P_0 = 0.11\ kW$;

查参考文献[2]中的表 7 - 12,根据 $\alpha_1 = 165°$,确定 $K_a = 0.96$;

查参考文献[2]中的表 7 - 13,根据 $L_d = 1\ 600\ mm$,确定 $K_L = 0.99$;

$$z = \frac{P_C}{(P_0 + \Delta P_0)K_a K_L} = 3.90$$

取 V 带的根数 $z = 4$。

7. 计算初拉力 F_0

查参考文献[2]中的表 7 - 1,A 型 V 带,每米长度质量为 $q = 0.10\ kg/m$,则拉力 F_0 为

$$F_0 = 500 \times \frac{P_C}{vz}\left(\frac{2.5}{K_a}\right) + qv^2 = 162\ N$$

8. 计算作用在带轮轴上的压力 F_Q

$$F_Q = 2zF_0\sin\frac{\alpha_1}{2} = 1\ 293\ N$$

5.2.2　V 带传动 App 设计

1. App 窗口设计

V 带传动 App 窗口设计如图 5.2.1 所示。

2. App 窗口布局和参数设计

V 带传动 App 窗口布局如图 5.2.2 所示,窗口对象属性参数如表 5.2.1 所列。

图 5.2.1 V 带传动 App 窗口

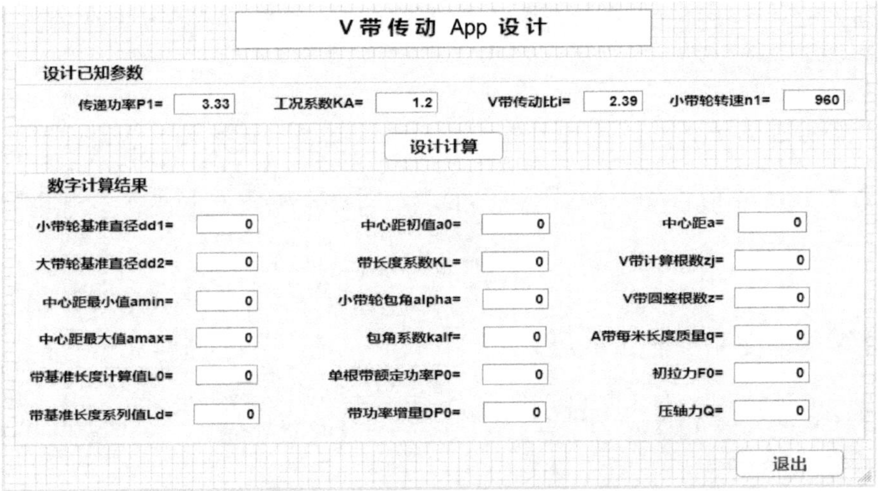

图 5.2.2 V 带传动 App 窗口布局

表 5.2.1 V 带传动窗口对象属性参数

窗口对象	对象名称	字　码	回调(函数)
编辑字段(传递功率 P1)	app. P1EditField_2	14	
编辑字段(工况系数 KA)	app. KAEditField	14	
编辑字段(V 带传动比 i)	app. ViEditField	14	
编辑字段(小带轮转速 n1)	app. n1EditField	14	
编辑字段(小带轮基准直径 dd1)	app. dd1EditField	14	
编辑字段(大带轮基准直径 dd2)	app. dd2EditField	14	

窗口对象	对象名称	字 码	回调(函数)
编辑字段(中心距最小值 amin)	app. aminEditField	14	
编辑字段(中心距最大值 amax)	app. amaxEditField	14	
编辑字段(带基准长度计算值 L0)	app. L0EditField	14	
编辑字段(带基准长度系列值 Ld)	app. LdEditField	14	
编辑字段(中心距初值 a0)	app. a0EditField	14	
编辑字段(带长度系数 KL)	app. KLEditField	14	
编辑字段(小带轮包角 alpha)	app. alphaEditField	14	
编辑字段(包角系数 kalf)	app. kalfEditField	14	
编辑字段(单根带额定功率 P0)	app. P0EditField	14	
编辑字段(带功率增量 DP0)	app. DP0EditField	14	
编辑字段(中心距 a)	app. aEditField	14	
编辑字段(V 带计算根数 zj)	app. VzjEditField	14	
编辑字段(V 带圆整根数 z)	app. VzEditField	14	
编辑字段(A 带每米长度质量 q)	app. AqEditField	14	
编辑字段(初拉力 F0)	app. F0EditField	14	
编辑字段(压轴力 Q)	app. QEditField	14	
按钮(设计计算)	app. Button	16	SheJiJieGuo
按钮(退出)	app. Button_2	16	TuiChu
面板(设计已知参数)	app. Panel	16	
面板(数字计算结果)	app. Panel_2	16	
文本区域(……App 设计)	app. TextArea	20	
窗口(V 带传动设计)	app. UIFigure		

注：此表中编辑字段皆为"编辑字段(数值)"。

3. 本 App 程序设计细节解读

(1)【设计计算】回调函数

```
function SheJiJieGuo(app, event)
P1 = app. P1EditField_2. Value;              % P1
KA = app. KAEditField. Value;                % KA
i = app. ViEditField. Value;                 % i
n1 = app. n1EditField. Value;                % n1
dd1 = 100;                                   % 小带轮基准直径推荐值
dd2 = dd1 * i;
dd2 = 250;                                   % 选择大带轮基准直径系列值
v = pi * dd1 * n1/6e4;                        % 带速范围 v = 5～25m/s
amin = 0.7 * (dd1 + dd2);
amax = 2 * (dd1 + dd2);
a0 = 500;                                     % 中心距初值
```

```
L0 = 2 * a0 + 0.5 * pi * dd1 * (i + 1) + 0.25 * (dd2 - dd1)^2/a0;      % 计算带长
Ld = 1600;                                                             % 带的基准长度
KL = 0.20639 * Ld^0.211806;                                            % 带的长度系数
a1 = Ld/4 - pi * dd1 * (i + 1)/8;
a2 = dd1^2 * (i - 1)^2/8;
aj = a1 + sqrt(a1^2 - a2);                                             % 计算中心距 mm
a = round(aj);                                                         % 圆整中心距 a
alpha = 180 * (1 - dd1 * (i - 1)/a/pi);                                % 要求小带轮包角 >= 120 度
Kalf = alpha/(0.549636 * alpha + 80.395144);                           % 小带轮包角系数
P0 = 0.01738 * dd1 - 0.774138;                                         % 单根带额定功率
% 根据 A 型带和带速 >= 2m 拟合功率增量
DP0 = 0.001023 + 0.00012 * n1;                                         % 计算带的根数
zj = KA * P1/(P0 + DP0)/KL/Kalf;                                       % 圆整带的根数
z = round(zj + 0.5);                                                   % A 带每米长度质量(kg/m)
q = 0.1;                                                               % 初拉力(N)
F0 = 500 * KA * P1 * (2.5/Kalf - 1)/v/z + q * v^2;                     % 压轴力(N)
Q = 2 * z * F0 * sind(0.5 * alpha);
% 设计计算结果输出
app.dd1EditField.Value = dd1;                                         % dd1
app.dd2EditField.Value = dd2;                                         % dd2
app.aminEditField.Value = amin;                                       % amin
app.amaxEditField.Value = amax;                                       % amax
app.L0EditField.Value = L0;                                           % L0
app.LdEditField.Value = Ld;                                           % Ld
app.a0EditField.Value = a0;                                           % a0
app.KLEditField.Value = KL;                                           % KL
app.alphaEditField.Value = alpha;                                     % alpha
app.kalfEditField.Value = Kalf;                                       % kalf
app.P0EditField.Value = P0;                                           % P0
app.DP0EditField.Value = DP0;                                         % DP0
app.aEditField.Value = a;                                             % a
app.VzjEditField.Value = zj;                                          % zj
app.VzEditField.Value = z;                                            % z
app.AqEditField.Value = q;                                            % q
app.F0EditField.Value = F0;                                           % F0
app.QEditField.Value = Q;                                             % Q
end
```

(2)【退出】回调函数

```
function TuiChu(app, event)
% 关闭程序窗口标准程序
sel = questdlg('确认关闭窗口?','关闭确认,','Yes','No','No');
switch sel;
case'Yes'
delete(app);
case'No'
return
end
end
```

5.3　案例 20——减速器斜齿圆柱齿轮
传动 App 设计

5.3.1　斜齿圆柱齿轮传动的理论分析

由案例 18 所述可知：圆柱齿轮传动的主动齿轮传递功率 $P_1=3.33$ kW，转矩 $T_2=76.80$ N·m，$n_2=401.67$ r/min，传动比 $i_2=3.5$。确定减速器的其他参数。

1. 选择齿轮的材料和确定许用应力

由于传递功率和转速中等，载荷有轻微冲击，为使结构紧凑，采用硬齿面齿轮传动。大小齿轮都采用 45♯ 钢，表面淬火，齿面硬度 HRC45。

查参考文献[2]中的图 9-38 和图 9-39，确定试验齿轮的疲劳极限，并确定许用应力：

齿轮材料接触疲劳极限：

$$\sigma_{Hlim1}=\sigma_{Hlim2}=1\ 150\ \text{MPa}$$

齿轮材料接触疲劳许用应力：

$$[\sigma_H]=0.9\sigma_{Hlim1}=1\ 035\ \text{MPa}$$

齿轮材料弯曲疲劳极限：

$$\sigma_{Flim1}=\sigma_{Flim2}=320\ \text{MPa}$$

齿轮材料弯曲疲劳许用应力：

$$[\sigma_F]=1.4\sigma_{Flim1}=448\ \text{MPa}$$

2. 选择齿轮传动的公差等级和设计参数

由于是带式运输机齿轮转速不高，可以选择普通 8 级精度齿轮，要求齿面粗糙度 $Ra\leqslant3.2\sim6.3\ \mu m$，初选螺旋角 $\beta=10°$。

取小齿轮齿数 $z_1=18$，则 $z_2=i_2z_1=63$。

查参考文献[2]中的表 9-11，确定齿宽系数 $\psi_d=0.65$。

3. 按轮齿弯曲强度计算模数

当量齿数：

$$z_{V1}=\frac{z_1}{\cos^3\beta}=18.85$$

$$z_{V2}=i_2z_{V1}=65.98$$

查参考文献[2]中的表 9-10，确定复合齿形系数 $Y_{SF1}=4.43$，$Y_{SF2}=3.88$。

根据冲击载荷较小、轴承对称布置和轴刚度较大，取载荷系数 $K=1.4$；取 $Y_{SF}=4.43$（较大）；查参考文献[2]中的表 9-8，对应螺旋角范围 $15°<\beta\leqslant25°$，确定常系数 $A_m=12$。

计算模数如下：

$$m_n\geqslant A_m\times\sqrt[3]{\frac{KT_1Y_{SF}}{\psi_dz_1^2\sigma_F}}=12\times\sqrt[3]{\frac{1.4\times33.13\times4.43}{0.65\times18^2\times448}}=1.78\ \text{mm}$$

取模数标准值 $m_n = 2$ mm。

4. 协调设计参数

计算中心距：

$$a = \frac{m_n(z_1 + z_2)}{2\cos\beta} = 82.25 \text{ mm}$$

取 $a = 85$ mm。

计算螺旋角：

$$\beta = \arccos\frac{m_n(z_1 + z_2)}{2a} = 17.65° (右旋)$$

螺旋角满足 $8° \sim 25°$ 要求。

5. 计算主要几何尺寸

齿轮分度圆直径：

$$d_1 = \frac{m_n z_1}{\cos\beta} = 37.78 \text{ mm}$$

$$d_2 = i d_1 = 132.22 \text{ mm}$$

齿轮齿顶圆直径：

$$d_{a1} = m_n\left(\frac{z_1}{\cos\beta} + 2h_{an}^*\right) = 41.78 \text{ mm}$$

$$d_{a2} = m_n\left(\frac{z_2}{\cos\beta} + 2h_{an}^*\right) = 136.22 \text{ mm}$$

齿轮齿根圆直径：

$$d_{f1} = m_n\left(\frac{z_1}{\cos\beta} - 2h_{an}^* - 2c_n^*\right) = 32.28 \text{ mm}$$

$$d_{f2} = m_n\left(\frac{z_2}{\cos\beta} - 2h_{an}^* - 2c_n^*\right) = 127.22 \text{ mm}$$

齿轮齿宽：

$$b = \psi_d d_1 = 24.56 \text{ mm}$$

圆整取：$b_1 = 32$ mm（为安装方便，通常取小齿轮齿宽大于大齿轮齿宽 $5 \sim 10$ mm），$b_2 = 26$ mm。

6. 校核齿面接触强度

满足齿面接触强度所需要的小齿轮分度圆直径：

$$d_1 \geqslant A_d \times \sqrt[3]{\frac{KT_1(u+1)}{\psi_d \sigma_H^2 u}} = 32.06 \text{ mm}$$

查参考文献[2]中的表 9-8，$A_d = 733$，小于设计结果 $d_1 = 37.78$ mm，满足齿面接触强度要求。

7. 齿轮圆周速度

$$v = \frac{\pi d_1 n_1}{60\ 000} = 1.90 \text{ m/s}$$

查参考文献[2]中的表 9－12,满足斜齿圆柱齿轮 8 级精度传动要求。

5.3.2　斜齿圆柱齿轮传动 App 设计

1. App 窗口设计

斜齿圆柱齿轮传动 App 窗口设计如图 5.3.1 所示。

图 5.3.1　斜齿圆柱齿轮传动 App 窗口

2. App 窗口布局和参数设计

斜齿圆柱齿轮传动 App 窗口布局如图 5.3.2 所示,窗口对象属性参数如表 5.3.1 所列。

表 5.3.1　斜齿圆柱齿轮传动窗口对象属性参数

窗口对象	对象名称	字　码	回调(函数)
编辑字段(工作拉力 f)	app. fEditField	14	
编辑字段(工作速度 v)	app. vEditField_2	14	
编辑字段(滚筒直径 d)	app. dEditField	14	
编辑字段(传动比 i)	app. iEditField	14	
编辑字段(传动效率 nu)	app. nuEditField	14	
编辑字段(大齿轮传递功率 p2)	app. p2ditField	14	
编辑字段(大齿轮转速 n2)	app. n2EditField	14	

窗口对象	对象名称	字　码	回调(函数)
编辑字段(小齿轮传递功率 p1)	app. p1EditField	14	
编辑字段(小齿轮转速 n1)	app. n1EditField	14	
编辑字段(小齿轮齿数 z1)	app. z1ditField	14	
编辑字段(大齿轮齿数 z2)	app. z2EditField	14	
编辑字段(齿宽系数 pd)	app. pdEditField	14	
编辑字段(齿数比 u)	app. uEditField	14	
编辑字段(小齿轮传递转矩 t1)	app. t1EditField	14	
编辑字段(小齿轮当量齿数 zv1)	app. zv1EditField	14	
编辑字段(大齿轮当量齿数 zv2)	app. zv2EditField	14	
编辑字段(小齿轮齿形系数 ysf1)	app. ysf1EditField	14	
编辑字段(大齿轮齿形系数 ysf2)	app. ysf2EditField	14	
编辑字段(齿轮模数 mn)	app. mnEditField	14	
编辑字段(中心距 a)	app. aEditField	14	
编辑字段(螺旋角 bat)	app. batEditField	14	
编辑字段(试验齿轮许用弯曲应力 cfp)	app. cfpEditField	14	
编辑字段(试验齿轮许用接触应力 chp)	app. chpEditField	14	
编辑字段(小齿轮分度圆直径 d1)	app. d1EditField	14	
编辑字段(小齿轮顶圆直径 da1)	app. da1EditField	14	
编辑字段(小齿轮根圆直径 df1)	app. df1EditField	14	
编辑字段(大齿轮分度圆直径 d2)	app. d2EditField	14	
编辑字段(大齿轮顶圆直径 da2)	app. da2EditField	14	
编辑字段(大齿轮根圆直径 df2)	app. df2EditField	14	
编辑字段(小齿宽 b1)	app. b1EditField	14	
编辑字段(大齿宽 b2)	app. b2EditField	14	
按钮(计算结果)	app. Button	16	SheJiJieGuo
按钮(退出)	app. Button_2	16	TuiChu
面板(设计已知参数)	app. Panel	16	
面板(数字计算结果)	app. Panel_2	16	
文本区域(……App 设计)	app. TextArea	20	
窗口(斜齿圆柱齿轮传动设计)	app. UIFigure		

注：此表中编辑字段皆为"编辑字段(数值)"。

图 5.3.2　斜齿圆柱齿轮传动 App 窗口布局

3. 本 App 程序设计细节解读

(1)【设计计算】回调函数

```
function SheJiJieGuo(app, event)
f = app.fEditField.Value;                        % f
v = app.vEditField.Value;                        % v
d = app.dEditField.Value;                        % d
nu = app.nuEditField.Value;                      % nu
i = app.iEditField.Value;                        % i
hd = pi/180;                                      % 角度换算成弧度的系数
% 采用硬齿面齿轮传动
p2 = f * v/1000;                                  % 大齿轮传递功率(kW)
n2 = 60 * v * 1e3/pi/d;                           % 大齿轮转速(r/min)
p1 = p2/nu;                                       % 小齿轮传递功率(kW)
n1 = i * n2;                                      % 小齿轮转速(r/min)
chm = 1500;                                       % 试验齿轮接触疲劳极限(MPa)
cfm = 460;                                        % 试验齿轮弯曲疲劳极限(MPa)
chp = 0.9 * chm;                                  % 试验齿轮许用接触应力(MPa)
cfp = 1.4 * cfm;                                  % 试验齿轮许用弯曲应力(单向传动)
z1 = 18;                                          % 小齿轮齿数(选取)
z2 = round(i * z1);                               % 大齿轮齿数
u = z2/z1;                                        % 齿数比
pd = 0.675;                                       % 齿宽系数
bat0 = 10;                                        % 螺旋角初值
t1 = 9550 * p1/n1;                                % 小齿轮传递转矩(N·m)
```

```
zv1 = z1/(cos(bat0 * hd))^3;                        % 小齿轮当量齿数
zv2 = u * zv1;                                       % 大齿轮当量齿数
ysf1 = 4.43;                                         % 小齿轮齿形系数
ysf2 = 3.88;                                         % 大齿轮齿形系数
if ysf1> = ysf2
ysf = ysf1;                                          % 确定计算齿形系数
else
ysf = ysf2;
end
k = 1.4;                                             % 载荷系数
am = 12.0;                                           % 齿根弯曲强度计算系数(螺旋角范围 15°~25°)
% 按照齿根弯曲强度计算模数(mm)
mnj = am * (k * t1 * ysf/pd/z1^2/cfp)^(1/3);
if mnj< = 2
mn = 2;                                              % 确定标准模数(mm)
else
mn = round(mnj + 0.5)
end
aj = mn * z1 * (1 + u)/2/cos(bat0 * hd);
a = round(aj/5) * 5 + 5;                             % 确定中心距(mm)
bat = acos(0.5 * mn * z1 * (1 + u)/a)/hd;            % 确定螺旋角
if bat>15 & bat< = 25
msgbox('螺旋角在 15 - 25°范围内,计算系数选择合适 ','提示 ');
else
msgbox('螺旋角超出 15 - 25°范围,重新选择计算系数 ','提示 ');
end
d1 = mn * z1/cos(bat * hd);                          % 计算分度圆直径(mm)
d2 = u * d1;
han = 1.0;                                           % 正常齿制
cn = 0.25;
da1 = d1 + 2 * han * mn;                             % 计算齿顶圆直径(mm)
da2 = d2 + 2 * han * mn;
df1 = d1 - 2 * han * mn - 2 * cn * mn;               % 计算齿根圆直径(mm)
df2 = d2 - 2 * han * mn - 2 * cn * mn;
b = pd * d1;
b2 = round(b/2) * 2;                                 % 确定齿宽(mm)
b1 = b2 + 6;
ad = 733;                                            % 齿面接触强度计算系数(螺旋角范围 15 - 25°)
% 按照齿面接触强度计算分度圆直径(mm)
d1j = ad * (k * t1 * (u + 1)/pd/chp^2/u)^(1/3);
if d1j< = d1
msgbox('满足齿面接触强度要求 ','提示 ');
else
msgbox('不满足齿面接触强度要求,需要修改设计参数 ','提示 ');
end
v = pi * d1 * n1/6e4;                                % 齿轮圆周速度(m/s)
% 设计计算结果输出
app.p2EditField.Value = p2;                          % p2
app.n2EditField.Value = n2;                          % n2
app.p1EditField.Value = p1;                          % p1
app.n1EditField.Value = n1;                          % n1
app.z1EditField.Value = z1;                          % z1
app.z2EditField.Value = z2;                          % z2
app.pdEditField.Value = pd;                          % pd
app.uEditField.Value = u;                            % u
```

```
app.t1EditField.Value = t1;                    % t1
app.zv1EditField.Value = zv1;                  % zv1
app.zv2EditField.Value = zv2;                  % zv2
app.ysf1EditField.Value = ysf1;                % ysf1
app.ysf2EditField.Value = ysf2;                % ysf2
app.mnEditField.Value = mn;                    % mn
app.aEditField.Value = a;                      % a
app.batEditField.Value = bat;                  % bat
app.chpEditField.Value = chp;                  % chp
app.cfpEditField.Value = cfp;                  % chp
app.d1EditField.Value = d1;                    % d1
app.da1EditField.Value = da1;                  % da1
app.df1EditField.Value = df1;                  % df1
app.b1EditField.Value = b1;                    % b1
app.d2EditField.Value = d2;                    % d2
app.da2EditField.Value = da2;                  % da2
app.df2EditField.Value = df2;                  % df2
app.b2EditField.Value = b2;                    % b2
end
```

(2)【退出】回调函数

```
function TuiChu(app, event)
% 关闭程序窗口标准程序
sel = questdlg('确认关闭窗口？','关闭确认,','Yes','No','No');
switch sel;
case'Yes'
delete(app);
case'No'
return
end
end
```

5.4　案例 21——减速器弯扭组合轴 App 设计

5.4.1　弯扭组合轴设计理论

由案例 18 所述可知：

减速器输出轴的传递功率为 $P_3 = 3.07$ kW；

减速器输出轴的转速为 $n_3 \approx 114.6$ r/min。

1. 估算轴的最小直径

轴的材料选用 45♯钢并经调质处理(210HBS)，查参考文献[2]中的表 13-2，取 $C = 112$，则轴直径 d 为

$$d \geqslant C \times \sqrt[3]{\frac{P_2}{n_2}} = 33.64 \text{ mm}$$

考虑到该轴外伸段上面开有键槽,将轴加大 3%～5%,查参考文献[2]中的表 14-3 弹性柱联轴器,取标准直径 $d=35$ mm。

根据电动机驱动和工作机械特性,查参考文献[2]中的表 14-1,选取载荷系数 $K=1.4$,计算转矩:

$$KT = KT_3 = 1.4 \times 255.48 = 357.67 \text{ N} \cdot \text{m}$$

联轴器满足设计要求。

2. 轴的结构设计

轴系的结构图如图 5.4.1 所示。

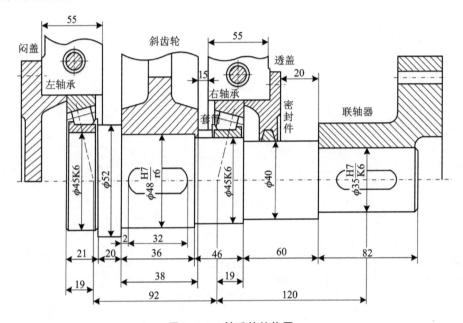

图 5.4.1　轴系的结构图

3. 齿轮受力分析

(1) 斜齿圆柱齿轮的圆周力

$$F_t = \frac{2T_2}{d_1} = 4\,065.64 \text{ N}$$

(2) 斜齿圆柱齿轮的径向力

$$F_r = \frac{F_t \tan \alpha_n}{\cos \beta} = 1\,566 \text{ N}$$

(3) 斜齿圆柱齿轮的轴向力

$$F_a = F_t \tan \beta = 1\,304 \text{ N}$$

4. 计算支座反力和内力弯曲

如图 5.4.2 所示,取轴承宽度中间为支撑点 A 与 B。将齿轮作用力分解到水平面(圆周

力 F_t 使轴在 H 面上产生弯曲变形)和垂直面(径向力 F_r 和轴向力 F_a 使轴在 V 面上产生弯曲变形)上。

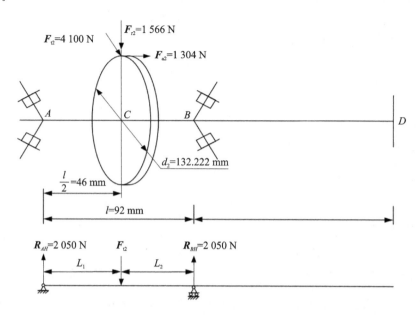

图 5.4.2　轴系受力图

(1) 求水平面支反力 R_{AH} 和 R_{BH}

由平衡条件：

$$\sum M_B = R_{AH}(L_1 + L_2) - F_t \times L_2 = 0$$

求出：

$$R_{AH} = \frac{F_t \times 46}{46 + 46} = 2\,050 \text{ N}$$

由平衡条件：

$$\sum Y = R_{AH} + R_{BH} - F_t = 0$$

求出：

$$R_{BH} = 2\,050 \text{ N}$$

水平弯矩,图中 C 处弯矩(在集中力作用处,弯矩图发生转折)

$$M_{CH} = R_{AH} \times L_1 = 2\,050 \times 46 = 94\,300 \text{ N} \cdot \text{mm}$$

(2) 求垂直面支反力 R_{AV} 和 R_{BV}

由平衡条件：

$$\sum M_B = R_{AV}(L_1 + L_2) - F_a \frac{d_2}{2} - F_r \times L_2 = 0$$

求出：

$$R_{AV} = 1\,720 \text{ N} \cdot \text{mm}$$

由平衡条件：

$$\sum Y = R_{AV} + R_{BV} - F_r = 0$$

求出：

$$R_{BV} = -154 \text{ N}$$

垂直弯矩,图中 C 处左侧弯矩：

$$M'_{CV} = R_{AV} \times L_1 = 79\ 120\ \text{N} \cdot \text{mm}$$

垂直弯矩,图中 C 处右侧弯矩:

$$M''_{CV} = R_{BV} \times L_2 = -7\ 084\ \text{N} \cdot \text{mm}$$

在集中力偶作用处,弯矩图发生突变,其突变值为

$$M'_{CV} - M''_{CV} = 86\ 204\ \text{N} \cdot \text{mm}$$

集中力偶:

$$F_a \frac{d_2}{2} = 86\ 209\ \text{N} \cdot \text{mm}$$

(3) 计算合成弯矩

C 左侧处合成弯矩:

$$M'_C = \sqrt{M_{CH}^2 + M_{CV}'^2} = 123\ 095\ \text{N} \cdot \text{mm}$$

C 右侧处合成弯矩:

$$M''_C = \sqrt{M_{CH}^2 + M_{CV}''^2} = 94\ 566\ \text{N} \cdot \text{mm}$$

(4) 输出轴在 CD 段承受的扭矩

输出轴在 CD 段承受的扭矩等于它传递的扭矩 $T_3 = 255\ 480\ \text{N} \cdot \text{mm}$。

(5) 计算危险截面当量弯矩

由合成弯矩图和扭矩可知 C 处内力最大且其扭矩为脉动循环性质。

当量弯矩计算取扭矩校正系数 $a = 0.6$,计算如下:

$$M_e = \sqrt{M_C'^2 + (aT_3)^2} = 197\ 628\ \text{N} \cdot \text{mm}$$

(6) 按照弯曲和扭转组合强度计算 C 处需要的轴径

45♯钢调质后抗拉强度查参考文献[2]中的表 13-1 和表 13-4,得到对应的对称循环下材料的许用弯曲应力 $[\sigma_{-1}]_w = 60\ \text{MPa}$,则轴径计算如下:

$$d = \sqrt[3]{\frac{M_e}{0.1 \times [\sigma_{-1}]_w}} = 32.055\ \text{mm}$$

由于 C 处有键槽故将直径增大 5%,$d_e = 33.66\ \text{mm}$,小于该处实际直径 $d_C = 48\ \text{mm}$,故轴的弯扭组合强度足够。

5.4.2 弯扭组合轴 App 设计

1. App 窗口设计

弯扭组合轴 App 窗口设计如图 5.4.3 所示。

2. App 窗口布局和参数设计

弯扭组合轴 App 窗口布局如图 5.4.4 所示,窗口对象属性参数如表 5.4.1 所列。

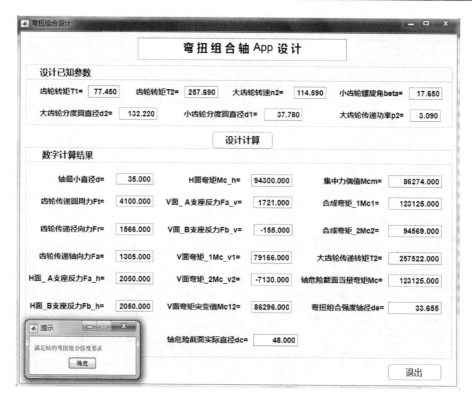

图 5.4.3　弯扭组合轴 App 窗口

图 5.4.4　弯扭组合轴 App 窗口布局

表 5.4.1　弯扭组合轴窗口对象属性参数

窗口对象	对象名称	字　码	回调(函数)
编辑字段(齿轮转矩 T1)	app. T1EditField	14	
编辑字段(齿轮转矩 T2)	app. T2EditField	14	
编辑字段(大齿轮转速 n2)	app. n2EditField_2	14	
编辑字段(小齿轮螺旋角 beta)	app. bataEditField	14	
编辑字段(大齿轮分度圆直径 d2)	app. d2EditField_2	14	
编辑字段(小齿轮分度圆直径 d1)	app. d1EditFicld_2	14	
编辑字段(大齿轮传递功率 p2)	app. p2EditField_2	14	
编辑字段(轴最小直径 d)	app. dEditField	14	
编辑字段(齿轮传递圆周力 Ft)	app. FtEditField	14	
编辑字段(齿轮传递径向力 Fr)	app. FrEditField	14	
编辑字段(齿轮传递轴向力 Fa)	app. FaEditField	14	
编辑字段(H 面_A 支座反力 Fa_h)	app. H_AFa_hEditField	14	
编辑字段(H 面_B 支座反力 Fb_h)	app. H_BFb_hEditField	14	
编辑字段(H 面弯矩 Mc_h)	app. HMc_hEditField	14	
编辑字段(V 面_A 支座反力 Fa_v)	app. V_AFa_vEditField	14	
编辑字段(V 面_B 支座反力 Fb_v)	app. V_BFb_vEditField	14	
编辑字段(V 面弯矩_1Mc_v1)	app. V_1Mc_v1EditField	14	
编辑字段(V 面弯矩_2Mc_v2)	app. V_2Mc_v2EditField	14	
编辑字段(V 面弯矩突变值 Mc12)	app. VMc12EditField	14	
编辑字段(集中力偶值 Mcm)	app. McmEditField	14	
编辑字段(合成弯矩_1Mc1)	app. Mc1EditField	14	
编辑字段(合成弯矩_2Mc2)	app. Mc2EditField	14	
编辑字段(大齿轮传递转矩 T2)	app. T2EditField_2	14	
编辑字段(轴危险截面当量弯矩 Mc)	app. McEditField	14	
编辑字段(弯扭组合强度轴径 de)	app. deEditField	14	
编辑字段(轴危险截面实际直径 dc)	app. dcEditField	14	
按钮(设计计算)	app. Button	16	SheJiJieGuo
按钮(退出)	app. Button_2	16	TuiChu
面板(设计已知参数)	app. Panel	16	
面板(数字计算结果)	app. Panel_2	16	
文本区域(……App 设计)	app. TextArea	20	
窗口(弯扭组合设计)	app. UIFigure		

注：此表中编辑字段皆为"编辑字段(数值)"。

3. 本 App 程序设计细节解读

(1)【设计计算】回调函数

```
function SheJiJieGuo(app, event)
T1 = app. T1EditField. Value;                              % T1
T2 = app. T2EditField. Value;                              % T2
n2 = app. n2EditField_2. Value;                            % n2
beta = app. betaEditField. Value;                          % beta
p2 = app. p2EditField_2. Value;                            % p2
d1 = app. d1EditField_2. Value;                            % d1
d2 = app. d2EditField_2. Value;                            % d2
hd = pi/180;                                               % 角度换算成弧度的系数
c = 112;                                                   % 45 钢材料系数
d0 = c * (p2/n2)^(1/3) * 1.05;                             % 按扭转估算轴径并考虑键槽影响
d = round(d0/5) * 5;                                       % 圆整直径
alpha = 20;                                                % 齿轮分度圆压力角
Ft = round(2000 * T1/d1);                                  % 齿轮传递的圆周力(N)
Fr = round(Ft * tan(alpha * hd)/cos(beta * hd));           % 齿轮传递的径向力(N)
Fa = round(Ft * tan(beta * hd));                           % 齿轮传递的轴向力(N)
L1 = 46;                                                   % 齿宽中心线到 A 轴承座反力作用点的距离(mm)
L2 = 46;                                                   % 齿宽中心线到 B 轴承座反力作用点的距离(mm)
Fa_h = round(Ft * L2/(L1 + L2));                           % A 支座 H 面反力(N)
Fb_h = Ft - Fa_h;                                          % B 支座 H 面反力(N)
Mc_h = Fa_h * L1;                                          % H 面弯矩(N·mm)
Fa_v = round((Fr * L2 + Fa * d2/2)/(L1 + L2));             % A 支座 V 面反力(N)
Fb_v = Fr - Fa_v;                                          % B 支座 V 面反力(N)
Mc_v1 = Fa_v * L1;                                         % V 面弯矩 1(N·mm)
Mc_v2 = Fb_v * L2;                                         % V 面弯矩 2(N·mm)
Mc12 = Mc_v1 - Mc_v2;                                      % V 面弯矩突变值(N·mm)
Mcm = round(Fa * d2/2);                                    % 截面 C 的集中力偶矩(N·mm)
Mc1 = round(sqrt(Mc_h^2 + Mc_v1^2));                       % 合成弯矩 1(N·mm)
Mc2 = round(sqrt(Mc_h^2 + Mc_v2^2));                       % 合成弯矩 2(N·mm)
if Mc1 > = Mc2                                             % 确定最大弯矩
Mc = Mc1;
else
Mc = Mc2;
end
T2 = round(9.55 * 1e6 * p2/n2);                            % 大齿轮传递转矩(N·mm)
Me = round(sqrt(Mc^2 + (0.6 * T2)^2));                     % 当量弯矩(N·mm)
cp = 60;                                                   % 对称循环许用弯曲应力(MPa)
de = (Me/0.1/cp)^(1/3) * 1.05;                             % 按弯扭组合需要轴径,并考虑键槽影响
dc = 48;                                                   % 危险截面 C 的实际直径(mm)
if de < = dc
msgbox('满足轴的弯扭组合强度要求', '提示');
else
msgbox('不满足轴的弯扭组合强度要求,需要加大轴的直径', '提示');
end
% 设计计算结果输出
app. dEditField. Value = d;                                % d
app. FtEditField. Value = Ft;                              % Ft
app. FrEditField. Value = Fr;                              % Fr
app. FaEditField. Value = Fa;                              % Fa
app. H_AFa_hEditField. Value = Fa_h;                       % Fa_h
```

```
app.H_BFb_hEditField.Value = Fb_h;          % Fb_h
app.HMc_hEditField.Value = Mc_h;            % Mc_h
app.V_AFa_vEditField.Value = Fa_v;          % Fa_v
app.V_BFb_vEditField.Value = Fb_v;          % Fb_v
app.V_1Mc_v1EditField.Value = Mc_v1;        % Mc_v1
app.V_2Mc_v2EditField.Value = Mc_v2;        % Mc_v1
app.VMc12EditField.Value = Mc12;            % Mc12
app.McmEditField.Value = Mcm;               % Mcm
app.Mc1EditField.Value = Mc1;               % Mc1
app.Mc2EditField.Value = Mc2;               % Mc2
app.T2EditField_2.Value = T2;               % T2
app.McEditField.Value = Mc;                 % Mc
app.deEditField.Value = de;                 % de
app.dcEditField.Value = dc;                 % dc
end
```

(2)【退出】回调函数

```
function TuiChu(app, event)
% 关闭程序窗口标准程序
sel = questdlg('确认关闭窗口？','关闭确认,','Yes','No','No');
switch sel;
case'Yes'
delete(app);
case'No'
return
end
end
```

5.5 案例 22——减速器圆锥滚子
轴承(30209)寿命 App 设计

5.5.1 圆锥滚子轴承(30209)寿命理论计算

1. 选择轴承类型

由案例 21 所述可知：由于斜齿圆柱齿轮传递轴向力，一般选用角接触向心轴承和圆锥滚子轴承。根据输出轴的轴承轴径 $d=45$ mm，初选圆锥滚子轴承 30209，查参考文献[2]中的表 12-16，轴承额定动载荷 $C_r=67\,800$ N，额定静载荷 $C_{0r}=83\,500$ N，判断参数 $e=0.40$，轴向载荷系数 $Y=1.5$。将轴承 A 编号为 1，轴承 B 编号为 2。

2. 计算轴承径向载荷

$$F_{r1}=\sqrt{R_{AH}^2+R_{AV}^2}=2\,676\text{ N}$$
$$F_{r2}=\sqrt{R_{BH}^2+R_{BV}^2}=2\,056\text{ N}$$

3. 计算轴承轴向载荷

内部轴向力计算:

$$S_1 = \frac{F_{r1}}{2Y} = 892 \text{ N}$$

$$S_2 = \frac{F_{r2}}{2Y} = 685 \text{ N}$$

圆锥滚子轴承轴向力:

$$F_a + S_1 = 1\,304 + 892 = 2\,196 \text{ N} > 685 \text{ N}$$

两个轴承的轴向载荷:

$$F_{a2} = F_a + S_1 = 2\,196 \text{ N}$$

$$F_{a1} = S_1 = 892 \text{ N}$$

4. 计算轴承当量动载荷

查参考文献[2]中的表 12 - 10,得到 $X_1 = 1.00, Y_1 = 0.00; X_2 = 0.40, Y_2 = 1.50$。
轴承当量动载荷:

$$P_1 = X_1 F_{r1} + Y_1 F_{a1} = 2\,676 \text{ N}$$

$$P_2 = X_2 F_{r2} + Y_2 F_{a2} = 4\,116 \text{ N}$$

5. 计算轴承工作寿命

两个支撑轴承采用相同的轴承,故按当量动载荷较大的轴承 2 计算。

滚子轴承的寿命指数 $\varepsilon = 10/3$,查参考文献[2]中的表 12 - 7 和表 12 - 8,取温度系数 $f_T = 1.0$,冲击载荷系数 $f_P = 1.5$,计算轴承 2 工作寿命:

$$L_h = \frac{10^6}{60n}\left(\frac{f_T C_r}{f_P P}\right)^{\varepsilon} = 1\,798\,328 \text{ h} > 48\,000 \text{ h}$$

远大于 10 年工作时间(48 000 h),可见轴承 30209 满足设计要求。

5.5.2　圆锥滚子轴承(30209)寿命 App 设计

1. App 窗口设计

圆锥滚子轴承(30209)寿命 App 窗口设计如图 5.5.1 所示。

2. App 窗口布局和参数设计

圆锥滚子轴承(30209)寿命 App 窗口布局如图 5.5.2 所法,窗口对象属性参数如表 5.5.1 所列。

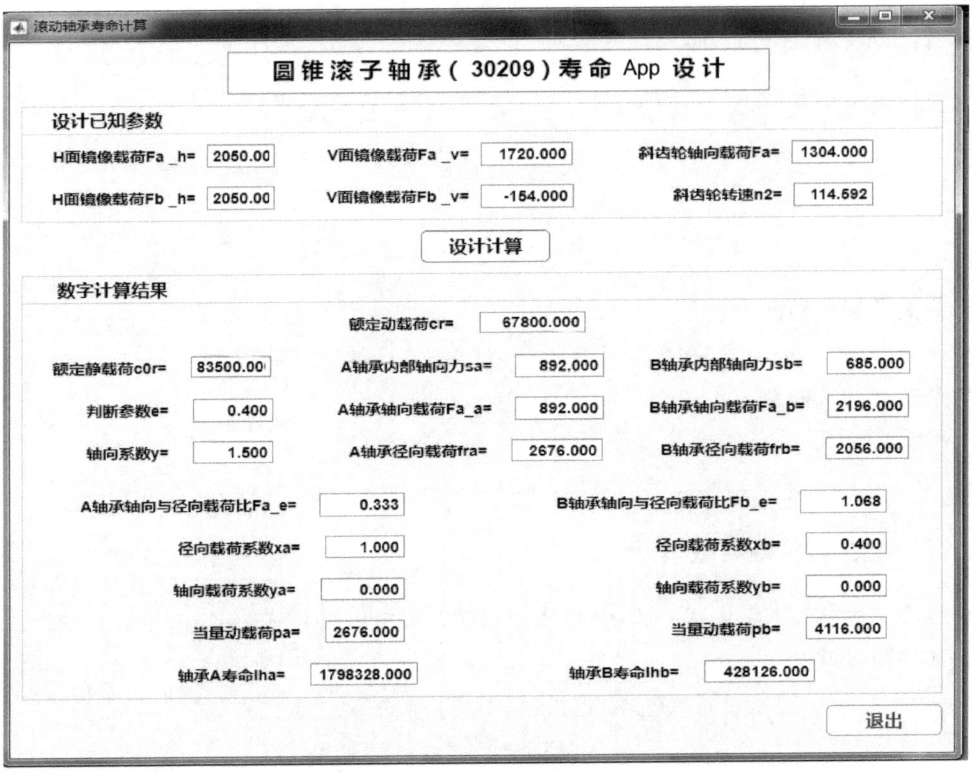

图 5.5.1　圆锥滚子轴承(30209)寿命 App 窗口

图 5.5.2　圆锥滚子轴承(30209)寿命 App 窗口布局

表 5.5.1 圆锥滚子轴承(30209)寿命窗口对象属性参数

窗口对象	对象名称	字 码	回调(函数)
编辑字段(H 面镜像载荷 Fa_h)	app. HFa_hEditField	14	
编辑字段(H 面镜像载荷 Fb_h)	app. HFb_hEditField	14	
编辑字段(V 面镜像载荷 Fa_v)	app. VFa_vEditField	14	
编辑字段(V 面镜像载荷 Fb_v)	app. VFb_vEditField	14	
编辑字段(斜齿轮轴向载荷 Fa)	app. FaEditField_2	14	
编辑字段(斜齿轮转速 n2)	app. n2EditField	14	
编辑字段(额定静载荷 c0r)	app. c0rEditField	14	
编辑字段(判断参数 e)	app. eEditField	14	
编辑字段(轴向系数 y)	app. yEditField	14	
编辑字段(A 轴承内部轴向力 sa)	app. AsaEditField	14	
编辑字段(A 轴承轴向载荷 Fa_a)	app. AFa_aEditField	14	
编辑字段(A 轴承径向载荷 fra)	app. AfraEditField	14	
编辑字段(B 轴承内部轴向力 sb)	app. BsbEditField	14	
编辑字段(B 轴承轴向载荷 Fa_b)	app. BFa_bEditField	14	
编辑字段(B 轴承径向载荷 frb)	app. BfrbEditField	14	
编辑字段(A 轴承轴向与径向载荷比 Fa_e)	app. AFa_eEditField	14	
编辑字段(B 轴承轴向与径向载荷比 Fb_e)	app. BFb_eEditField	14	
编辑字段(径向载荷系数 xa)	app. xaEditField	14	
编辑字段(轴向载荷系数 ya)	app. yaEditField	14	
编辑字段(径向载荷系数 xb)	app. xbEditField	14	
编辑字段(轴向载荷系数 yb)	app. ybEditField	14	
编辑字段(当量动载荷 pa)	app. paEditField	14	
编辑字段(当量动载荷 pb)	app. pbEditField	14	
编辑字段(额定动载荷 cr)	app. crEditField	14	
编辑字段(轴承 A 寿命 lha)	app. AlhaEditField	14	
编辑字段(轴承 B 寿命 lhb)	app. BlhbEditField	14	
按钮(设计计算)	app. Button	16	SheJiJieGuo
按钮(退出)	app. Button_2	16	TuiChu
面板(设计已知参数)	app. Panel	16	
面板(数字计算结果)	app. Panel_2	16	
文本区域(……App 设计)	app. TextArea	20	
窗口(滚动轴承寿命计算)	app. UIFigure		

注:此表中编辑字段皆为"编辑字段(数值)"。

3. 本 App 程序设计细节解读

(1)【设计计算】回调函数

```
function SheJiJieGuo(app, event)
Fa_h = app. HFa_hEditField. Value;                    % Fa_h
Fb_h = app. HFb_hEditField. Value;                    % Fb_h
Fa_v = app. VFa_vEditField. Value;                    % Fa_v
Fb_v = app. VFb_vEditField. Value;                    % Fb_v
```

```matlab
Fa = app.FaEditField_2.Value;                        % Fa
n2 = app.n2EditField.Value;                          % n2
cr = 67800;                                          % 额定动载荷
c0r = 83500;                                          % 额定静载荷
e = 0.40;                                             % 判断参数
y = 1.5;                                              % 轴向系数
fra = round(sqrt(Fa_h^2 + Fa_v^2));                  % A 轴承径向载荷(N)
frb = round(sqrt(Fb_h^2 + Fb_v^2));                  % B 轴承径向载荷(N)
sa = round(fra/2/y);                                 % A 轴承内部轴向力(N)
sb = round(frb/2/y);                                 % B 轴承内部轴向力(N)
if Fa + sa >= sb                                     % 轴承 B 被压紧,轴承 A 被放松
Fa_b = Fa + sa;                                      % 确定紧轴承 B 轴向载荷(N)
Fa_a = sa;                                           % 确定松轴承 A 轴向载荷(N)
else                                                 % 轴承 A 被压紧,轴承 B 被放松
Fa_a = abs(Fa - sb);                                 % 确定紧轴承 A 轴向载荷(N)
Fa_b = sb;                                           % 确定松轴承 B 轴向载荷(N)
end
Fa_e = Fa_a/fra;                                     % 轴承 A 轴向载荷与径向载荷之比
if Fa_e >= e                                         % 确定 A 轴承载荷折算系数 X
xa = 0.40;                                           % 确定 A 轴承载荷折算系数 Y
ya = y;
else
xa = 1;
ya = 0;
end
pa = round(xa * fra + ya * Fa_a);                    % 轴承 A 当量动载荷(N)
Fb_e = Fa_b/frb;                                     % 轴承 B 轴向载荷与径向载荷之比
if Fb_e >= e                                         % 确定 B 轴承载荷折算系数 X
xb = 0.40;                                           % 确定 B 轴承载荷折算系数 Y
yb = y;
else
xb = 1;
yb = 0;
end
pb = round(xb * frb + yb * Fa_b);                    % 轴承 B 当量动载荷(N)
fp = 1.5;                                            % 轴承载荷系数(减速器中等冲击)
lha = round(1e6/60/n2 * (cr/fp/pa)^(10/3));          % 计算轴承 A 寿命(h)
lhb = round(1e6/60/n2 * (cr/fp/pb)^(10/3));          % 计算轴承 B 寿命(h)
% 设计计算结果输出
app.crEditField.Value = cr;                          % cr
app.c0rEditField.Value = c0r;                        % cr0
app.eEditField.Value = e;                            % e
app.yEditField.Value = y;                            % y
app.AsaEditField.Value = sa;                         % sa
app.BsbEditField.Value = sb;                         % sb
app.AFa_aEditField.Value = Fa_a;                     % Fa_a
app.BFa_bEditField.Value = Fa_b;                     % Fa_b
app.AfraEditField.Value = fra;                       % Fa_h
app.BfrbEditField.Value = frb;                       % Fb_h
app.AFa_eEditField.Value = Fa_e;                     % Fa_e
app.BFb_eEditField.Value = Fb_e;                     % Fb_e
app.xaEditField.Value = xa;                          % xa
app.xbEditField.Value = xb;                          % xb
app.paEditField.Value = pa;                          % pa
app.pbEditField.Value = pb;                          % pb
```

```
app.AlhaEditField.Value = lha;                    % lha
app.BlhbEditField.Value = lhb;                    % lhb
end
```

(2)【退出】回调函数

```
function TuiChu(app, event)
% 关闭程序窗口标准程序
sel = questdlg('确认关闭窗口？',' 关闭确认 ','Yes','No','No');
switch sel;
case'Yes'
delete(app);
case'No'
return
end
end
```

5.6　案例 23——减速器角接触球轴承(7009C)寿命 App 设计

5.6.1　角接触球轴承(7009C)寿命理论计算

1. 选择轴承类型

由于斜齿圆柱齿轮传递轴向力,一般选用角接触向心轴承和圆锥滚子轴承。根据输出轴的轴承轴径 $d = 45$ mm,初选角接触球轴承 7009C,查参考文献[2]中的表 12-17,轴承额定动载荷 $C_r = 25\,800$ N、额定静载荷 $C_{0r} = 20\,500$ N。将轴承 A 编号为1(径向载荷 $F_{r1} = 2\,676$ N),轴承 B 编号为2(径向载荷 $F_{r2} = 2\,056$ N)。

2. 计算轴承轴向载荷

内部轴向力计算:

$$S_1 = 0.4F_{r1} = 1\,070 \text{ N}$$

$$S_2 = 0.4F_{r2} = 822 \text{ N}$$

$$F_a + S_1 = 2\,374 \text{ N} > S_2 = 822 \text{ N}$$

两个轴承轴向载荷:

$$F_{a2} = F_a + S_1 = 2\,374 \text{ N}$$

$$F_{a1} = S_1 = 1\,070 \text{ N}$$

3. 确定判断系数 e

查参考文献[2]中的表 12-10,得到 $e_1 = 0.424, e_2 = 0.469$ (利用线性插值得到)。

4. 计算轴承当量动载荷

查参考文献[2]中的表 12-10,得到 $X_1 = 1.00, Y_1 = 0.00; X_2 = 0.44, Y_2 = 1.19$ (利用线性插值得到)。

轴承当量动载荷：

$$P_1 = X_1 F_{r1} + Y_1 F_{a1} = 2\ 676\ \text{N}$$
$$P_2 = X_2 F_{r2} + Y_2 F_{a2} = 3\ 730\ \text{N}$$

5. 计算轴承工作寿命

两个支撑轴承采用相同的轴承，故按当量动载荷较大的轴承 2 计算。

球轴承的寿命指数 $\varepsilon = 3$，查参考文献[2]中的表 12 - 7 和表 12 - 8，取温度系数 $f_T = 1.0$，冲击载荷系数 $f_P = 1.5$，计算轴承 2 工作寿命：

$$L_h = \frac{10^6}{60n} \left(\frac{f_T C_r}{f_P P} \right)^{\varepsilon} = 14\ 261\ \text{h} < 48\ 000\ \text{h}$$

可见，轴承 7009C 工作寿命不足 10 年，可以考虑重新选择轴承。

5.6.2 角接触球轴承(7009C)寿命 App 设计

1. App 窗口设计

角接触球轴承(7009C)寿命 App 窗口设计如图 5.6.1 所示。

图 5.6.1 角接触球轴承(7009C)寿命 App 窗口

2. App 窗口布局和参数设计

角接触球轴承(7009C)寿命 App 窗口布局如图 5.6.2 所示，窗口对象属性参数如表 5.6.1 所列。

角接触球轴承（7009C）寿命 App 设计

设计已知参数

H面径向载荷Fa _h=　2050.00　　V面径向载荷Fa _v=　1720.000　　斜齿轮轴向载荷Fa=　1304.000

H面径向载荷Fb _h=　2050.00　　V面径向载荷Fb _v=　-154.000　　斜齿轮转速n2=　114.592

设计计算

数字计算结果

额定动载荷cr=　0.000　　　A轴承内部轴向力sa=　0.000　　　B轴承内部轴向力sb=　0.000

额定静载荷c0r=　0.000　　　A轴承轴向载荷Fa_a=　0.000　　　B轴承轴向载荷Fa_b=　0.000

判断参数e=　0.000　　　　　A轴承径向载荷fra=　0.000　　　B轴承径向载荷frb=　0.000

判断参数eb=　0.000　　　　A相对轴向载荷xda=　0.000　　　B相对轴向载荷xdb=　0.000

A轴承轴向与径向载荷比Fa_e=　0.000　　　　B轴承轴向与径向载荷比Fb_e=　0.000

径向载荷系数xa=　0.000　　　　　　径向载荷系数xb=　0.000

轴向载荷系数ya=　0.000　　　　　　轴向载荷系数yb=　0.000

当量动载荷pa=　0.000　　　　　　当量动载荷pb=　0.000

轴承A寿命lha=　0.000　　　轴承B寿命lhb=　0.000

退出

图 5.6.2　角接触球轴承(7009C)寿命 App 窗口布局

表 5.6.1　角接触球轴承(7009C)寿命窗口对象属性参数

窗口对象	对象名称	字　码	回调（函数）
编辑字段（H 面镜像载荷 Fa_h）	app. HFa_hEditField	14	
编辑字段（H 面镜像载荷 Fb_h）	app. HFb_hEditField	14	
编辑字段（V 面镜像载荷 Fa_v）	app. VFa_vEditField	14	
编辑字段（V 面镜像载荷 Fb_v）	app. VFb_vEditField	14	
编辑字段（斜齿轮轴向载荷 Fa）	app. FaEditField_2	14	
编辑字段（斜齿轮转速 n2）	app. n2EditField	14	
编辑字段（额定动载荷 cr）	app. crEditField	14	
编辑字段（额定静载荷 c0r）	app. c0rEditField	14	
编辑字段（判断参数 e）	app. eEditField	14	
编辑字段（判断参数 eb）	app. ebEditField	14	
编辑字段（A 轴承内部轴向力 sa）	app. AsaEditField	14	
编辑字段（A 轴承轴向载荷 Fa_a）	app. AFa_aEditField	14	
编辑字段（A 轴承径向载荷 fra）	app. AfraEditField	14	
编辑字段（A 相对轴向载荷 xda）	app. AxdaEditField	14	
编辑字段（B 轴承内部轴向力 sb）	app. BsbEditField	14	
编辑字段（B 轴承轴向载荷 Fa_b）	app. BFa_bEditField	14	
编辑字段（B 轴承径向载荷 frb）	app. BfrbEditField	14	
编辑字段（B 相对轴向载荷 xdb）	app. BxdbEditField	14	

窗口对象	对象名称	字　码	回调(函数)
编辑字段(A 轴承轴向与径向载荷比 Fa_e)	app. AFa_eEditField	14	
编辑字段(B 轴承轴向与径向载荷比 Fb_e)	app. BFb_eEditField	14	
编辑字段(径向载荷系数 xa)	app. xaEditField	14	
编辑字段(轴向载荷系数 ya)	app. yaEditField	14	
编辑字段(径向载荷系数 xb)	app. xbEditField	14	
编辑字段(轴向载荷系数 yb)	app. ybEditField	14	
编辑字段(当量动载荷 pa)	app. paEditField	14	
编辑字段(当量动载荷 pb)	app. pbEditField	14	
编辑字段(轴承 A 寿命 lha)	app. AlhaEditField	14	
编辑字段(轴承 B 寿命 lhb)	app. BlhbEditField	14	
按钮(设计计算)	app. Button	16	SheJiJieGuo
按钮(退出)	app. Button_2	16	TuiChu
面板(设计已知参数)	app. Panel	16	
面板(数字计算结果)	app. Panel_2	16	
文本区域(……App 设计)	app. TextArea	20	
窗口(滚动轴承寿命计算)	app. UIFigure		

注：此表中编辑字段皆为"编辑字段(数值)"。

3. 本 App 程序设计细节解读

(1)【设计计算】回调函数

```
function SheJiJieGuo(app, event)
Fa_h = app. HFa_hEditField. Value;          % Fa_h
Fb_h = app. HFb_hEditField. Value;          % Fb_h
Fa_v = app. VFa_vEditField. Value;          % Fa_v
Fb_v = app. VFb_vEditField. Value;          % Fb_v
Fa = app. FaEditField_2. Value;             % Fa
n2 = app. n2EditField. Value;               % n2
c7r = 25800;                                % 额定动载荷
c70r = 20500;                               % 额定静载荷(N)
fra = round(sqrt(Fa_h^2 + Fa_v^2));         % A 轴承径向载荷(N)
frb = round(sqrt(Fb_h^2 + Fb_v^2));         % B 轴承径向载荷(N)
s7a = round(0.4 * fra);                     % A 轴承内部轴向力(N)
s7b = round(0.4 * frb);                     % B 轴承内部轴向力(N)
if Fa + s7a >= s7b                          % 轴承 B 被压紧,轴承 A 被放松
fa7b = Fa + s7a;                            % 确定紧轴承 B 轴向载荷(N)
fa7a = s7a;                                 % 确定松轴承 A 轴向载荷(N)
else                                        % 轴承 A 被压紧,轴承 B 被放松
fa7a = abs(Fa - s7b);                       % 确定紧轴承 A 轴向载荷(N)
fa7b = s7b;                                 % 确定松轴承 B 轴向载荷(N)
end
xda = fa7a/c70r;                            % 轴承 A 相对轴向载荷
ea = 0.43 - 0.03/29 * 6;                    % 轴承 A 判断参数
```

```
xdb = fa7b/c70r;                                      % 轴承 B 相对轴向载荷
eb = 0.47 − 0.01/33 * 4;                              % 轴承 B 判断参数
if fa7a/fra>ea                                        % 轴承 A 轴向载荷与径向载荷之比
x7a = 0.44;                                           % 确定 A 轴承载荷折算系数 X
y7a = 1.19;                                           % 折算系数插值查表
else
x7a = 1;
y7a = 0;
end
p7a = round(x7a * fra + y7a * fa7a);                 % 轴承 A 当量动载荷(N)
if fa7b/frb>eb                                        % 轴承 B 轴向载荷与径向载荷之比
x7b = 0.44;                                           % 确定 B 轴承载荷折算系数 X
y7b = 1.19;                                           % 折算系数插值查表
else
x7b = 1;
y7b = 0;
end
p7b = round(x7b * frb + y7b * fa7b);                 % 轴承 B 当量动载荷(N)
fp = 1.5;                                             % 轴承载荷系数(减速器中等冲击)
lh7a = round(1e6/60/n2 * (c7r/fp/p7a)^3);            % 计算轴承 A 寿命(h)
lh7b = round(1e6/60/n2 * (c7r/fp/p7b)^3);            % 计算轴承 B 寿命(h)
% 设计计算结果输出
app.crEditField.Value = c7r;                          % 轴承额定动载荷 c7r
app.c0rEditField.Value = c70r;                        % 轴承额定静载荷 c70r
app.eEditField.Value = ea;                            % 判断参数 ea
app.ebEditField.Value = eb;                           % 判断参数 eb
app.AsaEditField.Value = s7a;                         % A 轴承内部轴向力 s7a
app.BsbEditField.Value = s7b;                         % B 轴承内部轴向力 s7b
app.AfraEditField.Value = fra;                        % A 轴承径向载荷 fra
app.BfrbEditField.Value = frb;                        % B 轴承径向载荷 frb
app.AFa_aEditField.Value = fa7a;                      % A 轴承轴向载荷 Fa7a
app.BFa_bEditField.Value = fa7b;                      % B 轴承轴向载荷 Fa7b
app.AFa_eEditField.Value = fa7a/fra;                  % A 轴向与径向载荷之比 Fae
app.BFb_eEditField.Value = fa7b/frb;                  % B 轴向与径向载荷之比 Fbe
app.xaEditField.Value = x7a;                          % 径向载荷系数 x7a
app.xbEditField.Value = x7b;                          % 径向载荷系数 x7b
app.yaEditField.Value = y7a;                          % 径向载荷系数 x7b
app.ybEditField.Value = y7b;                          % 径向载荷系数 x7
app.paEditField.Value = p7a;                          % 当量动载荷 p7a
app.pbEditField.Value = p7b;                          % 当量动载荷 p7b
app.AxdaEditField.Value = xda;                        % xda
app.BxdbEditField.Value = xdb;                        % xda
app.AlhaEditField.Value = lh7a;                       % lh7a
app.BlhbEditField.Value = lh7b;                       % lh7b
end
```

(2)【退出】回调函数

```
function TuiChu(app, event)
% 关闭程序窗口标准程序
sel = questdlg('确认关闭窗口？','关闭确认','Yes','No','No');
switch sel;
case'Yes'
delete(app);
case'No'
```

```
    return
  end
end
```

5.7 案例 24——减速器深沟球轴承(6209)寿命 App 设计

5.7.1 深沟球轴承(6209)寿命理论计算

1. 选择轴承类型

由于斜齿圆柱齿轮传递轴向力,一般选用角接触向心轴承和圆锥滚子轴承。本例载荷不大,根据输出轴的轴径 $d=45$ mm,初选深沟球轴承 6209,查参考文献[2]中的表 12-15,轴承额定动载荷 $C_r=31\ 500$ N,额定静载荷 $C_{0r}=20\ 500$ N。将轴承 A 编号为 1(径向载荷 $F_{r1}=2\ 676$ N),轴承 B 编号为 2(径向载荷 $F_{r2}=2\ 056$ N)。

2. 确定判断系数 e

由于轴承 1 的径向载荷较大,且轴向外载荷 $F_a=1\ 304$ N 也作用于轴承 1,因此以轴承 1 作为计算的依据。

查参考文献[2]中的表 12-10,得到 $e=0.264$(利用线性插值得到)。

3. 计算轴承当量动载荷

查参考文献[2]中的表 12-10,得到 $X=0.56$,$Y=1.64$(利用线性插值得到)。
轴承当量动载荷:

$$P=XF_r+YF_a=3\ 676\ \text{N}$$

4. 计算轴承工作寿命

球轴承的寿命指数 $\varepsilon=3$,查参考文献[2]中的表 12-7 和表 12-8,取温度系数 $f_T=1.0$,冲击载荷系数 $f_P=1.5$,计算轴承 2 工作寿命:

$$L_h=\frac{10^6}{60n}\left(\frac{f_T C_r}{f_P P}\right)^\varepsilon=27\ 998\ \text{h}<48\ 000\ \text{h}$$

可见轴承 6209 工作寿命不足 10 年,可以考虑重新选择轴承。

5.7.2 深沟球轴承(6209)寿命 App 设计

1. App 窗口设计

深沟球轴承(6209)寿命 App 窗口如图 5.7.1 所示。

2. App 窗口布局和参数设计

深沟球轴承(6209)寿命 App 窗口布局如图 5.7.2 所示,窗口对象属性参数如表 5.7.1 所列。

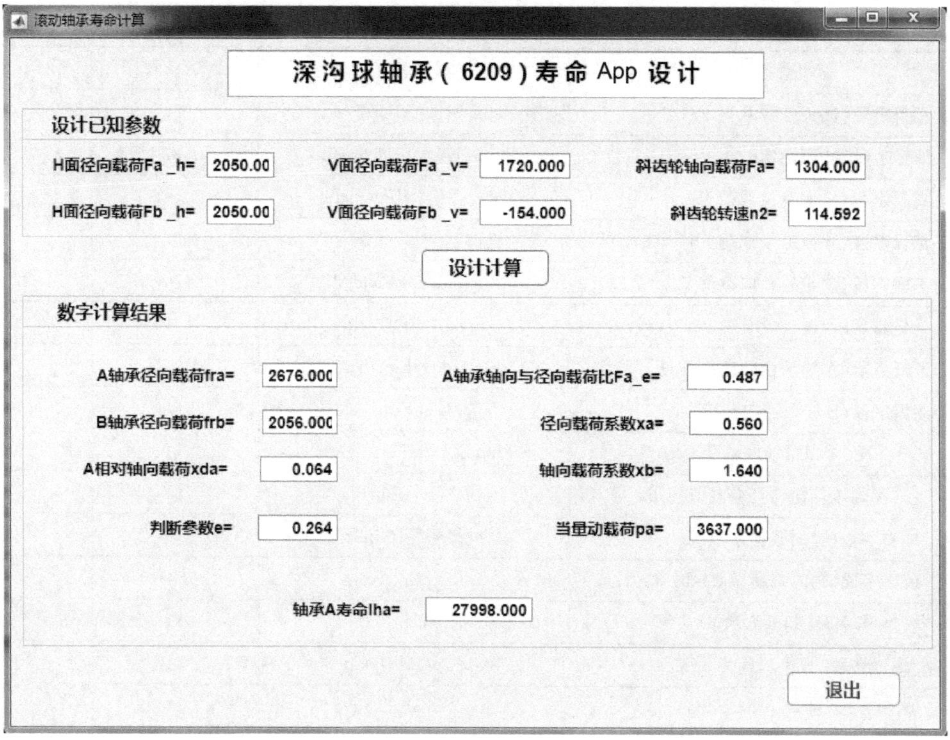

图 5.7.1　深沟球轴承(6209)寿命 App 窗口

图 5.7.2　深沟球轴承(6209)寿命 App 窗口布局

表 5.7.1　深沟球轴承(6209)寿命窗口对象属性参数表

窗口对象	对象名称	字　码	回调(函数)
编辑字段(H 面镜像载荷 Fa_h)	app. HFa_hEditField	14	
编辑字段(H 面镜像载荷 Fb_h)	app. HFb_hEditField	14	
编辑字段(V 面镜像载荷 Fa_v)	app. VFa_vEditField	14	
编辑字段(V 面镜像载荷 Fb_v)	app. VFb_vEditField	14	
编辑字段(斜齿轮轴向载荷 Fa)	app. FaEditField_2	14	
编辑字段(斜齿轮转速 n2)	app. n2EditField	14	
编辑字段(A 轴承径向载荷 fra)	app. AfraEditField	14	
编辑字段(B 轴承径向载荷 frb)	app. BfrbEditField	14	
编辑字段(A 相对轴向载荷 xda)	app. AxdaEditField	14	
编辑字段(A 轴承轴向与径向载荷比 Fa_e)	app. AFa_eEditField	14	
编辑字段(径向载荷系数 xa)	app. xaEditField	14	
编辑字段(轴向载荷系数 xb)	app. xbEditField	14	
编辑字段(判断参数 e)	app. eEditField	14	
编辑字段(当量动载荷 pa)	app. paEditField	14	
编辑字段(轴承 A 寿命 lha)	app. AlhaEditField	14	
按钮(设计计算)	app. Button	16	SheJiJieGuo
按钮(退出)	app. Button_2	16	TuiChu
面板(设计已知参数)	app. Panel	16	
面板(数字计算结果)	app. Panel_2	16	
文本区域(……App 设计)	app. TextArea	20	
窗口(滚动轴承寿命计算)	app. UIFigure		

注：此表中编辑字段皆为"编辑字段(数值)"。

3. 本 App 程序设计细节解读

(1) 【设计计算】回调函数

```
function SheJiJieGuo(app, event)
Fa_h = app. HFa_hEditField. Value;              % Fa_h
Fb_h = app. HFb_hEditField. Value;              % Fb_h
Fa_v = app. VFa_vEditField. Value;              % Fa_v
Fb_v = app. VFb_vEditField. Value;              % Fb_v
Fa = app. FaEditField_2. Value;                 % Fa
n2 = app. n2EditField. Value;                   % n2
c6r = 31500;                                    % 额定动载荷
c60r = 20500;                                   % 额定静载荷(N)
Fra = round(sqrt(Fa_h^2 + Fa_v^2));             % A 轴承径向载荷(N)
Frb = round(sqrt(Fb_h^2 + Fb_v^2));             % B 轴承径向载荷(N)
if Fra >= Frb
msgbox('以轴承 A 作为计算依据','提示');
```

```
fr6 = Fra;
else
msgbox('以轴承 B 作为计算依据','提示');
fr6 = Frb;
end
xd6 = Fa/c60r;                                    % 轴承的相对轴向载荷
ea6 = 0.27 - 0.03/30 * 6;                         % 确定 6 类轴承判断参数(插值查表)
if Fa/fr6＞ea6;                                   % 轴承 6 类轴向载荷与径向载荷之比
x6a = 0.56;                                       % 确定 6 类轴承载荷折算系数 X
y6a = 1.6 + 0.2/30 * 6;                           % 插值查表
else
x6a = 1;
y6a = 0;
end
p6a = round(x6a * fr6 + y6a * Fa);                % 6 类轴承的当量动载荷(N)
fp = 1.5;                                         % 轴承载荷系数(减速器中等冲击)
lh6a = round(1e6/60/n2 * (c6r/fp/p6a)^3);         % 计算 6 类轴承的寿命(h)
app.AfraEditField.Value = Fra;                    % A 轴承径向载荷 fra
app.BfrbEditField.Value = Frb;                    % B 轴承径向载荷 frb
app.AxdaEditField.Value = xd6;                    % 相对轴向载荷 xd6
app.eEditField.Value = ea6;                       % 判断参数 ea6
app.AFa_eEditField.Value = Fa/fr6;                % A 轴向与径向载荷之比 Fae
app.xaEditField.Value = x6a;                      % 径向载荷系数 x6a
app.xbEditField.Value = y6a;                      % 轴向载荷系数 y6a
app.paEditField.Value = p6a;                      % 当量动载荷 p6a
app.AlhaEditField.Value = lh6a;                   % lh6a
end
```

(2)【退出】回调函数

```
function TuiChu(app, event)
% 关闭程序窗口标准程序
sel = questdlg('确认关闭窗口？','关闭确认,','Yes','No','No');
switch sel;
case'Yes'
delete(app);
case'No'
return
end
end
```

第6章 机械振动系统 App 设计

6.1 案例 25——机床切削颤振 App 设计

6.1.1 机床切削颤振理论及计算

机床发生的切削颤振是一种自激振动,可以由再生振动来解释。

如图 6.1.1 所示,机床切削的振动方程模型如下:

$$\frac{d^2 x(\tau)}{d\tau^2} + \left(\frac{1}{Q} + \frac{K}{k\Omega}\right)\frac{dx(\tau)}{d\tau} + \left(1 + \frac{k_1}{k}\right)x(\tau) - \mu\frac{k_1}{k}x(\tau - 1/\Omega) = 0 \quad (6-1-1)$$

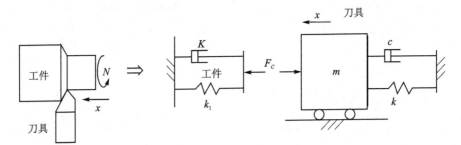

图 6.1.1 机床切削颤振模型

式中:τ 为时间常数,$\tau = \omega_n t$;

Ω 为无量纲角速度,$\Omega = \dfrac{N}{2\pi\omega_n}$;

ω_n 为无阻尼固有频率,$\omega_n = \sqrt{\dfrac{K}{m}}$;

ξ 为阻尼率,$\xi = \dfrac{c}{2m\omega_n}$;

$Q = \dfrac{1}{2\xi}$。

假设产生 $x = A e^{\lambda\tau}$ 的运动,则由振动方程可以得到特征方程:

$$\lambda^2 + \left(\frac{1}{Q} + \frac{K}{k\Omega}\right)\lambda + 1 + \frac{k_1}{k}(1 - \mu e^{-\lambda/\Omega}) = 0 \quad (6-1-2)$$

为找到稳定边界条件值,令 $\lambda = i\omega$,代入得

$$\frac{1}{Q} + \frac{K}{k\Omega} + \frac{\mu k_1 \sin(\omega/\Omega)}{k\omega} = 0 \quad (6-1-3)$$

$$\omega^2 = 1 + \frac{k_1}{k}\left[1 - \mu\cos(\omega/\Omega)\right] \qquad (6-1-4)$$

式中：$\frac{K}{k}$、$\frac{k_1}{k}$、μ 为已知；无量纲轴速度 Ω 在特定范围内变化，对于每个 Ω 用函数 fzero 求解 ω，然后做出 Ω-Q 稳定性图，其关系式为

$$\frac{1}{Q} = -\frac{K}{k\Omega} - \frac{\mu k_1 \sin(\omega/\Omega)}{k\omega} \qquad (6-1-5)$$

其中：初始条件为 $\frac{K}{k} = 0.002\,9$，$\frac{k_1}{k} = 0.078\,5$，$\mu = 1$。

6.1.2　机床切削颤振 App 设计

1. App 窗口设计

机床切削颤振 App 窗口设计如图 6.1.2 所示。

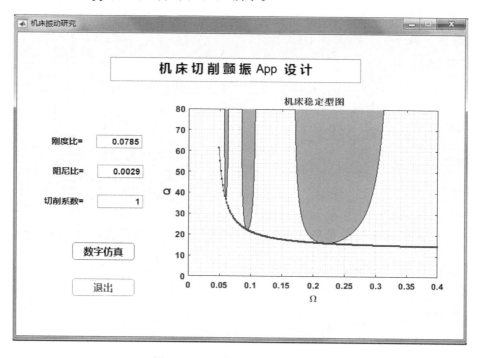

图 6.1.2　机床切削颤振 App 窗口

2. App 窗口布局和参数设计

机床切削颤振 App 窗口布局如图 6.1.3 所示，窗口对象属性参数如表 6.1.1 所列。

表 6.1.1　机床切削颤振窗口对象属性参数

窗口对象	对象名称	字　码	回调（函数）
编辑字段（刚度比）	app. EditField	14	
编辑字段（阻尼比）	app. EditField_2	14	

续表 6.1.1

窗口对象	对象名称	字 码	回调（函数）
编辑字段（切削系数）	app. EditField_3	14	
按钮（数字仿真）	app. Button	16	ShuZiFangZhen
按钮（退出）	app. Button_2	16	TuiChu
坐标区	app. UIAxes	14	
文本区域（……App 设计）	app. TextArea	20	
窗口（机床振动研究）	app. UIFigure		

注：此表中编辑字段皆为"编辑字段（数值）"。

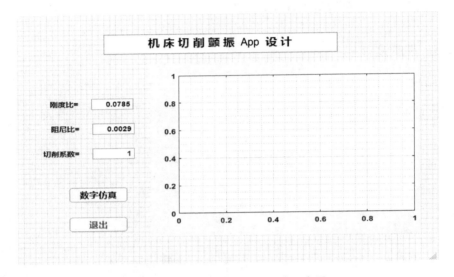

图 6.1.3 机床切削颤振 App 窗口布局

3. 本 App 程序设计细节解读

(1) 【数字仿真】回调函数

```
functionShuZiFangZhen(app,event)
% 切削颤振稳定性图的数字化设计
k1k = app.EditField.Value;              % 刚度比
Kk = app.EditField_2.Value;             % 阻尼比
u = app.EditField_3.Value;              % 切削系数
Ob = linspace(0.03,0.5,300);
opt = optimset('Display','off');
L = length(Ob);
for n = 1:L
w(n) = fzero(inline('1 - w.^2 + k1k * (1 - u * cos(w./Ob))','w','u','k1k','Ob'),...
                 [0.8 1.2],opt,u,k1k,Ob(n));
end
xx = - 1./(Kk./Ob + u * sin(w./Ob)./w * k1k);
indx = find(xx > 0);
% 图形绘制
axis(app.UIAxes,[0 0.4 0 80]);
x = Ob(indx);
```

```
y = xx(indx);
cla(app.UIAxes);
plot(app.UIAxes,x,y,'k -');
xlabel(app.UIAxes,'\Omega')
ylabel(app.UIAxes,'Q')
title(app.UIAxes,'机床稳定型图')
fill(app.UIAxes,x,y,'c')
B = sqrt(2) * sqrt(1 + k1k - sqrt(1 + 2 * k1k + (k1k^2) * (1 - u^2)));
Om = 1./(B - Kk./Ob);
ind = find(Ob<0.05);
x1 = Ob(ind(end):L);
y1 = Om(ind(end):L);
line(app.UIAxes,x1,y1,'color','r','marker','.')        % 机床稳定边界
```

（2）【退出】回调函数

```
function TuiChun(app, event)
%关闭程序窗口标准程序
sel = questdlg('确认关闭窗口？','关闭确认','Yes','No','No');
switch sel;
case'Yes'
delete(app);
case'No'
return
end
end
```

6.2　案例 26——2 个自由度系统振动响应 App 设计

6.2.1　2 个自由度振动系统理论分析

1. 建立数学模型

如图 6.2.1 所示，一个受外力 $F(t)$ 作用的 2 个自由度振动系统，其中质量 m_1、弹簧 k_1、阻尼 c_1 组成主系统，质量 m_2、弹簧 k_2、阻尼 c_2 组成第二级系统。第二级系统称为减振器，加在受外力作用的主系统之上以减弱主系统振动。

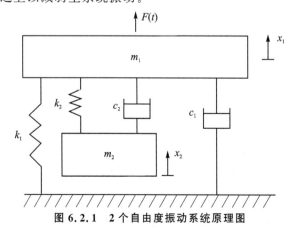

图 6.2.1　2 个自由度振动系统原理图

2 个自由度振动系统的传递函数为

$$\begin{cases} \dfrac{X_1(s)}{F(s)} = \dfrac{m_2 s^2 + c_2 s + k_2}{D(s)} \\ \dfrac{X_2(s)}{F(s)} = \dfrac{c_2 s + k_2}{D(s)} \end{cases} \tag{6-2-1}$$

式中：

$$D(s) = m_1 m_2 s^4 + [(c_1 + c_2)m_2 + c_2 m_1]s^3 + [(k_1 + k_2)m_2 + k_2 m_1 + c_1 c_2]s^2 + (k_1 c_2 + k_2 c_1)s + k_1 k_2 \tag{6-2-2}$$

2. 建立 MATLAB 子函数

```
% 子函数 - 建立传递函数
function sys = Transferab(m,k,c)
N = {[m(2) c(2) k(2)];[c(2) k(2)]};
D = [m(1) * m(2),((c(1) + c(2)) * m(2) + c(2) * m(1)),...
    ((k(1) + k(2)) * m(2) + k(2) * m(1) + c(1) * c(2)),...
    (k(1) * c(2) + c(1) * k(2)),k(1) * k(2)];
sys = tf(N,D);
end
```

6.2.2 2 个自由度系统振动响应 App 设计

案例：在 $t=0$ 时，给质量 m_1 分别施加脉冲或阶跃输入，设计出质量 m_1 和质量 m_2 脉冲响应和阶跃响应运动曲线的 App。其中：$m_1 = 50$ kg，$m_2 = 10$ kg，$k_1 = 200$ N/m，$k_2 = 40$ N/m，$c_1 = 10$ N·s/m，$c_2 = 6$ N·s/m。

1. App 窗口设计

两自由度系统振动响应 App 窗口设计如图 6.2.2 所示。

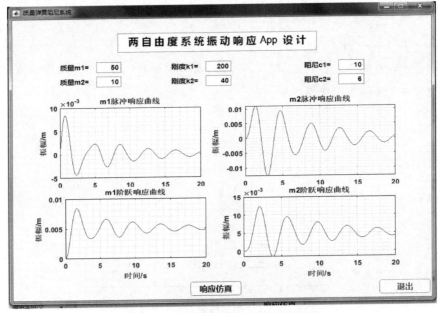

图 6.2.2 两自由度系统振动响应 App 窗口

2. App 窗口布局和参数设计

两自由度系统振动响应 App 窗口布局如图 6.2.3 所示,窗口对象属性参数如表 6.2.1 所列。

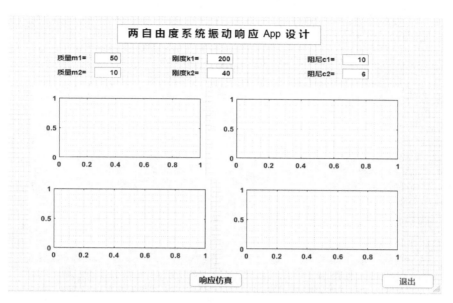

图 6.2.3　两自由度系统振动响应 App 窗口布局

表 6.2.1　两自由度系统振动响应窗口对象属性参数

窗口对象	对象名称	字　码	回调(函数)
编辑字段(质量 m1)	app. m1EditField	14	
编辑字段(质量 m2)	app. m2EditField	14	
编辑字段(刚度 k1)	app. k1EditField	14	
编辑字段(刚度 k2)	app. k2EditField	14	
编辑字段(阻尼 c1)	app. c1EditField	14	
编辑字段(阻尼 c2)	app. c2EditField	14	
按钮(响应仿真)	app. Button	16	ShuZiFangZhen
按钮(退出)	app. Button_2	16	TuiChu
坐标区 1	app. UIAxes	14	
坐标区 2	app. UIAxes_2	14	
坐标区 3	app. UIAxes_3	14	
坐标区 4	app. UIAxes_4	14	
文本区域(⋯⋯App 设计)	app. TextArea	20	
窗口(质量弹簧阻尼系统)	app. UIFigure		

注:此表中编辑字段皆为"编辑字段(数值)"。

3．本 App 程序设计细节解读

（1）【响应仿真】回调函数

```
function ShuZiFangZhen(app, event)
% 两自由度系统自由振动的脉冲响应
% 清除原有图形
cla(app.UIAxes)
cla(app.UIAxes_2)
m1 = app.m1EditField.Value;          % 质量 m1
m2 = app.m2EditField.Value;          % 质量 m2
k1 = app.k1EditField.Value;          % 刚度 k1
k2 = app.k2EditField.Value;          % 刚度 k2
c1 = app.c1EditField.Value;          % 阻尼 c1
c2 = app.c2EditField.Value;          % 阻尼 c2
m = [m1,m2];k = [k1,k2];c = [c1,c2]; % 质量、刚度、阻尼矩阵
G = Transferab(m,k,c);               % 建立传递函数
[y,t] = impulse(G,20);               % 脉冲响应
[y1,t] = step(G,20);                 % 阶跃响应
% 绘制响应曲线
plot(app.UIAxes,t,y(:,1))
ylabel(app.UIAxes,'振幅/m')
% xlabel(app.UIAxes,'时间/s')
title(app.UIAxes,'m1 脉冲响应曲线')
plot(app.UIAxes_2,t,y(:,2));
% xlabel(app.UIAxes_2,'时间/s')
ylabel(app.UIAxes_2,'振幅/m');
title(app.UIAxes_2,'m2 脉冲响应曲线')
plot(app.UIAxes_3,t,y1(:,1))
ylabel(app.UIAxes_3,'振幅/m')
xlabel(app.UIAxes_3,'时间/s')
title(app.UIAxes_3,'m1 阶跃响应曲线')
plot(app.UIAxes_4,t,y1(:,2));
xlabel(app.UIAxes_4,'时间/s')
ylabel(app.UIAxes_4,'振幅/m');
title(app.UIAxes_4,'m2 阶跃响应曲线')
% 子函数 - 建立传递函数
function sys = Transferab(m,k,c)
N = {[m(2) c(2) k(2)];[c(2) k(2)]};
D = [m(1) * m(2),((c(1) + c(2)) * m(2) + c(2) * m(1)),...
    ((k(1) + k(2)) * m(2) + k(2) * m(1) + c(1) * c(2)),...
    (k(1) * c(2) + c(1) * k(2)),k(1) * k(2)];
    sys = tf(N,D);
end
```

（2）【退出】回调函数

```
function TuiChu(app, event)
% 关闭程序窗口标准程序
sel = questdlg('确认关闭窗口？','关闭确认','Yes','No','No');
switch sel;
case'Yes'
delete(app);
case'No'
```

```
return
end
end
```

6.3　案例 27——2 个自由度质量弹簧阻尼减振器频率响应 App 设计

6.3.1　2 个自由度振动系统理论分析

本案例的 2 个自由度振动系统理论分析与 6.2.1 小节相同。

6.3.2　2 个自由度质量弹簧阻尼减振器频率响应 App 设计

1. App 窗口设计

2 个自由度质量弹簧阻尼减振器频率响应 App 窗口设计如图 6.3.1 所示。

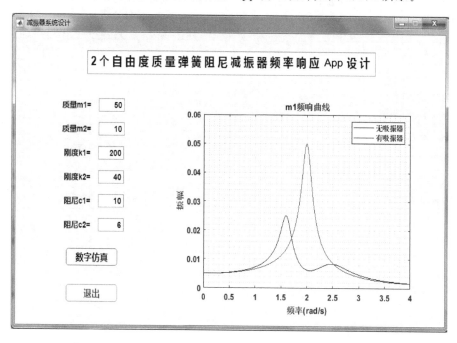

图 6.3.1　2 个自由度质量弹簧阻尼减振器频率响应 App 窗口

2. App 窗口布局和参数设计

2 个自由度质量弹簧阻尼减振器频率响应 App 窗口布局如图 6.3.2 所示,窗口对象属性参数如表 6.3.1 所列。

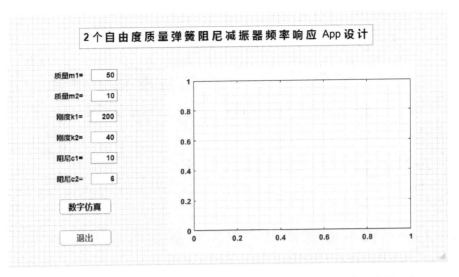

图 6.3.2　2 个自由度质量弹簧阻尼减振器频率响应 App 窗口布局

表 6.3.1　2 个自由度质量弹簧阻尼减振器频率响应窗口对象属性参数

窗口对象	对象名称	字　码	回调(函数)
编辑字段(质量 m1)	app. m1EditField	14	
编辑字段(质量 m2)	app. m2EditField	14	
编辑字段(刚度 k1)	app. k1EditField	14	
编辑字段(刚度 k2)	app. k2EditField	14	
编辑字段(阻尼 c1)	app. c1EditField	14	
编辑字段(阻尼 c2)	app. c2EditField	14	
按钮(数字仿真)	app. Button	16	ShuZiFangZhen
按钮(退出)	app. Button_2	16	TuiChu
坐标区	app. UIAxes	14	
文本区域(……App 设计)	app. TextArea	20	
窗口(减振器系统设计)	app. UIFigure		

注：此表中编辑字段皆为"编辑字段(数值)"。

3. 本 App 程序设计细节解读

(1)【数字仿真】回调函数

```
function ShuZiFangZhen(app,event)
% 两自由度系统减振器研究
% 清空原图形
cla(app.UIAxes)
m1 = app.m1EditField.Value;        % 质量 m1
m2 = app.m2EditField.Value;        % 质量 m2
k1 = app.k1EditField.Value;        % 刚度 k1
k2 = app.k2EditField.Value;        % 刚度 k2
c1 = app.c1EditField.Value;        % 阻尼 c1
```

```
c2 = app.c2EditField.Value;                                      % 阻尼 c2
m = [m1,m2];k = [k1,k2];c = [c1,c2];                             % 质量、刚度、阻尼矩阵
omega = linspace(0,4,300);                                       % 频率研究范围
sys = tf([1],[m(1) c(1) k(1)]);                                  % 单自由度系统(无 m2 情况下)
[mag phas] = bode(sys,omega);                                    % 频率响应(bode)函数
line(app.UIAxes,omega,mag(1,:),'color','r');                     % 画出频响曲线
sys = Transferab(m,k,c);                                         % 加入减振质量 m2 系统
[mag,phas] = bode(sys,omega);                                    % 频率响应(bode)函数
line(app.UIAxes,omega,mag(1,:),'color','b');                     % 画出频响曲线
xlabel(app.UIAxes,'频率(rad/s)');
ylabel(app.UIAxes,'振幅');
title(app.UIAxes,'m1 频响曲线')
legend(app.UIAxes,'无吸振器','有吸振器');
% 子函数 - 建立传递函数
function sys = Transferab(m,k,c)
N = {[m(2) c(2) k(2)];[c(2) k(2)]};
D = [m(1) * m(2),((c(1) + c(2)) * m(2) + c(2) * m(1)),...
    ((k(1) + k(2)) * m(2) + k(2) * m(1) + c(1) * c(2)),...
    (k(1) * c(2) + c(1) * k(2)),k(1) * k(2)];
sys = tf(N,D);
end
end
```

(2)【退出】回调函数

```
function TuiChu(app, event)
% 关闭程序窗口标准程序
sel = questdlg('确认关闭窗口？','关闭确认','Yes','No','No');
switch sel
case'Yes'
delete(app);
case'No'
return
end
end
```

6.4　案例 28——2 个自由度质量弹簧阻尼减振器优化 App 设计

6.4.1　2 个自由度质量弹簧阻尼减振器优化设计理论

1. 建立数学模型

以 6.2 节案例为基础,首先引入频率响应函数:

$$\begin{cases} G_{11}(\mathrm{j}\Omega) = \dfrac{X_1(\mathrm{j}\Omega)}{F(\mathrm{j}\Omega)} \\ H_{11}(\mathrm{j}\Omega) = |G_{11}(\mathrm{j}\Omega)| \end{cases} \qquad (6-4-1)$$

式中:

$$\Omega = \frac{\omega}{\omega_n}$$

$$\omega_n = \sqrt{\frac{k_1}{m_1}}$$

引入参数：

$$\omega_r = \frac{\omega_{n2}}{\omega_{n1}} = \frac{1}{\sqrt{m_r}}\sqrt{\frac{k_2}{k_1}}, \quad m_r = \frac{m_2}{m_1};$$

$$\omega_{nj}^2 = \frac{k_j}{m_j}, \quad 2\zeta_j = \frac{c_j}{m_j\omega_{nj}} \quad (j=1,2);$$

由前面可知如下关系式：

$$H_{11} = \left| \frac{E_2(j\Omega)}{k_1 D_2(j\Omega)} \right| \tag{6-4-2}$$

式中：

$$
\begin{cases}
E_2(j\Omega) = -\Omega^2 + 2\zeta_2\omega_r j\Omega + \omega_r^2 \\
D_2(j\omega) = \Omega^4 - j[2\zeta_1 + 2\zeta_2\omega_r m_r + 2\zeta_2\omega_r]\Omega^3 - [1 + m_r\omega_r^2 + \\
\qquad \omega_r^2 + 4\zeta_1\zeta_2\omega_r]\Omega^2 + j[2\zeta_2\omega_r + 2\zeta_1\omega_r^2]\Omega + \omega_r^2
\end{cases} \tag{6-4-3}
$$

如图 6.4.1 所示为典型减振器系统幅频响应曲线。

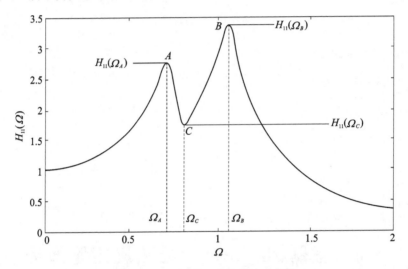

图 6.4.1　减振器系统幅频响应曲线

现在的目标就是求减振器的一组最优参数，形成一个包括 $\Omega=1$ 的操作区域，在该区域内主系统 m_1 大小随频率的变化最小。对应图 6.4.1，目标就是找到合适的减振器参数使图中 A 和 B 峰值相等且尽可能小，而 A 和 B 之间的 C 点值尽可能接近 A 和 B 的值。换句话说，要找的系统参数应同时满足使如下 3 个极大值最小化：

$$
\begin{cases}
\min\limits_{\omega_r,\zeta_2} |H_{11}(j\Omega_A)| \\
\min\limits_{\omega_r,\zeta_2} |H_{11}(j\Omega_B)| \\
\min\limits_{\omega_r,\zeta_2} |1/H_{11}(j\Omega_C)| \\
\text{s. t} \quad \begin{aligned} &\omega_r > 0 \\ &\zeta_2 > 0 \end{aligned}
\end{cases} \tag{6-4-4}
$$

本案例选择一组参数：$\zeta_1 = 0.1, m_r = 0.1, 0.2, 0.3, 0.4$。

求解最优参数：$\zeta_{2,\text{opt}}$ 和 $\omega_{r,\text{opt}}$。

2. 建立 MATLAB 子函数

(1) 子函数：寻优计算

```
% 子函数-寻优计算
function[z,xx] = objfun2doflinconstr(x,mr,z1)
wr = x(1);
z2 = x(2);
opt = optimset('Display','off');
a1 = 1 + (1 + mr) * wr^2;
a2 = wr^2;
O1 = sqrt(0.5 * (a1 - sqrt(a1^2 - 4 * a2)));        % 寻优起始点
O2 = sqrt(0.5 * (a1 + sqrt(a1^2 - 4 * a2)));        % 寻优起始点
% fminsearch 优化函数
[x1,f1] = fminsearch(@Min2dof,O1,opt,wr,mr,z1,z2);
% fminsearch 优化函数
[x2,f2] = fminsearch(@Min2dof,O2,opt,wr,mr,z1,z2);
% fminsearch 优化函数
[x3,z(3)] = fminsearch(@Hal,(O2 + O1)/2,opt,wr,mr,z1,z2);
z(1) = 1/f1;
z(2) = 1/f2;
xx = [x1 x2 x3];
end
```

(2) 子函数：计算 D2 和 E2 子程序

```
% 子函数-计算 D2 和 E2 子程序
function h = Hal(Om,wr,mr,z1,z2)
realpart = Om.^4 - (1 + mr * wr^2 + wr^2 + 4 * z1 * z2 * wr) * Om.^2 + wr^2;
imagpart = -2 * (z1 + z2 * wr * mr + z2 * wr) * Om.^3 + 2 * (z2 * wr + z1 * wr^2) * Om;
nrealpart = wr^2 - Om.^2;
nimagpart = 2 * z2 * wr * Om;
h = sqrt(nrealpart.^2 + nimagpart.^2)./sqrt(realpart.^2 + imagpart.^2);
end
```

(3) 子系统：2 个自由度系统

```
% 子函数-2 个自由度系统
function m = Min2dof(Om,wr,mr,z1,z2)
m = 1./Hal(Om,wr,mr,z1,z2);
end
```

6.4.2　2 个自由度质量弹簧阻尼减振器优化 App 设计

1. App 窗口设计

2 个自由度质量弹簧阻尼减振器优化 App 窗口设计如图 6.4.2 所示。

2. App 窗口布局和参数设计

2 个自由度质量弹簧阻尼减振器优化 App 窗口布局如图 6.4.3 所示，窗口对象属性参数如表 6.4.1 所列。

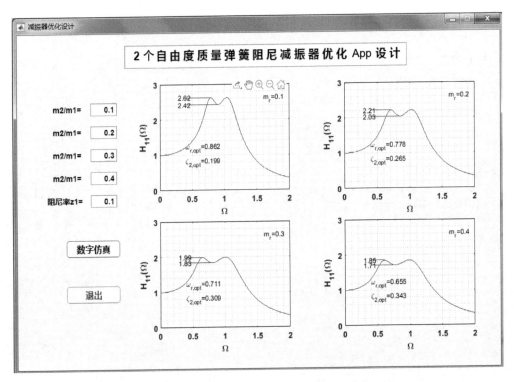

图 6.4.2　2 个自由度质量弹簧阻尼减振器优化 App 窗口

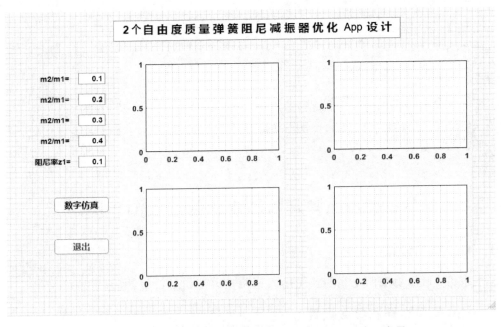

图 6.4.3　2 个自由度质量弹簧阻尼减振器优化 App 窗口布局

表 6.4.1　2 个自由度质量弹簧阻尼减振器优化窗口对象属性参数

窗口对象	对象名称	字　码	回调(函数)
编辑字段(m2/m1)	app. m2m1EditField	14	
编辑字段(m2/m1)	app. m2m1EditField_2	14	
编辑字段(m2/m1)	app. m2m1EditField_3	14	
编辑字段(m2/m1)	app. m2m1EditField_4	14	
编辑字段(阻尼率 z1)	app. z1EditField	14	
按钮(数字仿真)	app. Button	16	ShuZiFangZhen
按钮(退出)	app. Button_2	16	TuiChu
坐标区 1	app. UIAxes	14	
坐标区 2	app. UIAxes_2	14	
坐标区 3	app. UIAxes_3	14	
坐标区 4	app. UIAxes_3	14	
文本区域(……App 设计)	app. TextArea	20	
窗口(减振器优化设计)	app. UIFigure		

注：此表中编辑字段皆为"编辑字段(数值)"。

3. 本 App 程序设计细节解读

(1)【数字仿真】回调函数

```
function ShuZiFangZhen(app, event)
% 两自由度系统减振器优化研究
% 清空四个图形
cla(app.UIAxes)
cla(app.UIAxes_2)
cla(app.UIAxes_3)
cla(app.UIAxes_4)
% 研究不同的质量比下减振效果
mr1 = app.m2m1EditField.Value;          % mr1 = m2/m1
mr2 = app.m2m1EditField_2.Value;        % mr2 = m2/m1
mr3 = app.m2m1EditField_3.Value;        % mr3 = m2/m1
mr4 = app.m2m1EditField_4.Value;        % mr4 = m2/m1
z1 = app.z1EditField.Value;             % 阻尼率 z1
OM = linspace(0,2,100);                 % Omega 画图范围
Lbnd = [0.1,0];                         % fminimax 设定值
Ubnd = [2,1];                           % fminimax 设定值
xo = [0.8,0.35];                        % 计算的起始点
opt = optimset('Display','off');        % fminimax 设定值
mr = [mr1,mr2,mr3,mr4];                 % 质量比为 0.1、0.2、0.3、0.4
z1 = [z1,z1,z1,z1];                     % 阻尼等于 0.1(阻尼率为常量)
for k = 1:4
% 求极值
[xopt,fopt] = fminimax(@objfun2doflinconstr,xo,[],[],[],[],Lbnd,Ubnd,[],opt,mr(k),z1(k));
[z,xx] = objfun2doflinconstr([xopt(1),xopt(2)],mr(k),z1(k));
h = Hal(OM,xopt(1),mr(k),z1(k),xopt(2));
ax = [0 2 0 4];
% 分别画出四个比较图形
```

```matlab
if k == 1
line(app.UIAxes,OM,h)
axis(app.UIAxes,[0 2 0 3]);
text(app.UIAxes,0.2*ax(2),0.3*ax(4),['\omega_{r,opt} = ' num2str(xopt(1),3)])
text(app.UIAxes,0.2*ax(2),0.2*ax(4),['\zeta_{2,opt} = ' num2str(xopt(2),3)])
text(app.UIAxes,1.6,0.65*ax(4),['m_r = ' num2str(mr(k))])
xlabel(app.UIAxes,'\Omega')
ylabel(app.UIAxes,'H_{11}(\Omega)')
% 在图上画绿色横线和标注数字
line(app.UIAxes,[xx(1),0.2*ax(2)],[fopt(1),fopt(1)])          % 绿色横线
text(app.UIAxes,0.14*ax(2),fopt(1),num2str(fopt(1),3))
line(app.UIAxes,[xx(3),0.2*ax(2)],[fopt(3),fopt(3)])          % 绿色横线
text(app.UIAxes,0.14*ax(2),fopt(3),num2str(fopt(3),3))
elseif k == 2
line(app.UIAxes_2,OM,h)
axis(app.UIAxes_2,[0 2 0 3]);
text(app.UIAxes_2,0.2*ax(2),0.3*ax(4),['\omega_{r,opt} = ' num2str(xopt(1),3)])
text(app.UIAxes_2,0.2*ax(2),0.2*ax(4),['\zeta_{2,opt} = ' num2str(xopt(2),3)])
text(app.UIAxes_2,1.6,0.65*ax(4),['m_r = ' num2str(mr(k))])
xlabel(app.UIAxes_2,'\Omega')
ylabel(app.UIAxes_2,'H_{11}(\Omega)')
% 在图上画绿色横线和标注数字
line(app.UIAxes_2,[xx(1),0.2*ax(2)],[fopt(1),fopt(1)])        % 绿色横线
text(app.UIAxes_2,0.14*ax(2),fopt(1),num2str(fopt(1),3))
line(app.UIAxes_2,[xx(3),0.2*ax(2)],[fopt(3),fopt(3)])        % 绿色横线
text(app.UIAxes_2,0.14*ax(2),fopt(3),num2str(fopt(3),3))
elseif k == 3
line(app.UIAxes_3,OM,h)
axis(app.UIAxes_3,[0 2 0 3]);
text(app.UIAxes_3,0.2*ax(2),0.3*ax(4),['\omega_{r,opt} = ' num2str(xopt(1),3)])
text(app.UIAxes_3,0.2*ax(2),0.2*ax(4),['\zeta_{2,opt} = ' num2str(xopt(2),3)])
text(app.UIAxes_3,1.6,0.65*ax(4),['m_r = ' num2str(mr(k))])
xlabel(app.UIAxes_3,'\Omega')
ylabel(app.UIAxes_3,'H_{11}(\Omega)')
% 在图上画绿色横线和标注数字
line(app.UIAxes_3,[xx(1),0.2*ax(2)],[fopt(1),fopt(1)])        % 绿色横线
text(app.UIAxes_3,0.14*ax(2),fopt(1),num2str(fopt(1),3))
line(app.UIAxes_3,[xx(3),0.2*ax(2)],[fopt(3),fopt(3)])        % 绿色横线
text(app.UIAxes_3,0.14*ax(2),fopt(3),num2str(fopt(3),3))
else
line(app.UIAxes_4,OM,h)
axis(app.UIAxes_4,[0 2 0 3]);
text(app.UIAxes_4,0.2*ax(2),0.3*ax(4),['\omega_{r,opt} = ' num2str(xopt(1),3)])
text(app.UIAxes_4,0.2*ax(2),0.2*ax(4),['\zeta_{2,opt} = ' num2str(xopt(2),3)])
text(app.UIAxes_4,1.6,0.65*ax(4),['m_r = ' num2str(mr(k))])
xlabel(app.UIAxes_4,'\Omega')
ylabel(app.UIAxes_4,'H_{11}(\Omega)')
% 在图上画绿色横线和标注数字
line(app.UIAxes_4,[xx(1),0.2*ax(2)],[fopt(1),fopt(1)])        % 绿色横线
text(app.UIAxes_4,0.14*ax(2),fopt(1),num2str(fopt(1),3))
line(app.UIAxes_4,[xx(3),0.2*ax(2)],[fopt(3),fopt(3)])        % 绿色横线
text(app.UIAxes_4,0.14*ax(2),fopt(3),num2str(fopt(3),3))
end
end
% 子函数 - 寻优计算
```

```
function[z,xx] = objfun2doflinconstr(x,mr,z1)
wr = x(1);
z2 = x(2);
opt = optimset('Display','off');
a1 = 1 + (1 + mr) * wr^2;
a2 = wr^2;
O1 = sqrt(0.5 * (a1 - sqrt(a1^2 - 4 * a2)));        % 寻优起始点
O2 = sqrt(0.5 * (a1 + sqrt(a1^2 - 4 * a2)));        % 寻优起始点
% fminsearch 优化函数
[x1,f1] = fminsearch(@Min2dof,O1,opt,wr,mr,z1,z2);
% fminsearch 优化函数
[x2,f2] = fminsearch(@Min2dof,O2,opt,wr,mr,z1,z2);
% fminsearch 优化函数
[x3,z(3)] = fminsearch(@Hal,(O2 + O1)/2,opt,wr,mr,z1,z2);
z(1) = 1/f1;
z(2) = 1/f2;
xx = [x1 x2 x3];
end
% 子函数 - 计算 D2 和 E2 子程序
function h = Hal(Om,wr,mr,z1,z2)
realpart = Om.^4 - (1 + mr * wr^2 + wr^2 + 4 * z1 * z2 * wr) * Om.^2 + wr^2;
imagpart = - 2 * (z1 + z2 * wr * mr + z2 * wr) * Om.^3 + 2 * (z2 * wr + z1 * wr^2) * Om;
nrealpart = wr^2 - Om.^2;
nimagpart = 2 * z2 * wr * Om;h = sqrt(nrealpart.^2 + nimagpart.^2)./sqrt(realpart.^2 + imagpart.^2);
end
% 子函数 - 2 自由度系统
function m = Min2dof(Om,wr,mr,z1,z2)
m = 1./Hal(Om,wr,mr,z1,z2);
end
```

(2)【退出】回调函数

```
function TuiChu(app, event)
% 关闭程序窗口标准程序
sel = questdlg('确认关闭窗口？','关闭确认,','Yes','No','No');
switch sel;
case'Yes'
delete(app);
case'No'
return
end
end
```

6.5　案例 29——2 个自由度无阻尼质量弹簧振动系统 App 设计

6.5.1　2 个自由度无阻尼质量弹簧振动系统理论分析

1. 建立数学模型

如图 6.5.1 所示，2 个自由度无阻尼质量弹簧振动系统。研究质量 m_1、m_2 运动和弹簧

K_1、和 K_2 的受力情况。设两弹簧的平衡位置分别为广义坐标 x_1、x_2 的原点，当 $x_1 = x_2 = 0$ 时弹簧分别伸长为 δ_1、δ_2，且它们分别满足 $k_1\delta_1 = m_1g + m_2g$，$k_2\delta_2 = m_2g$。以 x_1、x_2 为广义坐标，则振动系统拉格朗日函数为

$$L = \frac{1}{2}m_2\left(\frac{dx_2}{dt}\right)^2 + \frac{1}{2}m_1\left(\frac{dx_1}{dt}\right)^2 - \frac{1}{2}k_1(x_1 + \delta_1)^2 +$$

$$\frac{1}{2}k_2(x_2 - x_1 + \delta_2)^2 - m_1gx_1 - m_2g(x_2 + l_2 - l_1) \qquad (6-5-1)$$

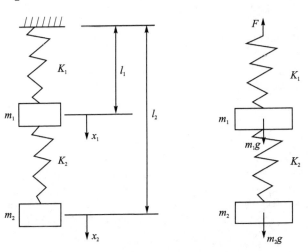

图 6.5.1　2 个自由度无阻尼振动系统原理图

将拉格朗日函数代入拉格朗日方程得

$$\begin{cases} \dfrac{d^2x_1}{dt^2} = \dfrac{k_2x_2 - (k_1 + k_2)x_1}{m_1} \\ \dfrac{d^2x_2}{dt} = \dfrac{k_2x_1 - k_2x_2}{m_2} \end{cases} \qquad (6-5-2)$$

这是一个可视为 m_1、m_2 两个质点的质点系运动系统。

定义一个含有 4 个列向量的矩阵 $\left[\begin{matrix} x_1 & \dfrac{dx_1}{dt} & x_2 & \dfrac{dx_2}{dt} \end{matrix}\right]$ 用来保存 4 个运动变量在各个时间点上运动参数的计算结果。矩阵的微分为

$$\frac{dy}{dt} = \left[\begin{matrix} \dfrac{dx_1}{dt} & \dfrac{d^2x_1}{dt^2} & \dfrac{dx_2}{dt} & \dfrac{d^2x_2}{dt^2} \end{matrix}\right] \qquad (6-5-3)$$

地面受力情况如图 6.5.1 所示：

$$F = k_1(x_{1+}\,\delta_1) = k_1x_1 + m_1g + m_2g \qquad (6-5-4)$$

初始运动变量为

$$y_0 = \left[\begin{matrix} x_{10} & v_1 & x_{20} & v_2 \end{matrix}\right]$$

2. 建立 MATLAB 子函数

```
function ydot = dlx8fun(t,y)
% 微分方程函数
ydot = [y(2);
(k2 * y(3) - (k1 + k2) * y(1))/m1;
```

```
y(4);
(k2 * y(1) - k2 * y(3))/m2];
end
```

6.5.2　2 个自由度无阻尼质量弹簧振动系统 App 设计

1. App 窗口设计

2 个自由度无阻尼质量弹簧振动系统 App 窗口设计如图 6.5.2 所示。

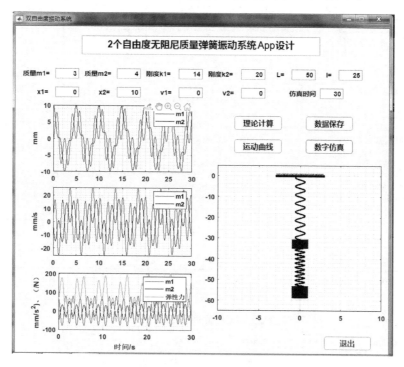

图 6.5.2　2 个自由度无阻尼质量弹簧振动系统 App 窗口

2. App 窗口布局和参数设计

2 个自由度无阻尼质量弹簧振动系统 App 窗口布局如图 6.5.3 所示,窗口对象属性参数如表 6.5.1 所列。

表 6.5.1　2 个自由度无阻尼质量弹簧振动系统窗口对象属性参数

窗口对象	对象名称	字　码	回调(函数)
编辑字段(质量 m1)	app.m1EditField	14	
编辑字段(质量 m2)	app.m2EditField	14	
编辑字段(刚度 k1)	app.k1EditField	14	
编辑字段(刚度 k2)	app.k2EditField	14	
编辑字段(L)	app.LEditField	14	
编辑字段(l)	app.lEditField	14	

续表 6.5.1

窗口对象	对象名称	字 码	回调(函数)
编辑字段(x1)	app. x1EditField	14	
编辑字段(x2)	app. x2EditField	14	
编辑字段(v1)	app. v1EditField	14	
编辑字段(v2)	app. v2EditField	14	
编辑字段(仿真时间)	app. EditField	14	
按钮(理论计算)	app. Button	16	LiLunJiSuan
按钮(运动曲线)	app. Button_2	16	YunDongQuXian
按钮(数字仿真)	app. Button_3	16	ShuZiFangZhen
按钮(数据保存)	app. Button_4	16	BaoCunShuJu
按钮(退出)	app. Button_5	16	TuiChu
坐标区(位移)	app. UIAxes	14	
坐标区(速度)	app. UIAxes_2	14	
坐标区(加速度)	app. UIAxes_3	14	
坐标区(动画曲线)	app. UIAxes_4	14	
文本区(……App 设计)	app. TextArea	20	
窗口(双自由度振动系统)	app. UIFigure		

注：此表中编辑字段皆为"编辑字段(数值)"。

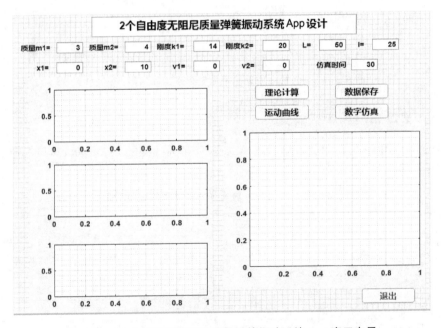

图 6.5.3　2 个自由度无阻尼质量弹簧振动系统 App 窗口布局

3. 本 App 程序设计细节解读

（1）私有属性创建

在【代码视图】→【编辑器】状态下，单击【属性】→【私有属性】，建立私有属性空间。

```
properties (Access = private)
    % 以下私有属性仅供在本 App 中调用，未标注可根据程序确定
    y;                                      % 运动动力输出矩阵
    t;                                      % 时间向量
    k1;                                     % 弹簧刚度
    k2;                                     % 弹簧刚度
    l;                                      % 弹簧长度
    L;                                      % 弹簧长度
    m1;                                     % 质量块
    m2;                                     % 质量块
    x1;                                     % 广义坐标
    x2;                                     % 广义坐标
    x10;                                    % 初始位移
    x20;                                    % 初始位移
    v1;                                     % 初始速度
    v2;                                     % 初始速度
    tfinal;                                 % 仿真时间
end
```

（2）设置窗口启动回调函数，保留"理论计算"等使能

在【编辑器】→【App 输入参数】状态下，启动回调函数，将其中参数设置为 startupFcn（app，dlx8_1）（注：此处名称 dlx8_1 可任意选取），单击【OK】按钮，然后编辑子函数。

```
function startupFcn(app, dlx8_1)
    % 程序启动后进行必要的设置
    app.Button_2.Enable = 'off';            % 屏蔽"运动曲线"使能
    app.Button_3.Enable = 'off';            % 屏蔽"数字仿真"使能
    app.Button_4.Enable = 'off';            % 屏蔽"保存数据"使能
end
```

（3）【理论计算】回调函数

```
function LiLunJiSuan(app, event)
    % 动力运动微分方程的理论求解
    g = 9.8;                                % 重力加速度
    app.m1 = app.m1EditField.Value;         % 定义私有属性质量 m1
    m1 = app.m1;                            % m1 的数值
    app.m2 = app.m2EditField.Value;         % 定义私有属性质量 m2
    m2 = app.m2;                            % m2 的数值
    app.k1 = app.k1EditField.Value;         % 定义私有属性弹簧 k1
    k1 = app.k1;                            % k1 的数值
    app.k2 = app.k2EditField.Value;         % 定义私有属性弹簧 k2
    k2 = app.k2;                            % k2 的数值
    app.x10 = app.x1EditField.Value;        % 定义私有属性初始位移 x1
    x10 = app.x10;                          % x1 的数值
    app.x20 = app.x2EditField.Value;        % 定义私有属性初始位移 x2
    x20 = app.x20;                          % x2 的数值
```

```
app.v1 = app.v1EditField.Value;        % 定义私有属性初始速度 v1
v1 = app.v1;                           % v1 的数值
app.v2 = app.v2EditField.Value;        % 定义私有属性初始速度 v2
v2 = app.v2;                           % v2 的数值
app.L = app.LEditField.Value;          % 定义私有属性弹簧 2 的长度
L = app.L;                             % L 的数值
app.l = app.lEditField.Value;          % 定义私有属性弹簧 1 的长度
l = app.l;                             % l 的数值
app.tfinal = app.EditField.Value;      % 定义私有属性仿真时间
tfinal = app.tfinal;                   % 仿真时间的数值
y0 = [x10,v1,x20,v2];                  % 运动微分方程初始条件
% 运动微分方程 ode45 求解
[t,y] = ode45(@dlx8fun,[0:0.05:tfinal],y0);
app.t = t;                             % 定义私有属性 t
ax1 = (k2 * y(:,3) - (k1 + k2) * y(:,1))/m1;   % 计算加速度
F = k1 * y(:,1) + (m1 + m2) * g;       % 计算弹簧 1 所受的力
ax2 = (k2 * y(:,1) - k2 * y(:,3))/m2;  % 计算加速度
app.y = [y,ax1,ax2,F];                 % 定义私有属性位移、速度、加速度、力
app.x1 = -l - y(:,1);                  % 定义私有属性
app.x2 = -L - y(:,3);                  % 定义私有属性
app.Button_2.Enable = 'on';            % 开启"运动曲线"使能
app.Button_3.Enable = 'on';            % 开启"数字仿真"使能
app.Button_4.Enable = 'on';            % 开启"保存数据"使能
% 子函数,系统运动微分方程
function ydot = dlx8fun(t,y)
m1 = app.m1;                           % 调用私有属性
m2 = app.m2;                           % 调用私有属性
k1 = app.k1;                           % 调用私有属性
k2 = app.k2;                           % 调用私有属性
ydot = [y(2);
        (k2 * y(3) - (k1 + k2) * y(1))/m1;
        y(4);
        (k2 * y(1) - k2 * y(3))/m2];
end
end
```

(4)【运动曲线】回调函数

```
function YunDongQuXian(app, event)
% 绘制质量位移、速度和加速度曲线,绘制弹簧 1 受力的曲线
t = app.t;                             % 调用私有属性
y = app.y;                             % 调用私有属性
% 清除原有图形
cla(app.UIAxes);
cla(app.UIAxes_2);
cla(app.UIAxes_3)
% 质量位移曲线
plot(app.UIAxes,t,y(:,1),'r',t,y(:,3),'b');
ylabel(app.UIAxes,'mm');
legend(app.UIAxes,'m1','m2');
% 质量速度曲线
plot(app.UIAxes_2,t,y(:,2),'r',t,y(:,4),'b');
ylabel(app.UIAxes_2,'mm/s');
legend(app.UIAxes_2,'m1','m2');
% 质量加速度和弹簧 1 受力曲线
```

```
plot(app.UIAxes_3,t,y(:,5),'r',t,y(:,6),'b',t,y(:,7),'g');
xlabel(app.UIAxes_3,'时间/s');
ylabel(app.UIAxes_3,'mm/s^2)、(/N)');
legend(app.UIAxes_3,'m1','m2','弹性力');
end
```

(5)【退出】回调函数

```
function TuiChu(app, event)
% 关闭窗口之前要求确认
sel = questdlg('确认关闭应用程序？','关闭确认','Yes','No','No');
switch sel;
case'Yes'
delete(app);
case'No'
Return
end
end
```

(6)【数据保存】回调函数

```
function BaoCunShuJu(app, event)
% 标准的保存数据程序
t = app.t;                                  % 被保存的数据 t
y = app.y;                                  % 被保存的数据 y
[filename,filepath] = uiputfile('*.xls');    % 保存为 Excel 格式
% 判断输入文件名字框是否为"空","空"就结束
if isequal(filename,0) || isequal(filepath,0)
else
str = [filepath,filename];
fopen(str);
xlswrite(str,t,'Sheet1','B1');
xlswrite(str,y,'Sheet1','C1');
fclose('all');
end
end
```

(7)【数字仿真】回调函数

```
function ShuZiFangZhen(app, event)
% 数字动画仿真
t = app.t;                                  % 调用私有属性
y = app.y;                                  % 调用私有属性
L = app.L;                                  % 调用私有属性
l = app.l;                                  % 调用私有属性
m1 = app.m1;                                % 调用私有属性
m2 = app.m2;                                % 调用私有属性
k1 = app.k1;                                % 调用私有属性
k2 = app.k2;                                % 调用私有属性
x1 = app.x1;                                % 调用私有属性
x2 = app.x2;                                % 调用私有属性
g = 9.8;                                    % 重力加速度
cla(app.UIAxes_4)                           % 清除原图形
axis(app.UIAxes_4,[-10 10 x2(1)-0.1*L 0.2*l])  % 数字仿真图形范围
% 绘制黑色固定地面
line(app.UIAxes_4,[-3,3],[0,0],'color','k','linewidth',3.5);
a20 = linspace(-2.9,2.9,40);
% 绘制蓝色地面斜线
```

```
for i = 1:39;
a30 = (a20(i) + a20(i + 1))/2;
line(app.UIAxes_4,[a20(i),a30],[0,1.2],'color','b','linestyle','-','linewidth',1);
end
% 设置绘图句柄
yt2 = x2(1):0.3:-x1(1);
xt2 = 0.6 * sin(2 * yt2);
% 弹簧 k2 句柄
tanhuang2 = line(app.UIAxes_4,xt2,yt2,'color','k','linewidth',2);
yt1 = x1(1) + 0.06 * 1:0.3:0;
xt1 = 0.6 * sin(2 * yt1);
% 弹簧 k1 句柄
tanhuang1 = line(app.UIAxes_4,xt1,yt1,'color','k','linewidth',2);
% 质量 m1 句柄
ban1 = line(app.UIAxes_4,[-1,1],[x1(1),x1(1)],'color','b','linewidth',15);
% 质量 m2 句柄
ban2 = line(app.UIAxes_4,[-1,1],[x2(1),x2(1)],'color','b','linewidth',20);
n = length(y);
for i = 1:n;
yt2 = x2(i):0.3:x1(i) + 0.05 * 1;
xt2 = 0.6 * sin(2 * (yt2 - x2(i)) * (x2(1) - x1(1))/(x2(i) - x1(i)));
set(tanhuang2,'xdata',xt2,'ydata',yt2);
yt1 = x1(i):0.3:0;
xt1 = 0.6 * sin(2 * (yt1 - x1(i)) * (-x1(1))/(-x1(i)));
set(tanhuang1,'xdata',xt1,'ydata',yt1);
set(ban1,'xdata',[-1,1],'ydata',[x1(i),x1(i)]);
set(ban2,'xdata',[-1,1],'ydata',[x2(i),x2(i)]);
drawnow
end
end
```

第 7 章　其他有关机械 App 设计

7.1　案例 30——圆柱螺旋受压弹簧优化 App 设计

7.1.1　圆柱螺旋受压弹簧优化设计理论

圆柱螺旋受压弹簧如图 7.1.1 所示。设计圆柱螺旋受压弹簧时,需要考虑诸如疲劳性、易弯曲性、摇摆、变形之类的一些要求。要满足这些不同的机械要求,可用最优化方法实现求解。该优化问题包括一个设计目标函数、两个设计变量、七个约束条件及变量的上界和下界。

1. 建立数学模型

设计目标定位:考虑疲劳或易弯指标时,求安全系数倒数的极小值(即求安全系数的极大值)。

设计变量:c 为弹簧指数,$c = D/d$,其中 D 为弹簧中径;d 为弹簧钢丝直径。

考虑疲劳指标时,安全系数 SF_f 的倒数如下:

$$\frac{1}{SF_f} = \frac{\tau_a}{S_{ns}} + \frac{\tau_m}{S_{us}} \qquad (7-1-1)$$

式中:τ_a 为剪应力的交变量;τ_m 为剪应力的平均量;S_{ns} 为弹簧材料疲劳强度;S_{us} 为弹簧材料极限强度。

考虑易弯曲指标时,安全系数 SF_y 的倒数如下:

$$\frac{1}{SF_y} = \frac{\tau_a + \tau_m}{S_{ys}} \qquad (7-1-2)$$

式中:S_{ys} 为剪应弯曲强度。

如果满足如下条件:

$$\frac{\tau_a}{\tau_m} \geqslant \frac{S_{ns}(S_{ys} - S_{us})}{S_{us}(S_{ns} - S_{ys})} \qquad (7-1-3)$$

目标函数为考虑疲劳时的安全系数 SF_f 的倒数公式;否则目标函数为考虑易弯曲时的安全系数 SF_y 的倒数公式。

剪应力的交变量由下式确定:

$$\tau_a = \frac{8F_a c K_w}{\pi d^2} \qquad (7-1-4)$$

剪应力的平均量由下式确定:

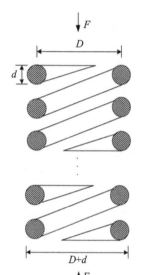

图 7.1.1　受压弹簧受力原理图

$$\tau_{\mathrm{m}} = \frac{8F_{\mathrm{m}}cK_{\mathrm{w}}}{\pi d^2} \qquad (7-1-5)$$

式中：

$$\begin{cases} K_{\mathrm{w}} = \dfrac{4c-1}{4c+4} + \dfrac{0.615}{c} \\[2mm] F_{\mathrm{a}} = \dfrac{F_{\mathrm{U}} - F_{\mathrm{L}}}{2} \\[2mm] F_{\mathrm{m}} = \dfrac{F_{\mathrm{U}} + F_{\mathrm{L}}}{2} \end{cases} \qquad (7-1-6)$$

其中：F_{U} 和 F_{L} 分别是施加于弹簧轴心的压力上限和下限；F_{a} 和 F_{m} 分别是剪应力的交变力和平均力；K_{w} 为弹簧的弯曲剪切和直接剪切应力系数。

全部优化设计理论计算公式如下：

考虑疲劳指标时设计目标函数：

$$\mathrm{minimize} \quad \frac{1}{\mathrm{SF}_f} = \frac{\tau_{\mathrm{a}}}{S_{ns}} + \frac{\tau_{\mathrm{m}}}{S_{us}} \qquad (7-1-7)$$

考虑易弯曲指标时设计目标函数：

$$\mathrm{minimize} \quad \frac{1}{\mathrm{SF}_y} = \frac{\tau_{\mathrm{a}} + \tau_{\mathrm{m}}}{S_{ys}} \qquad (7-1-8)$$

目标函数约束条件：

s. t.　　摇摆约束　　　　　　　　　$g_1 : K_1 d^2 - 1 \leqslant 0$

变形约束　　　　　　　　　$g_2 : K_2 - c^5 \leqslant 0$

弹簧最小圈数约束　　　　　$g_3 : K_3 c^3 - d \leqslant 0$

压缩长度约束　　　　　　　$g_4 : K_4 d^2 c^{-3} + K_8 d - 1 \leqslant 0$

线圈最大直径约束　　　　　$g_5 : K_5 (cd + d) - 1 \leqslant 0$

线圈最小直径约束　　　　　$g_6 : c^{-1} + K_6 d^{-1} c^{-1} - 1 \leqslant 0$

撞击余量约束　　　　　　　$g_7 : K_7 c^3 - d^2 \leqslant 0$

其中：

$$K_1 = \frac{G f_r \Delta}{112\,800(F_{\mathrm{U}} - F_{\mathrm{L}})}, \quad K_2 = \frac{G F_{\mathrm{U}}(1 + A)}{22.3k^2},$$

$$K_3 = \frac{8kN_{\min}}{G}, \quad K_4 = \frac{G(1 + A)}{8kL_{\mathrm{m}}},$$

$$K_5 = \frac{1}{\mathrm{OD}}, \quad K_6 = \mathrm{ID},$$

$$K_7 = \frac{0.8(F_{\mathrm{U}} - F_{\mathrm{L}})}{\mathrm{AG}}, \quad K_8 = \frac{Q}{L_{\mathrm{m}}},$$

$$S_{ns} = C_1 d^{d_1} \overline{\mathrm{NC}}^{B_1}, \quad S_{us} = C_2 d^{A_1},$$

$$S_{ys} = C_3 d^{A_1}, \quad k = \frac{F_{\mathrm{U}} - F_{\mathrm{L}}}{\Delta}$$

2. 建立 MATLAB 子函数

(1) 子函数：计算弹簧常数

```
% 子函数-计算弹簧常数
function[K,Fa,Fm] = SpringParameters(A,FL,FU,G,fr,ID,OD,Lm,Nmin,Q,Delta)
Fa = (FU - FL)/2;
Fm = (FU + FL)/2;
k = (FU - FL)/Delta;
K(1) = G * fr * Delta/(112800 * (FU - FL));
K(2) = G * FU * (1 + A)/(22.3 * k^2);
K(3) = 8 * k * Nmin/G;
K(4) = G * (1 + A)/(8 * k * Lm);
K(5) = 1/OD;
K(6) = ID;
K(7) = 0.8 * (FU - FL)/(A * G);
K(8) = Q/Lm;
end
```

(2) 子函数：非线性约束条件

```
% 子函数-非线性约束条件
function[C,Ceq] = SpringNLConstr(x,K,Fa,Fm,NC,A1,B1,C1,C2,C3)
c = x(1);
d = x(2);
C(1) = K(1) * d^2 - c;
C(2) = K(2) - c^5;
C(3) = K(3) * c^3 - d;
C(4) = K(4) * d^2/c^3 + K(8) * d - 1;
C(5) = K(5) * (c * d + d) - 1;
C(6) = 1/c + K(6)/c/d - 1;
C(7) = K(7) * c^3 - d^2;
Ceq = [];
end
```

(3) 子函数：弹簧设计目标函数

```
% 子函数-弹簧设计目标函数
% 满足疲劳或易弯曲指标时安全系数 f
functionf = SpringObjFunc(x,K,Fa,Fm,NC,A1,B1,C1,C2,C3)
c = x(1);
d = x(2);
Sns = C1 * d^A1 * NC^B1;
Sus = C2 * d * A1;
Sys = C3 * d^A1;
Kw = (4 * c - 1)/(4 * c + 4) + 0.615/c;
Temp = 8 * c * Kw/(pi * d^2);
TauA = Fa * Temp;
TauM = Fm * Temp;
Ratio = TauA/TauM;
SS = Sns * (Sys - Sus)/(Sus * (Sus - Sys));
if (Ratio - SS) >= 0
f = TauA/Sns + TauM/Sus;          % 以疲劳指标为目标
else
f = (TauA + TauM)/Sys;            % 以易弯曲指标为目标
end
end
```

7.1.2　圆柱螺旋受压弹簧优化 App 设计

案例：距离常数(无量纲)：$A = 0.4$；

自然频率最小允许值：$f_r = 500$ Hz；

钢剪切模量：$G = 11.5 \times 10^6$ psi；

弹簧内径最小允许值：ID $= 0.75$ in；

弹簧内径最大允许值：OD $= 1.5$ in；

最小线圈数：$N_{min} = 3$；

端簧圈数：$Q = 2$；

失效周数：$\overline{NC} = 10^6$；

弹簧挠度：$\Delta = 0.25$ in；

弹簧承受最大负荷的最大长度：$L_m = 1.25$ in；

其他弹簧设计必要参数：$A_1 = -0.14, B_1 = -0.213\ 7, C_1 = 630\ 500,$
$$C_2 = 160\ 000, C_3 = 86\ 500；$$

弹簧指数 c 满足条件：$4 \leqslant c \leqslant 20$；

线圈钢丝直径 d 满足条件：$0.004 \leqslant d \leqslant 0.25$。

1. App 窗口设计

圆柱螺旋受压弹簧优化 App 窗口设计如图 7.1.2 所示。

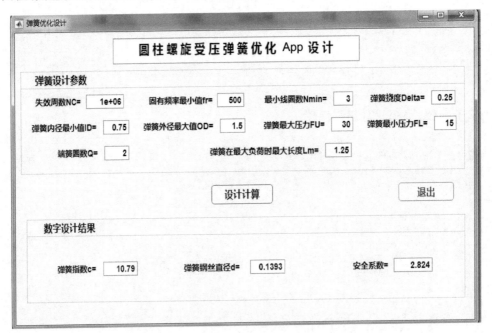

图 7.1.2　圆柱螺旋受压弹簧优化 App 窗口

2. App 窗口布局和参数设计

圆柱螺旋受压弹簧优化 App 窗口布局如图 7.1.3 所示，窗口对象属性参数如表 7.1.1

所列。

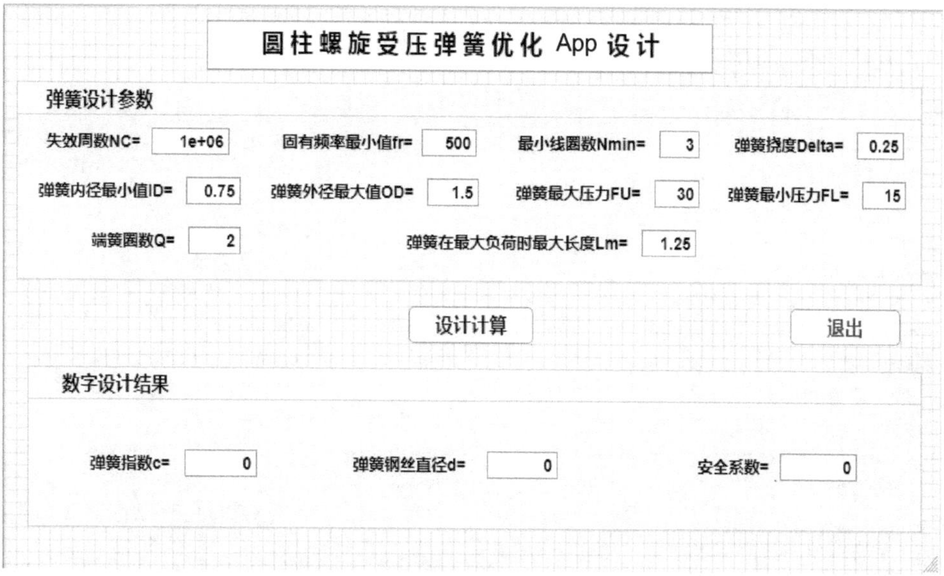

图 7.1.3　圆柱螺旋受压弹簧优化 App 窗口布局

表 7.1.1　圆柱螺旋受压弹簧优化窗口对象属性参数

窗口对象	对象名称	字　码	回调（函数）
编辑字段（失效周数 NC）	app. NCEditField	14	
编辑字段（固有频率最小值 fr）	app. frEditField	14	
编辑字段（最小线圈数 Nmin）	app. NminEditField	14	
编辑字段（弹簧挠度 Delta）	app. DeltaEditField	14	
编辑字段（弹簧内径最小值 ID）	app. IDEditField	14	
编辑字段（弹簧内径最大值 OD）	app. ODEditField	14	
编辑字段（弹簧最大压力 FU）	app. FUEditField	14	
编辑字段（弹簧最小压力 FL）	app. FLEditField	14	
编辑字段（弹簧圈数 Q）	app. QEditField	14	
编辑字段（弹簧在最大负荷时最大长度 Lm）	app. LmEditField	14	
按钮（设计计算）	app. Button	16	SheJiJieGuo
按钮（退出）	app. Button_2	16	TuiChu
编辑字段（弹簧指数 c）	app. cEditField	14	
编辑字段（弹簧钢丝直径 d）	app. dEditField	14	
编辑字段（安全系数）	app. EditField	14	
文本区域（……App 设计）	app. TextArea	20	
窗口（弹簧优化设计）	app. UIFigure		

注：此表中编辑字段皆为"编辑字段（数值）"。

3．本 App 程序设计细节解读

(1)【设计计算】回调函数

```
function SheJiJieGuo(app, event)
% 螺旋形受压弹簧设计
fr = app.frEditField.Value;              % 弹簧固有频率最小允许值(Hz)
NC = app.NCEditField.Value;              % 距离常数(无量纲)
FU = app.FUEditField.Value;              % 弹簧最大压力
Q = app.QEditField.Value;                % 端簧圈数
Lm = app.LmEditField.Value;              % 弹簧在最大负荷时最大长度
FL = app.FLEditField.Value;              % 弹簧最小压力
OD = app.ODEditField.Value;              % 弹簧外径最大允许值
ID = app.IDEditField.Value;              % 弹簧内径最小允许值
Nmin = app.NminEditField.Value;          % 最少线圈数
Delta = app.DeltaEditField.Value;        % 弹簧挠度
G = 11.5 * 10^6;                         % 钢的剪切模量
A = 10^6;                                % 距离常数(无量纲)
% 优化目标计算必要的参数
A1 = - 0.14;
B1 = - 0.2137;
C1 = 630500;
C2 = 160000;
C3 = 86550;
% 计算不同的弹簧常数,Fa-交变力,Fm-平均力
[K,Fa,Fm] = SpringParameters(A,FL,FU,G,fr,ID,OD,Lm,Nmin,Q,Delta);
x0 = [10,10];                            % 优化设计初值
lb = [4,0.004];                          % 弹簧指数和弹簧钢丝直径下界
ub = [20,0.25];                          % 弹簧指数和弹簧钢丝直径上界
options = optimset('LargeScale','off');
% 最优设计
[x,f] = fmincon(@SpringObjFunc,x0,[],[],[],[],lb,ub,@SpringNLConstr,options,K,Fa,Fm,NC,A1,
B1,C1,C2,C3);
Sf = 1/f;                                % 安全系数 f 倒数
c = x(1);                                % 弹簧指数(D/d)
d = x(2);                                % 弹簧钢丝直径
% 子函数-计算弹簧常数
function[K,Fa,Fm] = SpringParameters(A,FL,FU,G,fr,ID,OD,Lm,Nmin,Q,Delta)
Fa = (FU - FL)/2;
Fm = (FU + FL)/2;
k = (FU - FL)/Delta;
K(1) = G * fr * Delta/(112800 * (FU - FL));
K(2) = G * FU * (1 + A)/(22.3 * k^2);
K(3) = 8 * k * Nmin/G;
K(4) = G * (1 + A)/(8 * k * Lm);
K(5) = 1/OD;
K(6) = ID;
K(7) = 0.8 * (FU - FL)/(A * G);
K(8) = Q/Lm;
end
```

```matlab
% 子函数 - 非线性约束条件
function[C,Ceq] = SpringNLConstr(x,K,Fa,Fm,NC,A1,B1,C1,C2,C3)
c = x(1);
d = x(2);
C(1) = K(1) * d^2 - c;
C(2) = K(2) - c^5;
C(3) = K(3) * c^3 - d;
C(4) = K(4) * d^2/c^3 + K(8) * d - 1;
C(5) = K(5) * (c * d + d) - 1;
C(6) = 1/c + K(6)/c/d - 1;
C(7) = K(7) * c^3 - d^2;
Ceq = [];
end
% 子函数 - 弹簧设计目标函数(满足疲劳或易弯曲指标时安全系数 f)
function f = SpringObjFunc(x,K,Fa,Fm,NC,A1,B1,C1,C2,C3)
c = x(1);
d = x(2);
Sns = C1 * d^A1 * NC^B1;
Sus = C2 * d * A1;
Sys = C3 * d^A1;
Kw = (4 * c - 1)/(4 * c + 4) + 0.615/c;
Temp = 8 * c * Kw/(pi * d^2);
TauA = Fa * Temp;
TauM = Fm * Temp;
Ratio = TauA/TauM;
SS = Sns * (Sys - Sus)/(Sus * (Sus - Sys));
if (Ratio - SS) >= 0
f = TauA/Sns + TauM/Sus;          % 以疲劳指标为目标
else
f = (TauA + TauM)/Sys;            % 以易弯曲指标为目标
end
end
% 设计计算结果输出
app. cEditField. Value = c;          % 弹簧指数
app. dEditField. Value = d;          % 弹簧钢丝直径
app. EditField. Value = Sf;          % 安全系数
```

(2)【退出】回调函数

```matlab
function TuiChu(app, event)
% 关闭程序窗口标准程序
sel = questdlg('确认关闭窗口？','关闭确认,','Yes','No','No');
switch sel;
case'Yes'
delete(app);
case'No'
return
end
end
```

7.2 案例 31——椭圆规机构运动学 App 设计

7.2.1 椭圆规机构运动学理论分析

1. 建立数学模型

如图 7.2.1 所示椭圆规机构,已知 $OA = AC = AB = l$,$AP = a$,曲柄 OA 与 x 轴的夹角 $\varphi = \omega t$,求点 P 的运动。

将 P 点作为研究对象,可以用 x、y 坐标 描述 P 点的运动,其 x、y 位移运动方程可以 表达为

$$\begin{cases} x = (l + a)\cos\varphi \\ y = (l - a)\sin\varphi \end{cases} \quad (7-2-1)$$

两边对时间进行微分可得速度和加速度 运动方程:

$$\begin{cases} \dfrac{\mathrm{d}x}{\mathrm{d}t} = -(l+a)\omega\sin\varphi \\ \dfrac{\mathrm{d}y}{\mathrm{d}t} = (l-a)\omega\cos\varphi \end{cases} \quad (7-2-2)$$

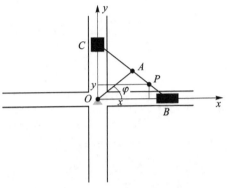

图 7.2.1 椭圆规机构原理图

$$\begin{cases} \dfrac{\mathrm{d}^2 x}{\mathrm{d}t^2} = -(l+a)\omega^2\cos\varphi \\ \dfrac{\mathrm{d}^2 y}{\mathrm{d}t^2} = -(l-a)\omega^2\sin\varphi \end{cases} \quad (7-2-3)$$

设:$y_1 = x$,$y_2 = \dfrac{\mathrm{d}x}{\mathrm{d}t}$,$y_3 = y$,$y_4 = \dfrac{\mathrm{d}y}{\mathrm{d}t}$,$y_5 = \varphi$,$y_6 = \omega$,$\varphi = \omega t$,则运动微分方程组如下:

$$\begin{cases} \dfrac{\mathrm{d}y_1}{\mathrm{d}t} = y_2 \\[4pt] \dfrac{\mathrm{d}y_2}{\mathrm{d}t} = -(l+a)\omega^2\cos\varphi \\[4pt] \dfrac{\mathrm{d}y_3}{\mathrm{d}t} = y_4 \\[4pt] \dfrac{\mathrm{d}y_4}{\mathrm{d}t} = -(l-a)\omega^2\sin\varphi \\[4pt] \dfrac{\mathrm{d}y_5}{\mathrm{d}t} = y_6 \\[4pt] \dfrac{\mathrm{d}y_6}{\mathrm{d}t} = 0 \end{cases} \quad (7-2-4)$$

可知有 3 个运动参数:l、a、ω。其中:$\varphi = \omega t$。

初值如下:

$$y_{10} = l + a,\ y_{20} = 0,\ y_{30} = 0,\ y_{40} = (l-a)\omega,\ y_{50} = 0,\ y_{60} = \omega$$

2. 建立 MATLAB 子函数

```
% 微分方程函数程序
function ydot = tygydfun(t,y)
ydot = [y(2);
        -(1+a)*cos(t*omega)*omega^2;
        y(4);
        -(1-a)*sin(t*omega)*omega^2;
        y(6);
        0];
end
```

7.2.2　椭圆规机构运动学 App 设计

1. App 窗口设计

椭圆规机构运动学 App 窗口设计如图 7.2.2 所示。

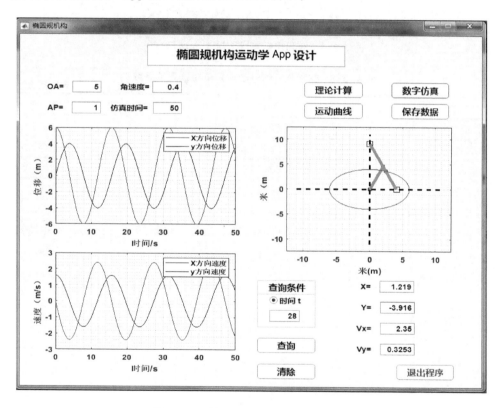

图 7.2.2　椭圆规机构运动学 App 窗口

2. App 窗口布局和参数设计

椭圆规机构运动学 App 窗口布局如图 7.2.3 所示,窗口对象属性参数如表 7.2.1 所列。

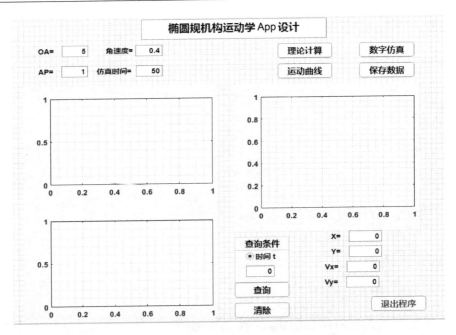

图 7.2.3　椭圆规机构运动学 App 窗口布局

表 7.2.1　椭圆规机构运动学窗口对象属性参数

窗口对象	对象名称	字　码	回调（函数）
编辑字段（OA）	app. OAEditField	14	
编辑字段（AP）	app. APEditField	14	
编辑字段（角速度）	app. EditField	14	
编辑字段（仿真时间）	app. EditField_2	14	
按钮（理论计算）	app. Button	16	LiLunJiSuan
按钮（数字仿真）	app. Button_3	16	DongHuaFangZhen
按钮（运动曲线）	app. Button_2	16	YunDongQuXian
按钮（保存数据）	app. Button_4	16	BaoCunshuJu
面板（查询条件）	app. ButtonGroup	14	
单选按钮（时间 t）	app. tButton	14	
编辑字段（时间 t）	app. EditField_3	14	
编辑字段（X）	app. XEditField	14	
编辑字段（Y）	app. YEditField	14	
编辑字段（Vx）	app. VxEditField	14	
编辑字段（Vy）	app. VyEditField	14	
按钮（查询）	app. Button_5	16	ChaXun
按钮（清除）	app. Button_6	16	QingChu
按钮（退出程序）	app. Button_7	16	TuiChuChengXu
坐标区（位移曲线）	app. UIAxes	14	
坐标区（速度曲线）	app. UIAxes_2	14	

窗口对象	对象名称	字　码	回调（函数）
坐标区（动画曲线）	app. UIAxes2	14	
文本区域（……App 设计）	app. TextArea	20	
窗口（椭圆规机构）	app. UIFigure		

注：此表中编辑字段皆为"编辑字段（数值）"。

3. 本 App 程序设计细节解读

(1) 私有属性创建

在【代码视图】→【编辑器】状态下，单击【属性】→【私有属性】，建立私有属性空间。

```
properties (Access = private)
% 以下私有属性仅供在本 App 中调用，未标注可根据程序确定
l;                                          % OA 杆长的数值
t;                                          % 时间向量
y;                                          % 运动变量矩阵
a;                                          % AP 杆长的数值
omega;                                      % 曲柄角速度
tfinal;                                     % 仿真时间
x1;                                         % A 点 x 坐标
y1;                                         % A 点 y 坐标
x2;                                         % B 点 x 坐标
y3;                                         % C 点 y 坐标
end
```

(2) 设置窗口启动回调函数

在【编辑器】→【App 输入参数】状态下，启动回调函数，将其中参数设置为 startupFcn (app，tygyd)（注：此处名称 tygyd 可任意选取），单击【OK】按钮，然后编辑子函数。

```
function startupFcn(app, tygyd)
% 程序启动后执行的设置程序
app. EditField_3. Enable = 'off';           % 关闭"时间"使能
app. tButton. Enable = 'off';               % 关闭"t = "按钮使能
app. Button_5. Enable = 'off';              % 关闭"查询"使能
app. Button_2. Enable = 'off';              % 关闭"运动曲线"使能
app. Button_3. Enable = 'off';              % 关闭"动画仿真"使能
app. Button_4. Enable = 'off';              % 关闭"保存数据"使能
end
```

(3)【理论计算】回调函数

```
function LiLunJiSuan(app, event)
% 运动微分方程的理论求解
app. l = app. OAEditField. Value;           % 定义私有属性 OA 杆长
l = app. l;                                 % OA 杆长 l 的数值
app. a = app. APEditField. Value;           % 定义私有属性 AP 杆长
a = app. a;                                 % AP 杆长 a 的数值
app. omega = app. EditField. Value;         % 定义私有属性角速度
omega = app. omega;                         % 角速度 omega 的数值
app. tfinal = app. EditField_2. Value;      % 定义私有属性模拟时间
tfinal = app. tfinal;                       % 模拟时间 tfinal 的数值
```

```
% 组成运动变量初始值
y0 = [1 + a,0,0,(1 - a) * omega,0,omega];
% 微分方程 ode45 求解,求出运动变量矩阵 y
[t,y] = ode45(@tygydfun,[0:0.01:tfinal],y0);
app.t = t;                                              % 定义私有属性
app.y = y;                                              % 定义私有属性
% 计算 A、B、C 三点坐标,为数字仿真动画显示做准备
app.x1 = l * cos(y(:,5));                               % A 点 x 坐标,私有属性 x1
app.y1 = l * sin(y(:,5));                               % A 点 y 坐标,私有属性 y1
app.x2 = 2 * l * cos(y(:,5));                           % B 点 x 坐标,私有属性 x2
app.y3 = 2 * l * sin(y(:,5));                           % C 点 y 坐标,私有属性 y3
app.EditField_3.Enable = 'on';                          % 开启"时间"使能
app.tButton.Enable = 'on';                              % 开启"t = "按钮使能
app.Button_5.Enable = 'on';                             % 开启"查询"使能
app.Button_2.Enable = 'on';                             % 开启"运动曲线"使能
app.Button_3.Enable = 'on';                             % 开启"动画仿真"使能
app.Button_4.Enable = 'on';                             % 开启"保存数据"使能
% 微分方程函数程序
function ydot = tygydfun(t,y)
l = app.l;                                              % 调用私有属性 l
a = app.a;                                              % 调用私有属性 a
omega = app.omega;                                      % 调用私有属性 omega
ydot = [y(2); -(1 + a) * cos(t * omega) * omega^2; y(4);
      -(1 - a) * sin(t * omega) * omega^2; y(6); 0];
end
end
```

(4)【退出程序】回调函数

```
function TuiChuChengXu(app, event)
% 关闭程序窗口标准程序
sel = questdlg('确认关闭窗口?','关闭确认,','Yes','No','No');
switch sel;
case'Yes'
delete(app);
case'No'
Return
end
end
```

(5)【保存数据】回调函数

```
function BaoCunShuJu(app, event)
% 标准的保存数据程序
t = app.t;                                              % 需要保存的私有属性数据 t
y = app.y;                                              % 需要保存的私有属性数据 y
[filename,filepath] = uiputfile('*.xls');               % 保存为 Excel 格式
% 判断输入文件名字框是否为"空":"空"就结束
if isequal(filename,0) || isequal(filepath,0)
else
str = [filepath,filename];
fopen(str);
xlswrite(str,t,'Sheet1','B1');
xlswrite(str,y,'Sheet1','C1');
fclose('all');
end
end
```

(6)【清除】回调函数

```
function QingChu(app, event)
% 将 5 个数字显示框数字设置为零
app.EditField_3.Value = 0;
app.XEditField.Value = 0;
app.YEditField.Value = 0;
app.VxEditField.Value = 0;
app.VyEditField.Value = 0;
end
```

(7)【运动曲线】回调函数

```
function YunDongQuXian(app, event)
% 绘制运动曲线图形
t = app.t;                                            % 调用私有属性 t
y = app.y;                                            % 调用私有属性 y
% 以时间为横坐标,以 x 水平位移、y 垂直位移为纵坐标作图
plot(app.UIAxes,t,y(:,1),'r',t,y(:,3),'b')
xlabel(app.UIAxes,' 时间/s');                          % x 坐标单位标注
ylabel(app.UIAxes,' 位移(m)');                         % y 坐标单位标注
legend(app.UIAxes,'X 方向位移 ','y 方向位移 ');          % 图形图例
% 以时间为横坐标,以 x 方向速度、y 方向速度为纵坐标作图
plot(app.UIAxes_2,t,y(:,2),'r',t,y(:,4),'b')
xlabel(app.UIAxes_2,' 时间/s');                        % x 坐标单位标注
ylabel(app.UIAxes_2,' 速度(m/s)');                     % y 坐标单位标注
legend(app.UIAxes_2,'X 方向速度 ','y 方向速度 ');        % 图形图例
end
```

(8)【数字仿真】回调函数

```
function DongHuaFangZhen(app, event)
% 私有属性变量调用
t = app.t;                                            % 时间向量 t
y = app.y;                                            % 运动变量矩阵 y
l = app.l;                                            % OA 杆长度 l
x1 = app.x1;                                          % A 点坐标 x
y1 = app.y1;                                          % A 点坐标 x
x2 = app.x2;                                          % B 点 x 坐标
y3 = app.y3;                                          % C 点 y 坐标
cla(app.UIAxes2);                                     % 清除原有图形
axis(app.UIAxes2,[-l*2.5 l*2.5 -l*2.5 l*2.5]);        % 图形范围
% 将 P 点在各时间点上的 x、y 位移坐标赋给 u、v 向量
u = y(:,1);
v = y(:,3);
% 画 P 点运动的轨迹线及原点句柄
P = line(app.UIAxes2,u(1),v(1),'color','k','linestyle','-','linewidth',1);
ball = line(app.UIAxes2,0,0,'color','r','marker','.','markersize',20);
% 设置画 P 点的句柄
Pball = line(app.UIAxes2,u(1),v(1),'color','r','marker','.','markersize',20);
% 设置画 A 点的句柄
Aball = line(app.UIAxes2,x1(1),y1(1),'color','r','marker','.','markersize',20);
% 设置画 B 点的方形滑块句柄
Bball = line(app.UIAxes2,x2(1),0,'color','b','marker','s','markersize',10);
% 设置画 C 点的方形滑块句柄
Cball = line(app.UIAxes2,0,y3(1),'color','b','marker','s','markersize',10);
% 设置画 OA 杆的句柄
```

```
gan1 = line(app.UIAxes2,[0,x1(1)],[0,y1(1)],'color','g','linewidth',4);
% 设置画 BC 杆的句柄
gan2 = line(app.UIAxes2,[0,x2(1)],[y3(1),0],'color','g','linewidth',4);
% 画水平虚线
line(app.UIAxes2,[-2.2*l,2.2*l],[0,0],'color','k','linestyle','--','linewidth',2);
% 画竖直虚线
line(app.UIAxes2,[0,0],[-2.2*l,2.2*l],'color','k','linestyle','--','linewidth',2);
xlabel(app.UIAxes2,'米(m)');                              % x 坐标单位
ylabel(app.UIAxes2,'米(m)');                              % y 坐标单位
% 把上述句柄动态赋值形成动画
for i = 1:length(y)
set(P,'xdata',u(i),'ydata',v(i));
set(ball,'xdata',0,'ydata',0);
set(Pball,'xdata',u(i),'ydata',v(i));
set(Aball,'xdata',x1(i),'ydata',y1(i));
set(Bball,'xdata',x2(i),'ydata',0);
set(Cball,'xdata',0,'ydata',y3(i));
set(gan1,'xdata',[0,x1(i)],'ydata',[0,y1(i)]);
set(gan2,'xdata',[0,x2(i)],'ydata',[y3(i),0]);
drawnow                                                   % 清除原位置对象,刷新屏幕
end
% 画出 P 点椭圆的红色轨迹
line(app.UIAxes2,u,v,'color','r')
end
```

(9)【查询】回调函数

```
function ChaXun(app, event)
y = app.y;                                                % 私有属性数据 y
t = app.t;                                                % 私有属性数据 t
tt = app.EditField_3.Value;                               % 取出查询时间
monit = app.EditField_2.Value;     % 取出模拟时间
if tt >= monit                                            % 如果查询时间大于模拟时间则提示!
msgbox('查询时间不能大于等于仿真时间!','友情提示');
else
i = find(t == tt);                                        % 在时间向量中找出查询时刻对应的 t 数据序号
% 分别写入 x 位移、y 位移、x 速度、y 速度
app.XEditField.Value = y(i,1);
app.YEditField.Value = y(i,3);
app.VxEditField.Value = y(i,2);
app.VyEditField.Value = y(i,4);
end
end
```

7.3 案例 32——牛头刨床机构 App 设计

7.3.1 牛头刨床机构运动学理论分析

1. 建立数学模型

图 7.3.1 所示为牛头刨床机构。已知 $O_1O_2 = O_1A\sqrt{3} = r\sqrt{3}$,$O_2B = l$,$O_1A$ 以角速度 ω

匀速转动以带动 O_2B 运动,并最终带动滑枕 CD 运动,研究刨床机构运动规律。

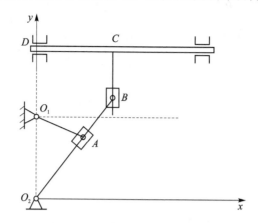

图 7.3.1　牛头刨床机构原理图

图 7.3.2 所示为点 A 速度合成示意图:

$$V_a = V_e + V_r \tag{7-3-1}$$

式中:

$$V_e = O_2A \frac{\mathrm{d}\theta}{\mathrm{d}t} \tag{7-3-2}$$

$$V_a = r\omega \tag{7-3-3}$$

O_2A 可以用正弦定理来计算。因而可以得到如下方程:

$$\frac{\mathrm{d}\theta}{\mathrm{d}t} = \frac{\cos\theta\sin(90°+\phi-\theta)}{\sin(90°+\phi)}\omega \tag{7-3-4}$$

$$\frac{\mathrm{d}^2\theta}{\mathrm{d}t^2} = \frac{\omega^2\sin\theta\cos\theta - \omega\frac{\mathrm{d}\theta}{\mathrm{d}t}\cos\phi\sin(2\theta-\phi)}{\sin^2(90°+\phi)} \tag{7-3-5}$$

再以 B 点为动点,CD 为动系,如图 7.3.3 所示点 B 速度合成示意图,可知:

$$V_C = V_e = -V_a\sin\theta \tag{7-3-6}$$

式中:

$$V_a = l\frac{\mathrm{d}\theta}{\mathrm{d}t} \tag{7-3-7}$$

$$V_C = -l\frac{\mathrm{d}\theta}{\mathrm{d}t}\sin\theta \tag{7-3-8}$$

$$a_C = -l\frac{\mathrm{d}^2\theta}{\mathrm{d}t^2}\sin\theta - l\left(\frac{\mathrm{d}\theta}{\mathrm{d}t}\right)^2\cos\theta \tag{7-3-9}$$

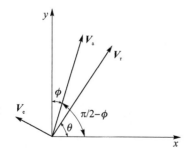

图 7.3.2　点 A 速度合成示意图

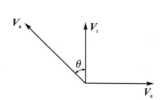

图 7.3.3　点 B 速度合成示意图

设：$y_1 = \boldsymbol{\phi}$，$y_2 = \dfrac{\mathrm{d}\boldsymbol{\phi}}{\mathrm{d}t}$，$y_3 = \boldsymbol{\theta}$，$y_4 = \dfrac{\mathrm{d}\boldsymbol{\theta}}{\mathrm{d}t}$，$y_5 = \boldsymbol{x}_C$，$y_6 = \dfrac{\mathrm{d}\boldsymbol{x}_C}{\mathrm{d}t}$，定义一个含有 6 个列向量的矩阵 $\begin{bmatrix} \boldsymbol{y}_1 & \boldsymbol{y}_2 & \boldsymbol{y}_3 & \boldsymbol{y}_4 & \boldsymbol{y}_5 & \boldsymbol{y}_6 \end{bmatrix}$ 用来保存 6 个运动变量在各个时间点上的取值。初始运动变量为 $\theta = 0$，$\phi = \dfrac{\pi}{3}$。

可推导出：$\boldsymbol{y}_0 = \left[0, \omega, \dfrac{\pi}{3}, \dfrac{\omega}{4}, \dfrac{l}{2}, -\dfrac{\sqrt{3}}{8} l\omega \right]$，则运动微分方程如下：

$$\begin{cases} \dfrac{\mathrm{d}y_1}{\mathrm{d}t} = y_2 \\[2mm] \dfrac{\mathrm{d}y_2}{\mathrm{d}t} = 0 \\[2mm] \dfrac{\mathrm{d}y_3}{\mathrm{d}t} = y_4 \\[2mm] \dfrac{\mathrm{d}y_4}{\mathrm{d}t} = \dfrac{\omega^2 \sin y_3 \cos y_3 - y_4 \omega \cos y_1 \sin(2y_3 - y_1)}{\sin^2(90° + y_1)} \\[2mm] \dfrac{\mathrm{d}y_5}{\mathrm{d}t} = y_6 \\[2mm] \dfrac{\mathrm{d}y_6}{\mathrm{d}t} = l \dfrac{-\omega^2 \sin^2 y_3 \cos y_3 + y_4 \omega \cos y_1 \sin y_3 \sin(2y_3 - y_1)}{\sin^2(90° + y_1)} - l y_4^2 \cos y_3 \end{cases}$$

$$(7 - 3 - 10)$$

2. 建立 MATLAB 函数

```
% 微分方程函数句柄
F = @(t,y)[y(2);
    0;
    y(4);
    (cos(y(3)) * sin(y(3)) * omega^2)/(sin(pi/2 + y(1))^2) - (cos(y(1)) * ...
    sin( - y(1) + 2 * y(3)) * y(4) * omega)/(sin(pi/2 + y(1))^2);
    y(6);
    ( - 1 * cos(y(3)) * sin(y(3))^2 * omega^2)/(sin(pi/2 + y(1))^2) + ...
    (1 * cos(y(1)) * sin((1 * cos(y(1)) * sin(y(3)) * sin( - y(1) + 2 * y(3))...
    * y(4) * omega)/(sin(pi/2 + y(1))^2) - 1 * cos(y(3)) * y(4)^2];
```

7.3.2 牛头刨床机构 App 设计

1. App 窗口设计

牛头刨床机构 App 窗口设计如图 7.3.4 所示。

2. App 窗口布局和参数设计

牛头刨床机构 App 窗口布局如图 7.3.5 所示，窗口对象属性参数如表 7.3.1 所列。

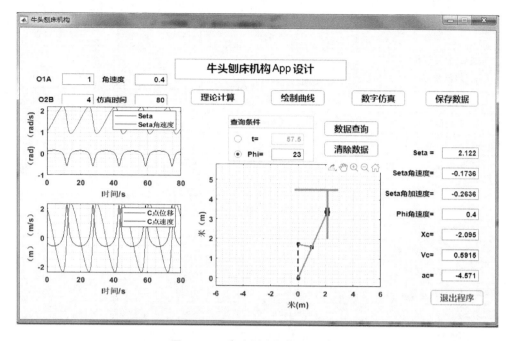

图 7.3.4   牛头刨床机构 App 窗口

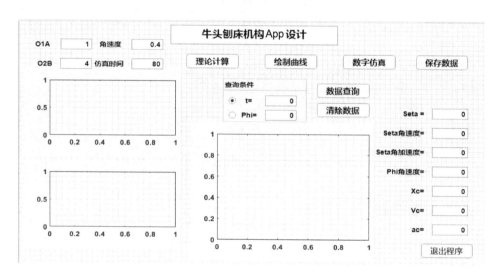

图 7.3.5   牛头刨床机构 App 窗口布局

表 7.3.1   牛头刨床机构窗口对象属性参数

窗口对象	对象名称	字 码	回调(函数)
编辑字段(O1A)	app. O1AEditField	14	
编辑字段(O2B)	app. O2BEditField	14	
编辑字段(角速度)	app. EditField_3	14	
编辑字段(仿真时间)	app. EditField_4	14	
按钮(理论计算)	app. Button	16	LiLunJiSuan
按钮(绘制曲线)	app. Button_2	16	HuiZhiQuXian

253

窗口对象	对象名称	字　码	回调(函数)
按钮(数字仿真)	app. Button_3	16	DongHuaMoNI
按钮(保存数据)	app. Button_4	16	BaoCunShuJu
按钮(数据查询)	app. Button_5	16	ShuJuChaXun
按钮(清除数据)	app. Button_6	16	QingChuShuJu
按钮(退出程序)	app. Button_6	16	TuiChuChengXu
面板(查询条件)	app. ButtonGroup	14	
编辑字段(t)	app. EditField_5	14	
编辑字段(Phi)	app. EditField_6	14	
单选按钮(t)	app. tButton	14	
单选按钮(Phi)	app. PhiButton	14	
编辑字段(Seta)	app. SetaEditField	14	
编辑字段(Seta 角速度)	app. SetaEditField_2	14	
编辑字段(Seta 角加速度)	app. SetaEditField_3	14	
编辑字段(Phi 角速度)	app. PhiEditField	14	
编辑字段(Xc)	app. XcEditField	14	
编辑字段(Vc)	app. VcEditField	14	
编辑字段(ac)	app. acEditField	14	
坐标区(位移曲线)	app. UIAxes	14	
坐标区(速度曲线)	app. UIAxes2	14	
坐标区(加速度曲线)	app. UIAxes3	14	
文本区域(……App 设计)	app. TextArea	20	
窗口(牛头刨床机构)	app. UIFigure		

注：此表中编辑字段皆为"编辑字段(数值)"。

3. 本 App 程序设计细节解读

(1) 私有属性创建

在【代码视图】→【编辑器】状态下,单击【属性】→【私有属性】,建立私有属性空间。

```
properties (Access = private)
% 以下私有属性仅供在本 App 中调用,未标注可根据程序确定
r;                                              % O1A 曲柄长度
l;                                              % O2B 长度
omega1;                                         % 曲柄角速度
t;                                              % 时间
y;                                              % 运动矩阵
tfinal1;                                        % 仿真时间
rr;                                             % 含义见程序中
ll;                                             % 含义见程序中
```

```
xa;                                          % 含义见程序中
ya;                                          % 含义见程序中
xb;                                          % 含义见程序中
yb;                                          % 含义见程序中
y_1;                                         % 含义见程序中
a1;                                          % 含义见程序中
a11;                                         % 含义见程序中
a12;                                         % 含义见程序中
end
```

（2）设置窗口启动回调函数

在【编辑器】→【App 输入参数】状态下，启动回调函数，将其中参数设置为 startupFcn（app，ydx6）（注：此处名称 ydx6 可任意选取），单击【OK】按钮，然后编辑子函数。

```
function startupFcn(app, ydx6)
  % 程序启动后进行必要的设置
  app.Button_2.Enable = 'off';               % 关闭"绘制曲线"使能
  app.Button_3.Enable = 'off';               % 关闭"动画曲线"使能
  app.Button_4.Enable = 'off';               % 关闭"保存数据"使能
  app.Button_5.Enable = 'off';               % 关闭"数据查询"使能
  app.tButton.Enable = 'off';                % 关闭"查询时间"使能
  app.PhiButton.Enable = 'off';              % 关闭"Phi 查询"使能
  app.EditField_5.Enable = 'off';            % 关闭"时间查询"使能
  app.EditField_6.Enable = 'off';            % 关闭"Phi 查询"使能
  % 时间单选按钮 Value 的 logical 值
  app.a1 = app.tButton.Value;
  a1 = app.a1;                               % 选中 a1,logical = 1;未选中 logical = 0
end
```

（3）【理论计算】回调函数

```
function LiLunJiSuan(app, event)
  % 运动微分方程的理论求解
  app.rr = app.O1AEditField.Value;           % 定义私有属性 O1A 杆长
  r = app.rr;                                % O1A 杆长数值
  app.ll = app.O2BEditField.Value;           % 定义私有属性 O2B 杆长
  l = app.ll;                                % O2B 杆长数值
  app.omega1 = app.EditField_3.Value;        % 定义私有属性曲柄角速度
  omega = app.omega1;                        % 角速度数值
  app.tfinal1 = app.EditField_4.Value;       % 定义私有属性仿真时间
  tfinal = app.tfinal1;                      % 模拟时间数值
  tbz = 2 * pi/omega;                        % 运行一个周期需要的时间 tbz
  % 微分方程的句柄 F
  F = @(t,y)[y(2);0;y(4);(cos(y(3)) * sin(y(3)) * omega^2)/...
  (sin(pi/2 + y(1))^2) - (cos(y(1)) * sin( - y(1) + 2 * y(3)) * y(4) * ...
  omega)/(sin(pi/2 + y(1))^2);y(6);...
  ( - l * cos(y(3)) * sin(y(3))^2 * omega^2)/(sin(pi/2 + y(1))^2) + (l * cos(y(1)) * ...
  sin(y(3)) * sin( - y(1) + 2 * y(3)) * y(4) * omega)/(sin(pi/2 + y(1))^2) - l * cos(y(3)) * y(4)^2];
  % 确定运动变量的初始值
  y0 = [0,omega,pi/3,omega/4,l/2, - l * omega * sqrt(3)/8];
  % 时间[0:0.01:tbz],至少运行一个周期
  [t1,y1] = ode45(F,[0:0.01:tbz],y0);
  n = fix(tfinal/tbz);                       % 计算模拟时间内可以完成几个整周期运动
  if n == 1                                  % n = 1,如果只能完成一个整周期运动
  y0 = [2 * pi,omega,pi/3,omega/4,l/2, - l * omega * sqrt(3)/8];   % 初值矩阵
```

```matlab
                                                      % 求解微分方程
[t2,y2] = ode45(F,[tbz:0.01:tfinal],y0);             % 时间[tbz:0.01:tfinal]
y = [y1;y2(2:end,:)];                                 % 获得的仿真数据
t = [t1;t2(2:end)];                                   % 获得的仿真数据
app.t = t;                                            % 定义私有属性时间变量 t
app.y = y;                                            % 定义私有属性运动矩阵变量 y
elseif n>1                                            % n>1,可以完成多于一个整周期运动
y = y1;
t = t1;
for i = 1:n-1
                                                      % 初值矩阵
y0 = [2 * i * pi,omega,pi/3,omega/4,1/2, - 1 * omega * sqrt(3)/8];
                                                      % 求解微分方程
                                                      % 时间[i * tbz:0.01:(i + 1) * tbz]
[t2,y2] = ode45(F,[i * tbz:0.01:(i + 1) * tbz],y0);
y = [y;y2(2:end,:)];                                  % 获得的仿真数据
t = [t;t2(2:end)];                                    % 获得的仿真数据
app.t = t;                                            % 定义私有属性时间变量 t
app.y = y;                                            % 定义私有属性运动矩阵变量 y
end
y0 = [2 * n * pi,omega,pi/3,omega/4,1/2, - 1 * omega * sqrt(3)/8];       % 初始矩阵
                                                      % 求解微分方程
[t3,y3] = ode45(F,[n * tbz:0.01:tfinal],y0);         % 时间[n * tbz:0.01:tfinal]
y = [y;y3(2:end,:)];                                  % 获得的仿真数据
t = [t;t3(2:end)];                                    % 获得的仿真数据
app.t = t;                                            % 定义私有属性时间变量 t
app.y = y;                                            % 定义私有属性运动矩阵变量 y
else
[t,y] = ode45(F,[0:0.01:tbz],y0);                     % n<1,如果模拟时间在一个周期内
app.t = t;                                            % 定义私有属性时间变量 t
app.y = y;                                            % 定义私有属性运动矩阵变量 y
end
                                                      % 计算加速度
arfa = (sin(y(:,3)). * cos(y(:,3)) * omega^2 - cos(y(:,1)). * sin(2 * y(:,3) - y(:,1))...
                     . * y(:,4) * omega)./(sin(pi/2 + y(:,1)).^2);
ac = 1 * (cos(y(:,1)). * sin(y(:,3)). * sin(2 * y(:,3) - y(:,1)). * y(:,1) * omega - cos(y(:,3))...
. * sin(y(:,3)).^2 * omega^2)./(sin(pi/2 + y(:,1)).^2) - 1 * cos(y(:,3)). * y(:,4).^2;
y_1 = [y,arfa,ac];                                    % 增加加速度的矩阵 y_1
app.y_1 = y_1;                                         % 矩阵 y_1 的私有属性设定
xa = r * cos(y(:,1));                                  % 为动画仿真准备
app.xa = xa;                                           % 私有属性
ya = sqrt(3) * r + r * sin(y(:,1));                    % 为动画仿真准备
app.ya = ya;                                           % 私有属性
xb = 1 * cos(y(:,3));                                  % 为动画仿真准备
app.xb = xb;                                           % 私有属性
yb = 1 * sin(y(:,3));                                  % 为动画仿真准备
app.yb = yb;                                           % 私有属性
app.Button_2.Enable = 'on';                            % 开启"绘制曲线"使能
app.Button_3.Enable = 'on';                            % 开启"动画曲线"使能
app.Button_4.Enable = 'on';                            % 开启"保存数据"使能
app.Button_5.Enable = 'on';                            % 开启"数据查询"使能
app.tButton.Enable = 'on';                             % 开启"查询时间"使能
app.PhiButton.Enable = 'on';                           % 开启"Phi 查询"使能
app.EditField_5.Enable = 'on';                         % 开启"时间查询"使能
end
```

（4）【绘制曲线】回调函数

```
function HuiZhiQuXian(app, event)
% 绘制图形曲线
cla(app.UIAxes)                                    % 清除原有图形
cla(app.UIAxes2)                                   % 清除原有图形
t = app.t;                                         % 私有属性时间数据 t
y = app.y;                                         % 私有属性运动变量数据 y
% 以时间为横坐标,以 Seta、Seta 角速度为纵坐标作图
plot(app.UIAxes,t,y(:,3),'r',t,y(:,4),'b')
xlabel(app.UIAxes,'时间/s');                        % x 坐标单位标注
ylabel(app.UIAxes,'(rad) (rad/s)');                % y 坐标单位标注
legend(app.UIAxes,'Seta','Seta 角速度');            % 图形图例
% 以时间为横坐标,以 x 方向速度、y 方向速度为纵坐标作图
plot(app.UIAxes2,t,y(:,5),'r',t,y(:,6),'b')
xlabel(app.UIAxes2,'时间/s');                       % x 坐标单位标注
ylabel(app.UIAxes2,'(m) (m/s)');                   % y 坐标单位标注
legend(app.UIAxes2,'C 点位移','C 点速度');           % 图形图例
end
```

（5）【退出程序】回调函数

```
function TuiChu(app, event)
% 关闭程序窗口
sel = questdlg('确认关闭窗口？','关闭确认','Yes','No','No');
switch sel;
case'Yes'
delete(app);
case'No'
return
end
end
```

（6）【数字仿真】回调函数

```
function DongHuaMoNI(app, event)
% 动画模拟仿真
% 本函数中应用的私有属性变量
y_1 = app.y_1;
xa = app.xa;
ya = app.ya;
xb = app.xb;
yb = app.yb;
r = app.rr;
l = app.ll;
cla(app.UIAxes3);                                         % 清除原有图形
% 动画图形范围
axis(app.UIAxes3,[-l*1.5 l*1.5 -0.1*l 1.2*l+1]);
% 设置画原点 O 的句柄
line(app.UIAxes3,0,0,'color','r','marker','.','markersize',20);
% 画 O1 和 O2 支座
line(app.UIAxes3,0,sqrt(3)*r,'color','r','marker','.','markersize',20);
% 在支座间画一条虚线
line(app.UIAxes3,[0,0],[-0.1*r,(0.1+sqrt(3))*r],'color','k','linestyle','--','linewidth',1);
```

```
% 设置模拟 A 点运动的句柄
balla = line(app.UIAxes3,xa(1),ya(1),'color','b','marker','.','markersize',15);
% 设置模拟 B 点运动的句柄
ballb = line(app.UIAxes3,xb(1),yb(1),'color','r','marker','.','markersize',30);
% 设置模拟 O1A 杆运动的句柄
gan1 = line(app.UIAxes3,[0,xa(1)],[sqrt(3) * r,ya(1)],'color','g','linewidth',2)
% 设置模拟 O2B 杆运动的句柄
gan2 = line(app.UIAxes3,[0,xb(1)],[0,yb(1)],'color','g','linewidth',2);
% 设置模拟套筒运动的句柄
gan3 = line(app.UIAxes3,[xb(1),xb(1)],[yb(1) - 0.05 * l,yb(1) - 0.05 * l],'color','b','linewidth',6);
% 设置模拟滑枕竖杆运动的句柄
gan4 = line(app.UIAxes3,[xb(1),xb(1)],[2 * r,l + 0.05 * r],'color','g','linewidth',3);
% 设置模拟滑枕水平杆运动的句柄
gan5 = line(app.UIAxes3,[xb(1) - 0.6 * l,xb(1) + 0.2 * l],[l + 0.5 * r,l + 0.05 * r],'color','g',
'linewidth',3);
xlabel(app.UIAxes3,'米(m)');                      % x 坐标单位标注
ylabel(app.UIAxes3,'米(m)');                      % y 坐标单位标注
% 把上述句柄动态赋值形成动画
n = length(y_1);
for i = 1:n
set(balla,'xdata',xa(i),'ydata',ya(i));
set(ballb,'xdata',xb(i),'ydata',yb(i));
set(gan1,'xdata',[0,xa(i)],'ydata',[sqrt(3) * r,ya(i)]);
set(gan2,'xdata',[0,xb(i)],'ydata',[0,yb(i)]);
set(gan3,'xdata',[xb(i),xb(i)],'ydata',[yb(i) - 0.05 * l,yb(i) + 0.05 * l]);
set(gan4,'xdata',[xb(i),xb(i)],'ydata',[2 * r,l + 0.5 * r]);
set(gan5,'xdata',[xb(i) - 0.6 * l,xb(i) + 0.2 * l],'ydata',[l + 0.5 * r,l + 0.5 * r]);
drawnow                                          % 清除原位置对象,刷新屏幕
end
end
```

(7)【保存数据】回调函数

```
function BaoCunShuJu(app, event)
% 标准的保存数据程序
t = app.t;                    % 保存数据 t
y = app.y;                    % 保存数据 y
[filename,filepath] = uiputfile('* .xls');
% 如果输入文件名字框为"空",则转 end
if isequal(filename,0) || isequal(filepath,0)
else
str = [filepath,filename];
fopen(str);
xlswrite(str,t,'Sheet1','B1');
xlswrite(str,y,'Sheet1','C1');
fclose('all');
end
end
```

(8)【数据查询】回调函数

```
function ShuJuChaXun(app, event)
% 查询计算过程程序
```

```
y_1 = app. y_1;                                          % 私有属性运动向量 y_1
t = app. t;                                              % 私有属性时间 t
a1 = app. a1;                                            % "时间"选择按钮
app. a11 = app. EditField_5. Value;                      % 取出 t 查询数据
a11 = app. a11;                                          % t 时间数值
app. a12 = app. EditField_6. Value;                      % 取出 Phi 查询数据
a12 = app. a12;                                          % Phi 转角数值
if a11 == 0&a12 == 0                                     % 如果 t 和 Phi 数据框中都为 0
msgbox('t 和 Phi 不能同时为零！','友情提示');
else
% 单选"时间"(a1)选中 logical = 1,向下执行;
% 未选中 logical = 0,转 else
if a1
tt = a11;                                                % 以"t"查询
monit = app. EditField_4. Value;                         % 取出"模拟时间"
if tt >= monit                                           % 如果查询时间大于模拟时间
msgbox('查询时间不能大于等于模拟时间！','友情提示');
else                                                     % 满足可查询条件
% 找出查询时刻对应的数据
a = find(t >= tt);
i = a(1);
ii = a(1) - 1;
m = (tt - t(ii))/(t(i) - t(ii));
n = 1 - m;
% 分别写入如下数字框中
% 时间对应的查询 Phi 角
app. EditField_6. Value = m * y_1(i,1) + n * y_1(ii,1);
app. SetaEditField. Value = m * y_1(i,3) + n * y_1(ii,3);      % Seta 角
app. SetaEditField_2. Value = m * y_1(i,4) + n * y_1(ii,4);    % Seta 角速度
app. PhiEditField. Value = m * y_1(i,2) + n * y_1(ii,2);       % Phi 角速度
app. XcEditField. Value = m * y_1(i,5) + n * y_1(ii,5);        % Xc
app. VcEditField. Value = m * y_1(i,6) + n * y_1(ii,6);        % Vc
app. acEditField. Value = m * y_1(i,8) + n * y_1(ii,8);        % ac
app. SetaEditField_3. Value = m * y_1(i,7) + n * y_1(ii,7);    % Seta 角加速度
else
% 转角查询要注意输入查询转角数值大小
% 如果超出运行时间的转角范围程序会报错!
phi = a12;                                               % 以"Phi"查询对应数据
a = find(y_1(:,1) >= phi);
i = a(1);
ii = a(1) - 1;
m = (phi - y_1(ii,1))/(y_1(i,1) - y_1(ii,1));
n = 1 - m;
% 分别写入如下数字框中
app. EditField_5. Value = m * t(i) + n * t(ii);               % 时间查询数字框
app. SetaEditField. Value = m * y_1(i,3) + n * y_1(ii,3);     % Seta 角
app. SetaEditField_2. Value = m * y_1(i,4) + n * y_1(ii,4);   % Seta 角速度
app. PhiEditField. Value = m * y_1(i,2) + n * y_1(ii,2);      % Phi 角速度
app. XcEditField. Value = m * y_1(i,5) + n * y_1(ii,5);       % Xc
app. VcEditField. Value = m * y_1(i,6) + n * y_1(ii,6);       % Vc
app. acEditField. Value = m * y_1(i,8) + n * y_1(ii,8);       % ac
app. SetaEditField_3. Value = m * y_1(i,7) + n * y_1(ii,7);   % Seta 角加速度
end
end
end
```

(9)【单选按钮组】回调函数

对【查询条件】启动【回调】函数,对【单选按钮组】做如下预设,从而确定查询的顺序。

```
function ButtonGroupSelectionChanged(app, event)
    % 按钮选择预设
    % 取时间单选按钮 Value 的 logical 值
    app.a1 = app.tButton.Value;
    a1 = app.a1;                              % a1 选中 logical = 1;未选中 logical = 0
    if a1                                     % a1 = 1 执行
    app.EditField_5.Enable = 'on';            % 开启"时间数据"框使能
    app.EditField_6.Enable = 'off';           % 关闭"转角数据"框使能
    else                                      % a1 = 0 执行
    app.EditField_5.Enable = 'off';           % 关闭"转角数据"框使能
    app.EditField_6.Enable = 'on';            % 开启"时间数据"框使能
    end
end
```

(10)【清除数据】回调函数

```
function QingChuShuJu(app, event)
    % 显示数据清 0
    app.EditField_5.Value = 0;
    app.EditField_6.Value = 0;
    app.SetaEditField.Value = 0;
    app.SetaEditField_2.Value = 0;
    app.PhiEditField.Value = 0;
    app.XcEditField.Value = 0;
    app.VcEditField.Value = 0;
    app.acEditField.Value = 0;
    app.SetaEditField_3.Value = 0;
end
```

7.4 案例 33——轻型杠杆式推钢机 App 设计

7.4.1 推钢机机构运动学理论分析

1. 建立数学模型

如图 7.4.1 所示为轻型杠杆式推钢机机构。已知:$OA = r, AB = \sqrt{3}\,r, O_1B = \dfrac{2}{\sqrt{3}}\,r, O_1$ 到 EC 杆的距离为 $h = 5\sqrt{3}\,r, EC = 10r$。曲柄 OA 以角速度 ω_1 匀速转动并通过连杆 AB 带动摇杆 O_1B 绕 O_1 轴摆动,杆 EC 以铰链与滑块 C 相连,滑块 C 可以沿着杆 O_1B 滑动。摇杆摆动时带动杆 EC 推动钢材。初始时刻 OA 平行于 y 轴,AB 平行于 x 轴,O_1B 与 x 轴的夹角为 $60°$。研究杠杆式推钢机机构运动规律。

设 OA、AB 和 O_1B 与 x 轴正方向的夹角分别为 θ_1、θ_2 和 θ_3。选择 AB 为研究对象,以 A 为基点、B 为动点,用刚体平面运动的基点法进行分析,其速度分解见图 7.4.2。其中,V_A、V_{BA}、V_B 与 x 轴正方向的夹角分别为 $\dfrac{\pi}{2} + \theta_1$、$\dfrac{\pi}{2} + \theta_2$、$\dfrac{\pi}{2} + \theta_3$。

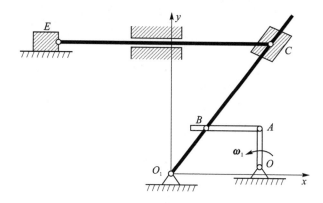

图 7.4.1　推钢机机构原理图

根据基点法：$\boldsymbol{V}_B = \boldsymbol{V}_A + \boldsymbol{V}_{BA}$，其中 $\boldsymbol{V}_A = r\boldsymbol{\omega}_1$，向 $\boldsymbol{V}_B$ 和垂直于 $\boldsymbol{V}_B$ 的方向分解可得

$$\begin{cases} V_A\sin(\theta_1-\theta_3) + V_{BA}\sin(\theta_2-\theta_3) = 0 \\ V_A\cos(\theta_1-\theta_3) + V_{BA}\cos(\theta_2-\theta_3) = V_B \end{cases} \tag{7-4-1}$$

计算出 V_B 和 V_{BA}，整理结果如下：

$$\begin{cases} \omega_2 = -\dfrac{\sin(\theta_1-\theta_3)}{\sqrt{3}\sin(\theta_2-\theta_3)}\omega_1 \\[3mm] \omega_3 = \dfrac{3\cos(\theta_1-\theta_3)}{10}\omega_1 + \dfrac{3\sqrt{3}\cos(\theta_2-\theta_3)}{10}\omega_2 \end{cases} \tag{7-4-2}$$

对式(7-4-2)微分并化简得：

$$a_2 = -\frac{\omega_1}{\sqrt{3}\sin^2(\theta_2-\theta_3)}\big[\omega_1\sin(\theta_2-\theta_3)\cos(\theta_1-\theta_3) -$$
$$\omega_2\sin(\theta_1-\theta_3)\cos(\theta_2-\theta_3) + \omega_3\sin(\theta_1-\theta_3)\big] \tag{7-4-3}$$

$$a_3 = -\frac{3r\omega_1}{2l}(\omega_1-\omega_3)\sin(\theta_1-\theta_3) - \frac{3\sqrt{3}r\omega_2}{2l}(\omega_2-\omega_3)\sin(\theta_2-\theta_3) +$$
$$\frac{3r\omega_1\cos(\theta_2-\theta_3)}{2l\sin^2(\theta_2-\theta_3)}\big[\omega_1\sin(\theta_2-\theta_3)\cos(\theta_1-\theta_3) -$$
$$\omega_2\sin(\theta_1-\theta_3)\cos(\theta_2-\theta_3) - \omega_3\sin(\theta_1-\theta_2)\big] \tag{7-4-4}$$

再以 C 点为研究对象见图 7.4.3，运用点的速度合成定理有：

$$\boldsymbol{V}_C = \boldsymbol{V}_a = \boldsymbol{V}_e + \boldsymbol{V}_r \tag{7-4-5}$$

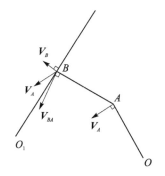

图 7.4.2　A、B 点速度分解图

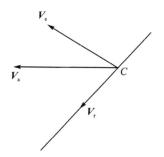

图 7.4.3　C 点速度分解图

式中：

$$V_e = \frac{h}{\sin\theta_3}\omega_3 \qquad (7-4-6)$$

可以计算出：

$$V_C = -\frac{h}{\sin^2\theta_3}\omega_3 \qquad (7-4-7)$$

对式（7-4-7）求导可得

$$a_C = \frac{2h\cos\theta_3}{\sin^3\theta_3}\omega_3^2 - \frac{h}{\sin^2\theta_3}a_3 \qquad (7-4-8)$$

设：$y_1=\theta_1$，$y_2=\dfrac{\mathrm{d}\theta_1}{\mathrm{d}t}$，$y_3=\theta_2$，$y_4=\dfrac{\mathrm{d}\theta_2}{\mathrm{d}t}$，$y_5=\theta_3$，$y_6=\dfrac{\mathrm{d}\theta_3}{\mathrm{d}t}$，定义一个含有 6 个列向量的矩阵 $[\,y_1 \quad y_2 \quad y_3 \quad y_4 \quad y_5 \quad y_6\,]$ 用来保存 6 个运动变量在各个时间点上的取值。C 点的位移、速度和加速度可以由 O_1C 的转角 θ_3、角速度 ω_3 和角加速度 a_3 确定，之后可由以上相关公式计算。

初始运动变量为 $y_0 = \left[\dfrac{\pi}{2} \quad \omega_1 \quad \pi \quad \dfrac{\omega_1}{3} \quad \dfrac{\pi}{3} \quad \dfrac{\sqrt{3}}{3}\omega_1\right]$，则运动微分方程如下：

$$
\begin{cases}
\dfrac{\mathrm{d}y_1}{\mathrm{d}t} = y_2 \\
\dfrac{\mathrm{d}y_2}{\mathrm{d}t} = 0 \\
\dfrac{\mathrm{d}y_3}{\mathrm{d}t} = y_4 \\
\dfrac{\mathrm{d}y_4}{\mathrm{d}t} = -\dfrac{y_2}{\sqrt{3}\sin^2(y_3-y_5)}[y_2\sin(y_3-y_5)\cos(y_1-y_5) - y_4\sin(y_1-y_5)\cos(y_3-y_5) + \\
\qquad y_6\sin(y_1-y_3)] \\
\dfrac{\mathrm{d}y_5}{\mathrm{d}t} = y_6 \\
\dfrac{\mathrm{d}y_6}{\mathrm{d}t} = -\dfrac{3ry_2}{2l}(y_2-y_6)\sin(y_1-y_5) - \dfrac{3\sqrt{3}ry_4}{2l}(y_4-y_6)\sin(y_3-y_5) + \dfrac{3r\omega\cos(y_3-y_5)}{2l\sin^2(y_3-y_5)} \cdot \\
\qquad [y_2\sin(y_3-y_5)\cos(y_1-y_5) - y_4\sin(y_1-y_5)\cos(y_3-y_5) + y_6\sin(y_1-y_3)]
\end{cases}
$$

$$(7-4-9)$$

2. 建立 MATLAB 子函数

```
%微分方程函数句柄
F = @(t,y)[y(2);
    0;
    y(4);
        omega * (sin(y(1) - y(5)) * cos(y(3) - y(5)) * y(4) - sin(y(3) - y(5))...
        * cos(y(1) - y(5)) * y(2) - sin(y(1) - y(3)) * y(6))/(sqrt(3) * sin(y(3) - y(5))^2);y(6);
        - (3 * omega * sin(y(1) - y(5)) * (y(2) - y(6)))/10 - 3 * sqrt(3) * y(4) * sin(y(3) -
        y(5)) * (y(4) - y(6))/10 + 3 * y(2) * cos(y(3) - y(5)) * ...
        (sin(y(1) - y(5)) * cos(y(3) - y(5)) * y(4) - sin(y(3) - y(5))...
        * cos(y(1) - y(5)) * y(2) - sin(y(1) - y(3)) * y(6))/(10 * sin(y(3) - y(5))^2)];
```

7.4.2 轻型杠杆式推钢机 App 设计

1. App 窗口设计

轻型杠杆式推钢机 App 窗口设计如图 7.4.4 所示。

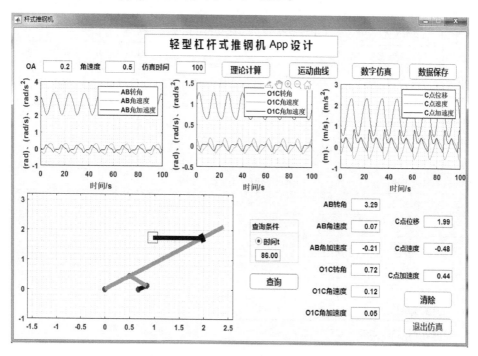

图 7.4.4 轻型杠杆式推钢机 App 窗口

2. App 窗口布局和参数设计

轻型杠杆式推钢机 App 窗口布局如图 7.4.5 所示,窗口对象属性参数如表 7.4.1 所列。

表 7.4.1 轻型杠杆式推钢机窗口对象属性参数

窗口对象	对象名称	字 码	回调(函数)
编辑字段(OA)	app. OAEditField	14	
编辑字段(角速度)	app. EditField_2	14	
编辑字段(仿真时间)	app. EditField_3	14	
按钮(理论计算)	app. Button	16	LiLunJiSuan
按钮(运动曲线)	app. Button_2	16	YunDongQuXian
按钮(数字仿真)	app. Button_3	16	ShuZiFangZhen
按钮(保存数据)	app. Button_4	16	ShuJuBaoCun
按钮(查询)	app. Button_5	16	ChaXun
按钮(清除)	app. Button_6	16	QingChu
按钮(退出仿真)	app. Button_7	16	TuiChuFangZhen

窗口对象	对象名称	字码	回调（函数）
面板（查询条件）	app. ButtonGroup	14	
编辑字段（时间 t）	app. EditField_4	14	
单选按钮（时间 t）	app. tButton	14	
编辑字段（AB 转角）	app. ABEditField	14	
编辑字段（AB 角速度）	app. ABEditField_2	14	
编辑字段（AB 角加速度）	app. ABEditField_3	14	
编辑字段（O1C 转角）	app. O1CEditField	14	
编辑字段（O1C 角速度）	app. O1CEditField_2	14	
编辑字段（O1C 角加速度）	app. O1CEditField_3	14	
编辑字段（C 点位移）	app. CEditField	14	
编辑字段（C 点速度）	app. CEditField_2	14	
编辑字段（C 点加速度）	app. CEditField_3	14	
坐标区（AB 曲线）	app. UIAxes	14	
坐标区（O1C 曲线）	app. UIAxes_2	14	
坐标区（C 点曲线）	app. UIAxes－3	14	
坐标区（动画曲线）	app. UIAxes_4	14	
文本区域（……App 设计）	app. TextArea	20	
窗口（杆式推钢机）	app. UIFigure		

注：此表中编辑字段皆为"编辑字段（数值）"。

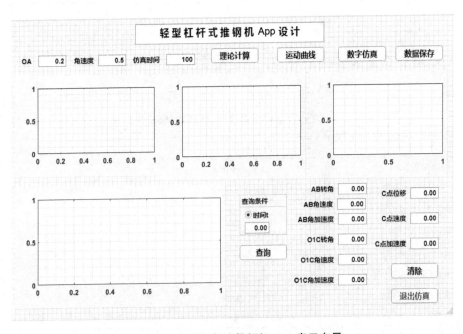

图 7.4.5　轻型杠杆式推钢机 App 窗口布局

3. 本 App 程序设计细节解读

(1) 私有属性创建

在【代码视图】→【编辑器】状态下，单击【属性】→【私有属性】，建立私有属性空间。

```
properties (Access = private)
  % 以下私有属性仅供在本 App 中调用,未标注可根据程序确定
  y;                                              % 运动矩阵
  t;                                              % 时间向量
  r;                                              % OA 曲柄长度
  omega;                                          % 曲柄角速度
  tfinal;                                         % 仿真时间
  xo;                                             % 含义见程序中
  yo;                                             % 含义见程序中
  xa;                                             % 含义见程序中
  ya;                                             % 含义见程序中
  xb;                                             % 含义见程序中
  yb;                                             % 含义见程序中
  xc;                                             % 含义见程序中
  xd;                                             % 含义见程序中
  yd;                                             % 含义见程序中
  xc1;                                            % 含义见程序中
  yc1;                                            % 含义见程序中
  xc2;                                            % 含义见程序中
  yc2;                                            % 含义见程序中
  xe;                                             % 含义见程序中
end
```

(2) 设置窗口启动回调函数，保留"理论计算"等使能

在【编辑器】→【App 输入参数】状态下，启动回调函数，将其中参数设置为 startupFcn（app，ydx9）（注：此处名称 ydx9 可任意选取），单击【OK】按钮，然后编辑子函数。

```
function startupFcn(app, ydx9)
  % 程序启动后进行必要的设置
  app.EditField_4.Enable = 'off';                 % 关闭"时间"使能
  app.tButton.Enable = 'off';                     % 关闭"t = "按钮使能
  app.Button_5.Enable = 'off';                    % 关闭"查询"使能
  app.Button_2.Enable = 'off';                    % 关闭"运动曲线"使能
  app.Button_3.Enable = 'off';                    % 关闭"数字仿真"使能
  app.Button_4.Enable = 'off';                    % 关闭"保存数据"使能
end
```

(3)【理论计算】回调函数

```
function LiLunJiSuan(app, event)
  % 运动微分方程的理论求解
  app.r = app.OAEditField.Value;                  % 定义私有属性 OA 杆长
  r = app.r;                                      % OA 曲柄杆长的数值
  app.omega = app.EditField_2.Value;              % 定义私有属性角速度
  omega = app.omega;                              % omega 的数值
  app.tfinal = app.EditField_3.Value;             % 定义私有属性仿真时间
  tfinal = app.tfinal;                            % tfinal 数值
  l = 10 * r;
  tbz = 2 * pi/omega;                             % 一个周期时间
```

```
%组成运动变量初始值
y0 = [pi/2,omega,pi, - omega/3,pi/3,sqrt(3) * omega/5];
%建立求解微分方程句柄 F
F = @(t,y)[y(2);0;y(4);omega * (sin(y(1) - y(5)) * cos(y(3) - y(5)) * y(4) - sin(y(3) - y(5))...
 * cos(y(1) - y(5)) * y(2) - sin(y(1) - y(3)) * y(6))/(sqrt(3) * sin(y(3) - y(5))^2);y(6);
 - (3 * omega * sin(y(1) - y(5)) * (y(2) - y(6)))/10 - 3 * sqrt(3) * y(4) * ...
sin(y(3) - y(5)) * (y(4) - y(6))...
/10 + 3 * y(2) * cos(y(3) - y(5)) * (sin(y(1) - y(5)) * cos(y(3) - y(5)) * y(4) - sin(y(3) - y(5))...
 * cos(y(1) - y(5)) * y(2) - sin(y(1) - y(3)) * y(6))/(10 * sin(y(3) - y(5))^2)];
%运动微分方程求解,求出运动变量矩阵 y,
[t1,y1] = ode45(F,[0:0.01:tbz],y0);
y = y1;
t = t1;
n = fix(tfinal/tbz);
if n == 1;
[t2,y2] = ode45(F,[0:0.01:tbz],y0);
y = [y;y2(2:end,:)];
t = [t;t2(2:end)];
elseif n>1
y = y1;
t = t1;
for i = 1:n - 1;
[t2,y2] = ode45(F,[i * tbz:0.01:(i + 1) * tbz],y0);
y = [y;y2(2:end,:)];
t = [t;t2(2:end)];
end
[t3,y3] = ode45(F,[n * tbz:0.01:tfinal],y0);
y = [y;y3(2:end,:)];
t = [t;t3(2:end)];
else
[t,y] = ode45(F,[0:0.01:tbz],y0);
end
%计算 a2、a3
arfa2 = omega * (sin(y(:,1) - y(:,5)). * cos(y(:,3) - y(:,5)). * ...
y(:,4) - sin(y(:,3) - y(:,5)). * cos(y(:,1)...
 - y(:,5)). * y(:,2) - sin(y(:,1) - y(:,3)). * y(:,6))./(sqrt(3) * sin(y(:,3) - y(:,5)).^2);
arfa3 = - (3 * omega * sin(y(:,1) - y(:,5)). * (y(:,2) - y(:,6)))./10 - ...
3 * sqrt(3) * y(:,4). * sin(y(:,3) - y(:,5)). * (y(:,4) - y(:,6))./10 + ...
3 * sqrt(3) * y(:,2). * cos(y(:,3) - y(:,5)). * arfa2/10;
xc = (5 * sqrt(3) * r * cos(y(:,5)))./sin(y(:,5));        %C点位移
app. xc = xc;                                            %定义私有属性 C
xe = xc - 5 * r;                                         %E点位移
app. xe = xe;                                            %定义私有属性 E
vc = ( - 5 * sqrt(3) * r * y(:,6))./sin(y(:,5)).^2;      %C点速度
%C点加速度
ac = (10 * sqrt(3) * cos(y(:,5)). * y(:,6).^2)./(sin(y(:,5)).^3) - (5 * sqrt(3) * r * arfa3)./...
(sin(y(:,5)).^2);
y = [y,arfa2,arfa3,xc,vc,ac];                            %全部运动变量矩阵 y
app. y = y;                                              %定义私有属性 y
app. t = t;                                              %定义私有属性 t
xo = (5/3 + sqrt(3)) * r;                                %yo = 0
app. xo = xo;                                            %定义私有属性
xa = xo + r * cos(y(:,1));                               %A点坐标 xa
app. xa = xa;                                            %定义私有属性
ya = r * sin(y(:,1));                                    %A点坐标 ya
```

```
app.ya = ya;                                    % 定义私有属性
xb = 10 * r * cos(y(:,5))/3;                     % B 点坐标 xb
app.xb = xb;                                      % 定义私有属性
yb = 10 * r * sin(y(:,5))/3;                      % B 点坐标 yb
app.yb = yb;                                      % 定义私有属性
xd = 16 * r * cos(y(:,5));                         % C 点坐标 xd
app.xd = xd;                                       % 定义私有属性
yd = 16 * r * sin(y(:,5));                         % C 点坐标 yd
app.yd = yd;                                       % 定义私有属性
xc1 = xc - 0.3 * r * cos(y(:,5));
app.xc1 = xc1;                                     % 定义私有属性
yc1 = 5 * sqrt(3) * r - 0.3 * r * sin(y(:,5));
app.yc1 = yc1;                                     % 定义私有属性
xc2 = xc + 0.3 * r * cos(y(:,5));
app.xc2 = xc2;                                     % 定义私有属性
yc2 = 5 * sqrt(3) * r + 0.3 * r * sin(y(:,5));
app.yc2 = yc2;                                     % 定义私有属性
% 开启各种按钮使能
app.EditField_4.Enable = 'on';                     % 开启"时间"使能
app.tButton.Enable = 'on';                         % 开启"t = "按钮使能
app.Button_5.Enable = 'on';                        % 开启"查询"使能
app.Button_2.Enable = 'on';                        % 开启"运动曲线"使能
app.Button_3.Enable = 'on';                        % 开启"数字仿真"使能
app.Button_4.Enable = 'on';                        % 开启"保存数据"使能
end
```

（4）【运动曲线】回调函数

```
function YunDongQuXian(app, event)
% 绘制运动曲线图形
t = app.t;                                         % 调入私有属性时间向量 t
y = app.y;                                         % 调入私有属性运动变量矩阵 y
% 绘制 AB 转角、AB 角速度、AB 角加速度图形
plot(app.UIAxes,t,y(:,3),'r',t,y(:,4),'g',t,y(:,7),'b')
xlabel(app.UIAxes,'时间/s');                         % x 坐标标注
ylabel(app.UIAxes,'(rad)、(rad/s)、(rad/s^2)');        % y 坐标标注
legend(app.UIAxes,'AB 转角 ','AB 角速度 ','AB 角加速度 ');  % 图形图例
% 绘制 O1C 转角、O1C 角速度、O1C 角加速度图形
plot(app.UIAxes_2,t,y(:,5),'r',t,y(:,6),'g',t,y(:,8),'b')
xlabel(app.UIAxes_2,'时间/s');                        % x 坐标标注
ylabel(app.UIAxes_2,'(rad)、(rad/s)、(rad/s^2)');       % y 坐标标注
legend(app.UIAxes_2,'O1C 转角 ','O1C 角速度 ','O1C 角加速度 '); % 图形图例
% 绘制 C 点位移、C 点速度、C 点加速度图形
plot(app.UIAxes_3,t,y(:,9),'r',t,y(:,10),'g',t,y(:,11),'b')
xlabel(app.UIAxes_3,'时间/s');                         % x 坐标标注
ylabel(app.UIAxes_3,'(m)、(m/s)、(m/s^2)');             % y 坐标标注
legend(app.UIAxes_3,'C 点位移 ','C 点速度 ','C 点加速度 ');  % 图形图例
end
```

（5）【退出仿真】回调函数

```
function TuiChuFangZhen(app, event)
% 关闭程序窗口标准程序
sel = questdlg(' 确认关闭窗口？','关闭确认,','Yes','No','No');
switch sel;
case'Yes'
```

```
delete(app);
case'No'
return
end
end
```

(6)【数据保存】回调函数

```
function ShuJuBaoCun(app, event)
% 标准的保存数据程序
t = app.t;              % 被保存的数据 t
y = app.y;              % 被保存的数据 y
[filename,filepath] = uiputfile('*.xls');                    % 保存为 Excel 格式
% 判断输入文件名字框是否为"空",:"空"就结束
if isequal(filename,0) || isequal(filepath,0)
else
str = [filepath,filename];
fopen(str);
xlswrite(str,t,'Sheet1','B1');
xlswrite(str,y,'Sheet1','C1');
fclose('all');
end
end
```

(7)【数字仿真】回调函数

```
function ShuZiFangZhen(app, event)
% 动画数字仿真
% 私有属性变量调用
t = app.t;                              % 时间向量 t
y = app.y;                              % 运动变量矩阵 y
r = app.r;                              % OA 杆长度 1
xo = app.xo;                            % O 点坐标 xo,坐标 yo = 0(与 O1 同在水平线上)
xa = app.xa;                            % A 点坐标 x
ya = app.ya;                            % A 点坐标 y
xb = app.xb;                            % B 点坐标 x
yb = app.yb;                            % B 点坐标 y
xe = app.xe;                            % 滑块坐标
xc = app.xc;
xd = app.xd;
xc1 = app.xc1;
xc2 = app.xc2;
yc1 = app.yc1;
yc2 = app.yc2;
yd = app.yd;
cla(app.UIAxes_4);                      % 清除原有图形
axis(app.UIAxes_4,[-8*r 13*r -5*r 16*r]);    % 图形坐标轴范围
% 原点 O
line(app.UIAxes_4,0,0,'color','r','marker','.','markersize',30);
% O1 点
line(app.UIAxes_4,xo,0,'color','r','marker','.','markersize',30);
% A 点句柄
balla = line(app.UIAxes_4,xa(1),ya(1),'color','r','marker','.','markersize',30);
% B 点句柄
```

```
ballb = line(app.UIAxes_4,xb(1),yb(1),'color','r','marker','.','markersize',30)
% 滑块句柄
balle = line(app.UIAxes_4,xe(1),5 * sqrt(3) * r,'color','r','marker','s','markersize',20);
% C 点句柄
ballc = line(app.UIAxes_4,xc(1),5 * sqrt(3) * r,'color','r','marker','.','markersize',30);
% OA 杆句柄
gan1 = line(app.UIAxes_4,[xo,xa(1)],[0,ya(1)],'color','b','linewidth',6);
% AB 杆句柄
gan2 = line(app.UIAxes_4,[xa(1),xb(1)],[ya(1),yb(1)],'color','g','linewidth',6);
% OC 杆句柄
gan3 = line(app.UIAxes_4,[0,xd(1)],[0,yd(1)],'color','g','linewidth',6);
% 滑套句柄
gan4 = line(app.UIAxes_4,[xc1(1),xc2(1)],[yc1(1),yc2(1)],'color','b','linewidth',12);
% CE 杆句柄
gan5 = line(app.UIAxes_4,[xc(1),xe(1)],[10 * r,10 * r],'color','b','linewidth',6);
% 把上述句柄动态赋值形成动画
n = length(y);
for i = 1:n
set(balla,'xdata',xa(i),'ydata',ya(i));
set(ballb,'xdata',xb(i),'ydata',yb(i));
set(ballc,'xdata',xc(i),'ydata',5 * sqrt(3) * r);
set(balle,'xdata',xe(i),'ydata',5 * sqrt(3) * r);
set(gan1,'xdata',[xo,xa(i)],'ydata',[0,ya(i)]);
set(gan2,'xdata',[xa(i),xb(i)],'ydata',[ya(i),yb(i)]);
set(gan3,'xdata',[0,xd(i)],'ydata',[0,yd(i)]);
set(gan4,'xdata',[xc1(i),xc2(i)],'ydata',[yc1(i),yc2(i)]);
set(gan5,'xdata',[xc(i),xe(i)],'ydata',[5 * sqrt(3) * r,5 * sqrt(3) * r]);
drawnow
end
end
```

(8)【查询】回调函数

```
function ChaXun(app, event)
y = app.y;                                      % 私有属性 y
t = app.t;                                      % 私有属性 t
tt = app.EditField_4.Value;                     % 获取查询时间 t
monit = app.EditField_3.Value;                  % 获取仿真时间
if tt > = monit                                 % 如果查询时间大于仿真时间则提示!
msgbox('查询时间不能大于等于仿真时间!','友情提示');
else
a = find(t > = tt);                             % 在时间向量中找出查询时刻对应的 t 数据序号
i = a(1);
ii = a(1) - 1;
m = (tt - t(ii))/(t(i) - t(ii));
n = 1 - m;
% 分别显示在如下数字框中
app.ABEditField.Value = m * y(i,3) + n * y(ii,3);
app.ABEditField_2.Value = m * y(i,4) + n * y(ii,4);
app.ABEditField_3.Value = m * y(i,7) + n * y(ii,7);
app.O1CEditField.Value = m * y(i,5) + n * y(ii,5);
app.O1CEditField_2.Value = m * y(i,6) + n * y(ii,6);
app.O1CEditField_3.Value = m * y(i,8) + n * y(ii,8);
app.CEditField.Value = m * y(i,9) + n * y(ii,9);
app.CEditField_2.Value = m * y(i,10) + n * y(ii,10);
app.CEditField_3.Value = m * y(i,11) + n * y(ii,11);
```

```
end
end
```

(9)【清除】回调函数

```
function QingChu(app, event)
% 编辑字段数据清零
app.EditField_4.Value = 0;
app.ABEditField.Value = 0;
app.ABEditField_2.Value = 0;
app.ABEditField_3.Value = 0;
app.O1CEditField.Value = 0;
app.O1CEditField_2.Value = 0;
app.O1CEditField_3.Value = 0;
app.CEditField.Value = 0;
app.CEditField_2.Value = 0;
app.CEditField_3.Value = 0;
end
```

参考文献

[1] 罗华飞,邵斌. MATLAB GUI 设计学习手记[M].北京:北京航空航天大学出版社,2019.

[2] 郭仁生. 机械设计基础[M].北京:清华大学出版社,2020.

[3] [美]Edward B Magrab. MATLAB 原理与工程应用[M].北京:电子工业出版社,2006.

[4] 敖文刚. 基于 MATLAB 的运动学、动力学过程分析与模拟[M].北京:科学出版社,2013.

[5] 王赫然. MATLAB 程序设计[M].北京:清华大学出版社,2020.

[6] 宋知用. MATLAB 数字信号处理 85 个实用案例精讲[M].北京:北京航空航天大学出版社,2016.

[7] 张志涌. 精通 MATLAB R2011a[M].北京:北京航空航天大学出版社,2011.

[8] 谢中华. MATLAB 从零到进阶[M].北京:北京航空航天大学出版社,2012.

[9] 薛定宇,陈阳泉. 高等应用数学问题的 MATLAB 求解[M].北京:清华大学出版社,2008.

[10] 杨德平. 经济预测模型 MATLAB GUI 开发及应用[M].北京:机械工业出版社,2015.

[11] 郭仁生. 机械工程设计分析和 MATLAB 应用[M].北京:机械工业出版社,2011.

[12] 余胜威. MATLAB GUI 设计入门与实战[M].北京:清华大学出版社,2016.

[13] 刘焕进. MATLAB N 个实用技巧[M].北京:北京航空航天大学出版社,2016.

[14] 周明,李长虹. MATLAB 图形技术:绘图及图形用户接口[M].西安:西北工业大学出版社,1999.

[15] 李柏年,吴礼斌. MATLAB 数据分析方法[M].北京:机械工业出版社,2012.

[16] 谢中华. MATLAB 统计分析与应用:40 个案例分析[M].北京:北京航空航天大学出版社,2016.

[17] 王岩,隋思涟. 数理统计与 MATLAB 工程数据分析[M].北京:清华大学出版社,2006.

[18] 何正风. MATLAB 概率与数理统计分析[M].2 版.北京:机械工业出版社,2012.

[19] 万永革. 数字信号处理的 MATLAB 实现[M].2 版.北京:科学出版社,2012.

[20] 江泽林,刘维. 实战 MATLAB 之文件与数据接口技术[M].北京:北京航空航天大学出版社,2014.

[21] 何强,李义章. 工业 APP:开启数字化工业时代[M].北京:机械工业出版社,2019.

[22] 乐英,段巍. 机械原理课程设计[M].北京:中国电力出版社,2016.

[23] 李滨城,徐超. 机械原理 MATLAB 辅助分析[M].北京:化学工业出版社,2018.

[24] 于靖军. 机械原理[M].北京:机械工业出版社,2017.

[25] 杜志强. 基于 MATLAB 语言的机构设计与分析[M].上海:上海科学技术出版社,2011.

[26] 张立勋,董玉红. 机电系统仿真与设计[M].哈尔滨:哈尔滨工程大学出版社,2006.

[27] [美]Neil Sclater,等. 机械设计实用机构与装置图册[M].北京:机械工业出版社,2007.

[28] 师汉民,黄其柏. 机械振动系统:下册[M]. 武汉:华中科技大学出版社,2013.

[29] [美]Singiresu S Rao. 机械振动[M].4 版.北京:清华大学出版社,2009.

[30] [日]背户一登. 动力吸振器及其应用[M].北京:机械工业出版社,2013.

[31]《常见机构的原理及应用》编写组. 常见机构的原理及应用[M].北京:机械工业出版社,1978.